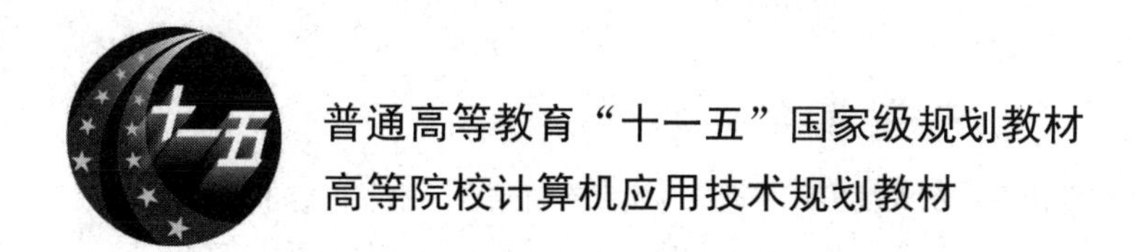

普通高等教育“十一五”国家级规划教材

高等院校计算机应用技术规划教材

C 语言程序设计

（第四版）

恰汗·合孜尔　主　编

戴仕明　张　婷　吕云芳　刘荷花　副主编

中国铁道出版社有限公司

CHINA RAILWAY PUBLISHING HOUSE CO., LTD.

内 容 简 介

本书从程序设计的实际能力培养出发，深入浅出，将理论与实践有机结合。本书内容丰富、注重实践；突出重点、分散难点；例题广泛、结合实际；图文并茂、文字流畅。本书的宗旨在于进一步巩固对基础知识的理解和掌握，提高学生的逻辑分析、抽象思维和程序设计能力，培养学生良好的程序设计风格，进而具备编写中、大型程序的能力。

本书中的程序按照模块化程序设计思想进行编写，同时，每一个程序都遵循软件工程方法学的编程风格（即采用缩进格式），程序中附有注释，便于学生对程序的分析、理解和自学。

本书适合作为高等学校各专业“C语言程序设计”课程的教材，也可供C语言自学者或参加各种C语言考试的读者及各类工程技术人员学习使用。

图书在版编目（CIP）数据

C语言程序设计 / 恰汗·合孜尔主编. —4版. —北京：中国铁道出版社，2014.9（2022.8重印）
高等院校计算机应用技术规划教材 普通高等教育“十一五”国家级规划教材
ISBN 978-7-113-19153-5

Ⅰ. ①C… Ⅱ. ①恰… Ⅲ. ①C语言-程序设计-高等学校-教材 Ⅳ. ①TP312

中国版本图书馆CIP数据核字(2014)第207896号

书　　名： C语言程序设计
作　　者： 恰汗·合孜尔

策　　划： 刘丽丽　　　　**编辑部电话：**（010）51873202
责任编辑： 周 欣 何 佳
封面设计： 付 巍
封面制作： 白 雪
责任校对： 王 杰
责任印制： 樊启鹏

出版发行： 中国铁道出版社有限公司（100054，北京市西城区右安门西街8号）
网　　址： http://www.tdpress.com/51eds/
印　　刷： 三河市宏盛印务有限公司
版　　次： 2005年8月第1版　2008年12月第2版　2010年3月第3版　2014年9月第4版
2022年8月第11次印刷
开　　本： 787 mm×1 092 mm　1/16　**印张：** 19.5　**字数：** 465千
印　　数： 17 501～18 500 册
书　　号： ISBN 978-7-113-19153-5
定　　价： 38.00元

FOREWORD

第四版前言

本教材的第一版作为高等院校计算机应用规划教材，于2005年8月由中国铁道出版社出版发行，第二版于2008年12月出版发行，第三版于2010年3月出版发行并被评为高等教育“十一五”国家级规划教材，至今已印刷11次。经过两次改版，本教材逐步得到了改进和完善。但是在使用过程中发现，第三版第一章的内容从结构、顺序、难易程度和描述上仍有些不足之处，因而，本次修订对第一章的内容从结构、顺序、难易程度和描述上做了全方位的改写。

经三次修订后，本书具有以下几个特点：

（1）C语言的概念比较复杂，规则较多，使用灵活，不少初学者感到困难。针对C语言的特殊性，本书采用突出重点、分散难点的方式编写；内容组织上层次分明，由浅入深。同时从培养程序设计的实际能力出发，将理论与实践有机结合，融知识传授和能力培养为一体。

（2）书中实例按照模块化程序设计思想进行编程，同时，每一个程序都遵循软件工程方法学的编程风格，即对大部分例题用流程图方式和N-S图方式同时给予描述；程序采用缩进格式，程序中附有注释，便于对程序的分析、理解和自学。另外，培养学生良好的程序设计风格，进而具有编写中、大型程序的能力。

（3）每章都有引言和本章小结，便于学生抓住要领。每章的引言中，简明扼要地介绍本章的主要内容及目的。本章小结中，有学习的要点和难点，便于学生抓住重点。同时，每一章末附有精心挑选和设计的多种类型的习题，有助于读者通过练习，进一步理解和巩固各章节的内容。

（4）本书采用Visual C++ 6.0作为开发环境，所有例题均指定扩展名为.c，在Visual C++ 6.0环境下上机调试并通过，便于教师课上演示。

本书共10章。第1章概要介绍了C语言以及在Visual C++ 6.0环境下如何运行C语言程序。第2章介绍了C语言的语法基础以及顺序结构程序设计的基本方法。第3章介绍了选择结构程序设计的基本语句以及使用选择结构编写程序。第4章介绍了循环结构程序设计的基本语句以及使用循环结构编写程序。第5章介绍了数组的概念以及使用数组编写程序。第6章介绍了模块化程序设计方法、函数的概念、变量的作用域和存储类别以及编译预处理命令。第7章介绍了指针、指针变量以及使用指针编写程序。第8章介绍了结构体、共用体、枚举类型以及链表及其应用。第9章介绍了C文件的基础知识以及最基本的文件操作。第10章介绍了各种位运算及其运算规则。

本书讲授学时数为60～116学时，其中包括习题、上机实验和课程设计学时数，上机实验和课程设计部分的内容可参照配套教材《C语言程序设计习题集与上机指导（第三版）》进行，各高校可根据教学课时数来确定教学内容以及相应的实验内容和课程设计内容。本书配有电子教案，方便教学和读者自学，请到网站http://www.51eds.com下载。

本书适合作为高等学校各专业“C语言程序设计”课程的教材，也可供C语言自学者或参加各种C语言考试的读者及各类工程技术人员学习使用。

本书由恰汗·合孜尔任主编，戴仕明、张婷、吕云芳、刘荷花任副主编。其中，第2、3、4、

5、7、8章以及附录由恰汗·合孜尔编写，第1章由戴仕明编写，第6章由张婷编写，第9章由吕云芳编写，第10章由刘荷花编写。

在本书的编写过程中，编者广泛参阅、借鉴和吸收了国内外C语言程序设计方面的相关教材和资料，在此谨向这些教材和资料的作者致以诚挚的感谢。

由于作者水平有限，书中难免存在疏漏与不妥之处，恳请同行和广大读者批评指正。

编 者

2014年6月

FOREWORD

第一版前言

计算机应用能力是21世纪人才不可缺少的基本素质。程序设计是各专业计算机应用能力培养的重要技术基础，C语言是目前国内外广泛使用的一种程序设计语言，是国内外大学讲述程序设计方法的首选语言。

全国计算机等级考试、全国计算机应用技术证书考试（NIT）和全国各地区组织的大学生计算机等级考试都已将C语言列入了考试的范围。许多人已经用C语言编写应用软件，学习C语言已成为广大计算机应用人员和青年学生的迫切愿望和要求。

教材是知识传授和能力培养的基础，C语言的概念比较复杂，规则较多，使用灵活，容易出错，不少初学者感到困难。本书从程序设计的实际能力培养出发，由浅入深、深入浅出，将理论与实践有机结合，融知识传授和能力培养为一体。本书内容丰富、注重实践；突出重点、分散难点；例题广泛、结合实际；图文并茂、文字流畅。

本书的主要特色之一是例题丰富，每章都有丰富的例题，并且例题涉及的面十分广泛，力求通过实际例题的讲解，逐步提高学生编写程序的能力。通过例题介绍了程序设计常用的各种算法和各种实际问题的处理方法，并对各种方法进行了对比、分析，最后给出了最优的程序。从软件工程的角度出发，注重培养学生解决实际问题的能力，旨在进一步巩固对基本知识的理解和掌握，提高学生的逻辑分析、抽象思维和程序设计的能力，培养学生良好的程序设计风格，进而具有编写大型程序的能力。对于准备参加计算机等级考试的各类人员，也可以通过对本书的学习，掌握各种问题的处理方法，以提高应试能力，顺利通过考试。

本书由工学博士恰汗·合孜尔教授组织编著，第1~7、9~11章由单洪森编写；第8章由田晓东、陈大春编写。感谢广大朋友对作者完成本书所给予的帮助。

为了便于教学和学习，与本书配套的《C语言程序设计上机指导与习题集》将同时出版。

本书可作为高等学校各专业C语言程序设计课程的正式教材，也可作为计算机等级考试教材、计算机爱好者自学用书及各类工程技术人员的参考资料。

由于作者水平有限，书中难免有错误和不妥之处，恳请同行和广大读者批评指正。

编 者

2005年5月

FOREWORD

第二版前言

C 语言是目前国内外广泛使用的一种程序设计语言，是高等院校计算机及相关专业重要的专业基础课。C 语言以其功能丰富、使用灵活、可移植性好，既可以用来编写系统程序，又可以用来编写应用程序等优点，越来越受到人们的欢迎。

根据教材第一版的使用情况及任课教师在多年教学工作中的经验和体会，对该教材进行了修订和补充。第二版与第一版相比，不仅从组织、结构、叙述、内容的筛选以及章节的编排上都有了很大变动，还新增了“算法描述”这一部分的内容。另外，为了便于学生理解，大部分例题同时用流程图方式和 N–S 图方式给予了描述，对函数和语句增加了注释，具体特点如下：

① 系统性、实用性强，内容组织上层次分明、结构清晰，全面讲授 C 语言程序设计的基本思想、方法和解决实际问题的技巧。

② C 语言的概念比较复杂，规则较多，使用灵活，容易出错，不少初学者感到困难。本书从程序设计的实际能力培养出发，由浅入深、深入浅出，将理论与实践有机结合，融知识传授和能力培养于一体。

③ 内容丰富，注重实践；突出重点，分散难点；图文并茂，文字流畅。本书的宗旨在于进一步巩固学生对基本知识的理解和掌握，提高学生的逻辑分析、抽象思维和程序设计能力，培养学生养成良好的程序设计风格，进而具备编写大型程序的能力。

④ 基于软件工程方法学的理论进行程序设计，即程序设计上完全按照模块化程序设计思想进行编程。每一个程序都遵循软件工程方法学的编程风格，即采用缩进格式；程序中附有注释，便于读者对程序的分析、理解和自学。

⑤ 对所介绍的内容都举有典型的实例，书中的每个程序都在 Turbo C 2.0 环境下经过上机调试，便于教师在上课时演示。同时，每章后都设有精心挑选的多种类型的习题，以帮助读者通过练习进一步理解和巩固所学的内容。

⑥ 每章均有引言和本章小结，便于学生抓住要领。引言简明扼要地介绍了为什么引进本章以及学习本章的目的。本章小结归纳了学习的要点和难点，以便于学生抓住要领。

⑦ 高级语言程序设计是一门实践性很强的课程，上机实验是一个十分重要的环节，为此，本书还配有辅助教材《C 语言程序设计习题集与上机指导（第二版）》，供学习时参考使用。另外，还制作了内容生动、可下载的电子教学资料。

全书共分 13 章。第 1 章 C 语言概述，主要介绍了 C 语言的由来、特点，通过实例说明 C 语言程序的基本结构、源程序的书写风格以及 C 语言程序的运行过程，同时对 C 语言程序中使用的字符集、标识符和关键字等概念进行了具体说明。另外，还对在 Turbo C 和 Visual C++环境下如何运行 C 语言程序进行了介绍。第 2 章 C 语言数据类型，主要介绍了 C 语言的基本数据类型、常量和变量。第 3 章 C 语言的运算符和表达式，主要介绍了 C 语言的运算符、数据类型的自动转换、运算符的优先级和结合性以及 C 语言的表达式。第 4 章顺序结构程序设计，主要介绍了赋值表达式和赋值语句、数据的输入/输出、输入/输出函数的调用。第 5 章选择结构程序设计，主要介绍了选择结构程序设计的思想和基本语句。第 6 章循环结构程序设计，主要介绍了循环结构程序设计的思想、基本语句以及程序举例。第 7 章数组，主要介绍了数组的定义、数组的维数、数组的存储、数组元素和数组下标的概念、数组的说明、数组的初始化方法、数组元素下标的取值范围、数组元素的引用、数组元素的输入/输出方法、多维数组元素的引用和初始化等问题。第 8 章函数，主要介绍了函数的概念、函数定义与声明的基本方法、函数的传值调用、函数的嵌套调用和递归调用、变量的存储类别以及内部函数与外部函数。第 9 章预处理功能，主要介绍了宏定义、文件包含和条件编译等。第 10 章指针，主要介绍了指针变量的定义与初始化、指针与数组、指针与字符串、指针与函数、指针数组和指向指针的指针等。第 11 章结构体和共用体，主要介绍了结构体、共用体、枚举类型以及链表等。第 12 章文件，主要介绍了文件的概念、文件的打开与关闭、文件的定位、文件的读/写、文件操作的检测以及缓冲文件系统等。第 13 章位运算，主要介绍了 C 语言中的各种位运算以及由这些运算符和相应操作构成的表达式的计算规则。

为了便于教学和学习，与本书配套的《C 语言程序设计习题集与上机指导（第二版）》将同时出版。本书配有电子教案，并提供程序源代码，以方便教师教学和读者自学，可到 http://edu.tqbooks.net 下载专区下载。《C 语言程序设计（第二版）》被评为普通高等教育“十一五”国家级规划教材。

本书讲授学时数为 60 ~ 116 学时，其中包括习题、上机实验和课程设计学时数，上机实验和课程设计部分的内容可参照配套的《C 语言程序设计习题集与上机指导（第二版）》，各高校可根据教学课时数来确定教学内容以及相应的实验内容和课程设计内容。

本书适合作为高等学校各专业“C 语言程序设计”课程的教材，也可供 C 语言自学者或参加各种 C 语言考试的读者及各类工程技术人员学习使用。

本书由恰汗·合孜尔主编，其中，第 1 ~ 8 章、10 ~ 11 章以及附录由恰汗·合孜尔编写，第 9 章由高大利、张建民、古丽孜拉编写，第 12 章由曹伟、加娜尔、金晓龙编写，第 13 章由靳晟、吐尔逊、王亮亮编写。

在本书的编写过程中，编者广泛参阅、借鉴和吸收了国内外 C 语言程序设计方面的相关教材和资料，并吸取了这些书的优点，在此谨向这些教材和资料的作者致以诚挚的感谢。

由于编者水平有限，书中难免存在疏漏及不足之处，恳请同行和广大读者批评指正。

编　者

2008 年 8 月

FOREWORD

第三版前言

根据教材第二版的使用情况，这次对该套教材的内容进行了大幅度的调整和增删。第三版与第二版相比，一是删除难度较高的、对数学知识要求较高的例题，遴选了一些易理解而又典型的例题；二是在章节的编排上做了适当调整；三是增加了算法部分的内容；四是本书采用 Visual C++ 6.0 作为开发环境，所有例题均指定扩展名为.c，在 Visual C++ 6.0 环境下上机调试并通过，便于教师在上课时演示。本书的具体特点如下：

（1）C 语言的概念比较复杂，规则较多，使用灵活，不少初学者感到困难。针对 C 语言的特殊性，本书采用突出重点、分散难点的方式编写；内容组织上层次分明，由浅入深；同时从培养程序设计的实际能力出发，将理论与实践有机结合，融知识传授和能力培养为一体。

（2）书中实例按照模块化程序设计思想进行编程的同时，每一个程序都遵循软件工程方法学的编程风格。即对大部分例题用流程图方式和 N–S 图方式同时给予描述；程序采用缩进格式，程序中附有注释，便于对程序的分析、理解和自学。另外，培养学生良好的程序设计风格，进而具有编写中、大型程序的能力。

（3）每章都有引言和本章小结，便于学生抓住要领。每章的引言中，简明扼要地介绍为什么引进本章内容及目的。本章小结中，有学习的要点和难点，便于学生抓住重点。同时，每一章末附有精心挑选和设计的多种类型的习题，有助于读者通过练习，进一步理解和巩固各章节的内容。

本书共分 10 章。第 1 章概要介绍了 C 语言以及在 Visual C++ 6.0 环境下如何运行 C 语言程序。第 2 章介绍了 C 语言的语法基础以及顺序结构程序设计的基本方法。第 3 章介绍了选择结构程序设计的基本语句以及使用选择结构编写程序。第 4 章介绍了循环结构程序设计的基本语句以及使用循环结构编写程序。第 5 章介绍了数组的概念以及使用数组编写程序。第 6 章介绍了模块化程序设计方法、函数的概念、变量的作用域和存储类别以及编译预处理命令。第 7 章介绍了指针、指针变量以及使用指针编写程序。第 8 章介绍了结构体、共用体、枚举类型以及链表及其应用。第 9 章介绍了 C 文件的基础知识以及最基本的文件操作。第 10 章介绍了各种位运算及其运算规则。

本书讲授学时数为 60 ~ 116 学时，其中包括习题、上机实验和课程设计学时数，上机实验和课程设计部分的内容可参照配套的《C 语言程序设计习题集与上机指导（第三版）》进行，各高校可根据教学课时数来确定教学内容以及相应的实验内容和课程设计内容。本书配有电子教案，以方便教学和读者自学，请到网站 http://edu.tqbooks.net 下载。

本书适合作为高等学校各专业“C 语言程序设计”课程的教材，也可供 C 语言自学者或参加各种 C 语言考试的读者及各类工程技术人员学习使用。

本书由恰汗·合孜尔主编，茹蓓、邓沌华、安杰、刘立君任副主编。其中，第 2、5、7、8 章以及附录由恰汗·合孜尔编写，第 1 章由邓沌华、刘立君编写，第 6 章由茹蓓编写，第 9 章由华北煤炭医学院的安杰编写，第 10 章由王成虎编写。另外，黄华、匡代洪、宋艳萍、叶尔兰、马光春、张宇、陈大春、古丽孜拉、陈昊、刘莹昕、阿尔达克等参加了编写。

在本书的编写过程中，编者广泛参阅、借鉴和吸收了国内外C语言程序设计方面的相关教材和资料，并吸取了这些书的优点，在此谨向这些教材和资料的作者致以诚挚的感谢。

由于作者水平有限，书中难免存在疏漏与不妥之处，恳请同行和广大读者批评指正。

编 者

2010年1月

CONTENTS

目录

第 1 章 C 语言概述

C 语言是一种国内外广泛流行的、已经得到普遍应用的程序设计语言，它既可以用来编写系统软件，又可以用来编写应用软件。本章主要介绍 C 语言的发展过程、特点、结构、运行过程和算法描述以及程序设计的基本概念。

1.1　程序设计语言的发展历程

计算机是由人来指挥的，人们为了用计算机来解决实际问题，就需要编制程序。所谓程序，是指以某种程序设计语言为工具编制出来的指令序列，它表达了人们解决问题的思路，用于指挥计算机进行一系列操作，从而实现预定的功能。程序设计语言（也称为计算机语言）就是用户用来编写程序的语言，它是人与计算机之间交换信息的工具。

程序设计语言是计算机软件系统的重要组成部分,而相应的各种语言处理程序属于系统软件。程序设计语言就其发展过程和特点，一般可以分为机器语言、汇编语言和高级语言。

（1）机器语言（Machine Language）

机器语言是一种用二进制代码 0 和 1 形式表示的，能被计算机直接识别和执行的语言。用机器语言编写的程序，称为机器语言程序。机器语言程序的执行效率虽然比较高，但是，机器语言不易记忆，通用性差。例如，“101110001110100000000011”的功能仅仅表示将 1000 送入寄存器 AX 中。

（2）汇编语言（Assemble Language）

汇编语言用简单、易记忆的助记符来取代机器语言中的操作码，用十进制或十六进制数取代机器语言中的操作数，对机器语言指令进行简单的符号化。例如，用符号 ADD 表示加法，用“MOV AX,1000”表示将 1000 送入寄存器 AX 中。用汇编语言编写的程序，称为汇编语言源程序。

用汇编语言编写的程序，计算机是不能直接识别和执行的，必须通过一个专门的汇编程序将这些符号翻译成二进制数的机器语言才能执行。这种“汇编程序”就是汇编语言的翻译程序。

汇编语言虽然比机器语言易记、易读、易写，但它仍与机器密切相关，移植性不好。汇编语言和机器语言都是面向机器的程序设计语言，一般称为低级语言。

（3）高级语言（Advanced Language）

高级语言使用接近人类自然语言的语句代码来编写计算机程序，如 FORTRAN 语言、C 语言等。例如，下面是用 C 语言表示的将 1000 送入寄存器 AX 中的语句：

```
AX=1000;
```

这条语句的含义非常明确。由于高级语言与具体的计算机指令系统无关，因而高级语言是一种面向操作者（用户）的语言。用高级语言编写的程序能在不同类型的计算机上运行，通用性好，这大大地促进了计算机应用的普及。

用高级语言编写的程序称为高级语言源程序。计算机也不能直接识别和执行这种程序，必须经过翻译，才能将其转换成机器语言程序执行。翻译的方法有解释方式和编译方式两种。编译方式是通过编译程序将源程序整个转换成为目标代码，然后由计算机直接执行，执行过程如图 1-1 所示。而解释方式是通过解释程序将源程序逐句翻译，翻译一句执行一句，边翻译边执行，不产生目标代码，执行过程如图 1-2 所示。

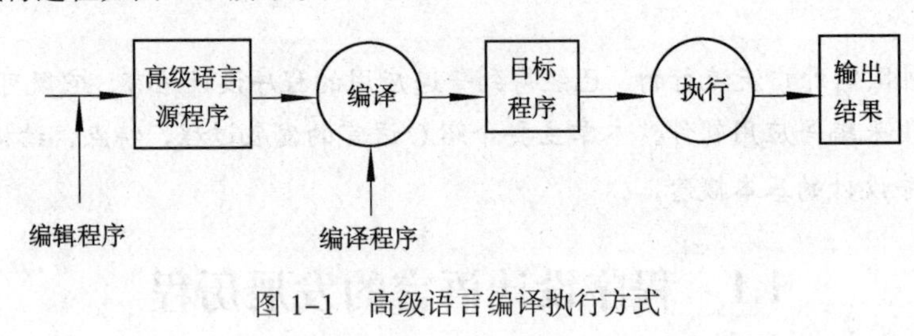

图 1-1　高级语言编译执行方式

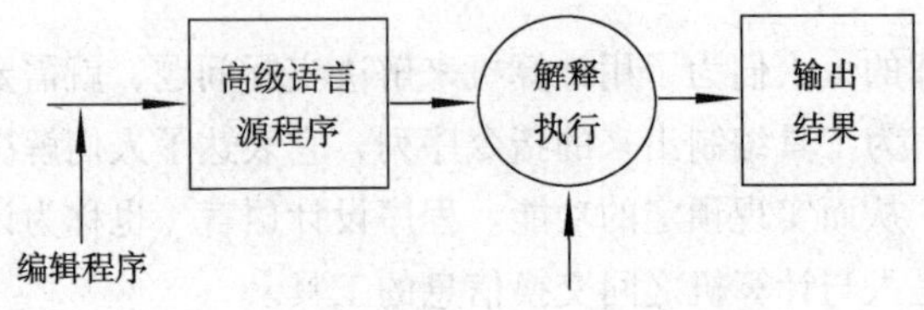

图 1-2　高级语言解释执行方式

随着计算机技术的发展，目前又出现了各种面向对象的计算机语言，也称为第四代语言。其特点是编写程序时只要考虑如何认识问题中的对象和描述对象，而不必具体说明对象中的数据操作。例如，Visual C++、Java 语言等。

1.2　C 语言的发展历程

随着计算机应用的迅速发展，各种功能强大使用方便的高级语言相继出现。高级语言使用方便，可移植性好，但一般难以实现低级语言能够直接操作计算机硬件的特点（如对内存地址的操作等）。在这样的情况下，人们希望有一种语言既有高级语言使用方便的优点，又有低级语言能够直接操作计算机硬件的优点，因此，C 语言就应运而生了。

C 语言的起源可以追溯到 ALGOL 60。1963 年英国的剑桥大学在 ALGOL 60 的基础上推出了 CPL 语言，但是 CPL 语言难以实现。1967 年英国剑桥大学的 Matin Richards 对 CPL 语言作了简化和改进，推出了 BCPL 语言。1970 年美国贝尔实验室的 Ken Thompson 以 BCPL 语言为基础，又作了进一步的简化，设计出了很简单且接近硬件的 B 语言（取 BCPL 的第一个字母），并且用 B 语言写了第一个 UNIX 操作系统，在 DEC PDP-7 型计算机上实现。1971 年在 DEC PDP-11 上实现了 B 语言。1972 年由美国的 Dennis M.Ritchin 在 B 语言的基础上设计出了 C 语言（取 BCPL 的第二个字母），并首次在 UNIX 操作系统的 DEC PDP-11 计算机上使用。

后来，C 语言多次进行改进，但主要还是在贝尔实验室内部使用。1977 年 D.M.Ritchie 发表了不依赖于具体机器的 C 语言编译文本《可移植 C 语言编译程序》，使 C 语言移植到其他机器时所需要的工作大大简化了，这也推动了 UNIX 操作系统迅速地在各种机器上实现。随着 UNIX 操作系统的日益广泛使用，C 语言也迅速得到推广。1978 年以后，C 语言先后移植到大、中、小、微型计算机上，迅速成为世界上应用最广泛的程序设计语言。

1978 年 B W.Kernighan 和 D.R.Ritchie 两人出版了 C 语言白皮书，书中给出了 C 语言的详细定义。1983 年美国国家标准化协会（ANSI），根据 C 语言问世以来各种版本对 C 语言的发展和扩充，制定了 ANSI C 标准。1987 年 ANSI 公布了 C 新标准 87ANSI C。后来流行的各种 C 语言编译系统的版本大多数都是以此为基础的，但是它们彼此又有不同。此后在微机上使用的 C 语言编译系统多为 Turbo C、Visual C++等，它们都是按标准 C 语言编写的，相互之间略有差异。每一种编译系统又有着不同的版本，版本越高的编译系统所提供的函数越多，编译能力越强，使用越方便，用户界面更友好。本课程使用 Visual C++ 6.0 作为软件开发环境。

1.3　C 语言的主要特点

C 语言发展十分迅速，而且成为最受欢迎的语言之一，主要因为它具有强大的功能。许多著名的系统软件，如 UNIX 操作系统就是由 C 语言编写的。另外，C 语言还成功地用于数值计算、图形处理、数据库和多媒体等。归纳起来 C 语言具有下列特点：

（1）语言简洁，结构紧凑，使用方便、灵活

C 语言一共只有 32 个关键字和 9 种控制语句，且源程序书写格式自由。

（2）具有丰富的运算符和数据结构

C 语言把括号、赋值、数据类型转换等都作为运算符处理，从而使 C 语言的运算类型极其丰富，表达式类型多样化。灵活使用各种运算符可以实现在其他高级语言中难以描述的运算，并具有现代程序设计语言的各种数据结构，尤其是指针类型数据，使用十分灵活和多样化。

（3）C 语言是结构化语言

C 语言是一种结构化程序设计语言，适合于大型程序的模块化设计。

（4）C 语言允许直接访问物理地址

C 语言能够直接对内存地址进行访问操作，可以实现汇编语言的大部分功能。所以，它既有高级语言的功能，又兼有汇编语言的大部分功能。有时，也称它为“中级语言”。

（5）生成的目标代码效率高

C 语言仅比汇编程序生成的目标代码执行效率低 10%～20%。这在高级语言中已是出类拔萃的了。

（6）C 语言适用范围大，可移植性好

C 语言还有一个突出的优点就是基本上不做修改就能用于各种型号的计算机和各种操作系统。

1.4　C 语言程序的基本结构和书写风格

C 语言的程序是由 C 语言的各种基本符号，按照 C 语言语法规则编写的函数构成的。下面通过两个简单的例子说明 C 语言程序的基本结构和书写风格。

1.4.1 C语言程序的基本结构

【例 1.1】用C语言编写一个程序，在屏幕上显示一行文字：Let's study the C language!。

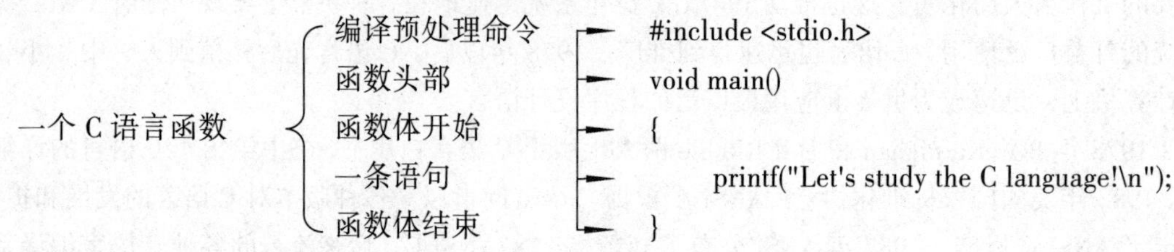

程序运行结果：

```
Let's study the C language!
```

程序解释：

① 程序的第 1 行是编译预处理命令的文件包含命令。其作用是在编译之前把所需的有关printf()函数的一些信息文件 stdio.h 包含进来，为输入和输出提供支持。在程序中用到系统提供的输入/输出函数时，应在程序的开头写下这一行。关于预处理命令将在后面作详细的介绍。

② 程序的第 2～5 行是C语言程序的主函数 main()的定义。main 是主函数名，是开发系统提供的特殊函数，一个C语言程序有且仅有一个 main()函数。C语言程序执行时就是从 main()函数开始，具体讲就是从 main()函数的“{”开始，到“}”结束。C语言中的函数其实就是代表实现某种功能并可重复执行的一段程序，每个函数都有一个名字，并且不能与其他的函数同名。执行一个函数称为函数调用，函数可以带参数，也可以不带参数。main 的后面跟着空的()，表明 main()函数没有参数。函数可以有返回值，也可以没有返回值，在 main()函数前加上 void（空类型），表明main()函数没有返回值。

③ 程序的第 4 行是 main()函数仅包含的一个语句，该语句仅由 printf()输出函数构成，语句后面有一个分号，表示该语句结束。C语言规定：语句以分号结束。

【例 1.2】求两个数 a 与 b 之和。

```
/* The C program is sum of a and b */
#include <stdio.h>              /* 程序需要使用C语言提供的标准函数库 */
int add(int x,int y)            /* 定义函数add(),形参x、y为整型,函数返回整型值 */
{  int sum;                     /* 定义变量sum为整型 */
   sum=x+y;                     /* 将x、y之和赋给变量sum */
   return(sum);                 /* 返回sum的值 */
}
void main()                     /* 主函数 */
{  int a,b,c;                   /* 定义a、b、c三个整型变量 */
   a=123;                       /* 把常数123赋给变量a */
   b=456;                       /* 把常数456赋给变量b */
   c=add(a,b);                  /* 调用函数add，并将返回的值赋值给变量c */
   printf("sum=%d\n",c);        /* 输出返回的a、b之和c的值 */
}
```

程序运行结果：

```
sum=579
```

程序解释：

① 程序的第 1 行是注释信息。C 语言中的注释不影响程序的执行，主要用来说明程序的功能、用途、符号的含义或程序实现的方法等，目的是增加程序的易读性。在 C 语言程序中，注释由"/*"开始，由"*/"结束，在"/*"和"*/"中放置注释的内容，但注释不能嵌套，例如：/* The C program is /* sum of */ a and b */，则是错误的。

② 本程序定义了两个函数：主函数 main()和被调用函数 add()。main()函数中调用了两个函数：printf()和 add()。printf()函数是 C 语言提供的标准函数（也称为库函数），可以通过文件包含命令#include 将 stdio.h 头文件包含进来后在程序中直接调用。而 add()是用户自己定义的函数（自定义函数），调用时必须提供函数的定义，才能使用。

③ 一个自定义函数由两部分组成：

• 函数的首部，即函数的第一行。包括函数类型、函数名、参数类型和参数名。

例如：

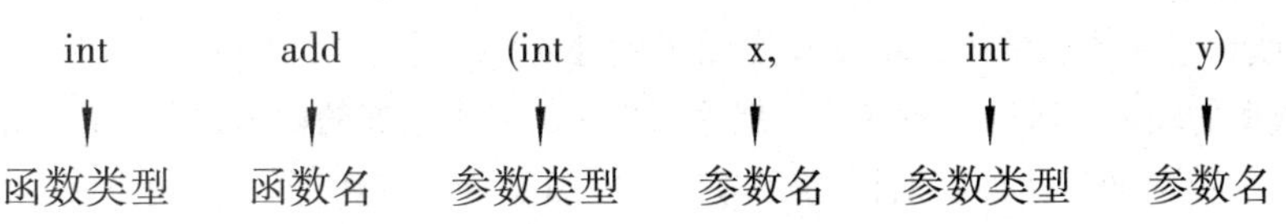

一个函数后面必须跟一对圆括号，函数参数可以没有。

• 函数体，即函数首部下面的大括号{...}内的部分。如果一个函数内有多个大括号，则最外层的一对{}为函数的范围。

函数体一般包括说明部分和执行部分，它们都是 C 语句。

说明部分（也称数据定义部分或声明部分）用于定义函数内部所用到的所有变量的名字、变量的类型，并可对变量指定初值。例如，在 main()函数中，int a,b,c;语句构成了 main()函数的说明部分，以整数类型符号 int 的方式定义了 a、b、c 三个整型变量。在 add()函数中，int sum;语句构成了 main()函数的说明部分，以整数类型符号 int 的方式定义了一个整型变量 sum。

执行部分用于完成函数内部所规定的各项操作。例如，在 main()函数中，第 3～5 行的语句构成函数的执行部分。语句 a=123;和 b=456;是赋值语句，把常数 123 和 456 分别赋给变量 a、b。语句 c=add(a,b); 的作用是用 a 和 b 作实参调用函数 add()，a 和 b 的值分别传递给 add()函数中的形式参数 x 和 y，add()函数的返回值将赋值给 c。语句 printf("sum=%d\n",c);的作用是：输出 c 的值。在 add()函数中，第 2～3 行的语句构成函数的执行部分。语句 sum=x+y;计算 x、y 之和，并把和值赋给变量 sum。语句 return(sum);的作用是将 sum 的值返回给主函数 main()。

通过以上两个例子，可以概括出 C 语言程序的结构特点：

① C 语言程序主要由函数构成，C 语言程序中有主函数 main()、开发系统提供的标准函数以及程序员自己设计的自定义函数三种类型的函数。

② 一个函数由说明部分和执行部分两部分构成。说明部分在前，执行部分在后，这两部分的顺序不能颠倒，也不能交叉。

③ 一个程序总是从主函数 main()开始执行的，无论主函数写在程序的什么位置。

④ C 程序书写格式自由，一个语句可以占多行，一行也可以有多个语句。例如，在例 1.2 中 main()函数的第 3 行和第 4 行，可以写在一行上。

```
a=123;b=456;
```

⑤ C 语言的语句都是以分号结尾。

⑥ 语言没有输入输出语句，在 C 语言中输入输出操作是由函数实现的。

⑦ 为了增加程序的可读性，C 语言程序中可用 /* 字符串 */ 对程序进行注释。

⑧ 程序中可以有预处理命令（如 include 等），预处理命令通常应放在程序的最前面。

1.4.2 C 语言程序的书写风格

从书写清晰以及便于阅读、理解和维护出发，在书写 C 语言程序时应遵循以下规则。

① 一个说明或一个语句占一行。

② 函数与函数之间加空行，以清晰地分出程序中有几个函数。

③ 用{}括起来的部分，通常表示了程序的某一层次结构。{}一般与该结构语句的第一个字母对齐。

④ 低一层次的语句或说明可比高一层次的语句或说明缩进若干格后书写，同一个层次的语句左对齐，以便看起来更加清晰，增加程序的可读性。

⑤ 对于数据的输入，运行时最好要出现输入提示，对于数据的输出，也要有一定的提示格式。

⑥ 为了增加程序的可读性，对语句和函数，应加上适当的注释。

在编写程序时应力求遵循以上规则，以养成良好的编程风格。下面举一个例子，该例是一个书写不规范的程序，读者会感到读起来很困难。

【例 1.3】将例 1.2 的程序以不规范的形式书写如下，请读者试读一下，看看有何体会。该程序在语法上没有错误，只是书写不规范。

```
#include <stdio.h>
int add(int x,int y)
{int sum;
sum=x+y;return(sum);
}
void main()
{int a,b,c;a=123;b=456;
c=add(a,b);printf("sum=%d\n",c);}
```

运行该程序后，输出的结果与例 1.2 相同。

读者将“例 1.2”程序与该例程序做一下比较，可以看到 C 语言程序规范书写的重要性。

1.5 程序及算法

在现实生活中，做任何事情都有一定的步骤。例如，复制文件，首先要寻找所要复制的文件，然后选中，再进行复制（复制文件时还要考虑采用什么方法进行复制），最后移动到需要的地方进行粘贴。像这样，为解决一个问题而采取的方法和步骤，就称为算法。

1.5.1 程序

一个程序应该包括以下两方面的内容：

（1）对数据的描述。在程序中要指定数据的类型和数据的组织形式，即数据结构。

（2）对数据操作的描述，即操作步骤，也就是算法。

数据是操作的对象，操作的目的是对数据进行加工处理，以得到期望的结果。作为程序设计人员，必须认真考虑和设计数据结构及操作步骤（即算法）。因此，瑞士著名计算机科学家沃思（Nikiklaus Wirth）在 1976 年提出了一个公式：

程序=算法+数据结构

一个实际的程序除了以上两个主要因素之外,还应当采用合适的程序设计方法进行程序设计，并且用某一种计算机语言来表示。因此：

程序=算法+数据结构+程序设计方法+语言工具和环境

也就是说，以上 4 个方面是一个程序设计人员所应具备的知识。设计一个程序时要综合运用这几方面的知识。在这四方面中，算法是灵魂，数据结构是加工对象，语言是工具，编程需要采用合适的方法。

1.5.2　算法的概念

从上述过程可以看出，一般编制正确有效的计算机程序必须具备两个基本条件：一是掌握一门计算机语言的规则，二是要掌握解决问题的方法和步骤。计算机语言只是一种工具，掌握计算机语言的语法规则和环境是不够的，更重要的是学会针对各种类型的问题拟定出正确而又有效的方法和步骤。我们把计算机解决问题所依据的方法和步骤，称为计算机算法。计算机科学中的算法可分为两大类别：数值运算算法和非数值运算算法。前者主要用于各种数值运算，例如，求方程的根等。后者应用于各类事务管理领域，例如，人事管理、图书检索等。一个算法应该具有以下 5 个特性：

（1）有穷性

一个算法应包含有限的操作步骤，而不能是无限的。例如，数学中某些求值问题，往往是用求无穷多项的和得到的，这时我们就只能用有限多项的和来近似代替。比如用公式 $\frac{\pi}{4}=1-\frac{1}{3}+\frac{1}{5}-\frac{1}{7}+\frac{1}{9}-\cdots$，求 $\frac{\pi}{4}$ 的近似值时，公式右边有无穷多项。在设计算法时，只能取前面有限多项（比如取 n=100），求 $\frac{\pi}{4}$ 的近似值。

（2）确定性

算法中的每一个步骤，必须是确切定义的，而不应当含糊不清或模棱两可的。即算法的含义应当是唯一的，而不应当产生“歧义性”。例如，“将某班级成绩优秀的学生名单打印输出”就是有歧义的。“成绩优秀”是要求每门课程都在 90 分以上，还是平均成绩在 90 分以上？意思不明确，有歧义性，不适合描述算法步骤。

（3）输入

有 0 个或多个输入（既可以没有输入，也可以有输入）。所谓输入是指在执行算法时需要从外界取得必要的信息。例如，计算 5! 的算法不需要输入（0 个输入），而计算 n! 就需要输入 n 的值（1 个输入）。再如，输入 N 个正整数，然后按从小到大的次序排列这 N 个正整数并输出（需要输入 N 个正整数）。

（4）输出

算法执行过程中往往会产生一些数据，它们在算法执行之后被保存下来或传递给算法的调用者，这些数据被称为算法的输出。一个算法可以有一个或多个输出，没有输出的算法是没有意义的。例如，由计算机来完成“将 *N* 个正整数按从小到大的次序排列”的算法时，输出的正整数将是一组“按从小到大的次序排列的 *N* 个正整数”。

（5）有效性

算法中的每一个步骤都应当有效地执行，并得到确定的结果。例如，当 b=0 时，a/b 是不能有效执行的。

算法贯穿于程序设计的始终，希望读者对算法给予很大的重视，在解决一个问题之前应当首先构造出一个好的算法。

1.5.3 算法的描述

算法一定是可描述的，一个无法用任何语言描述的算法等于没有算法。算法的描述具有重要意义，描述一个算法的目的在于使其他人能够利用算法解决具体问题。

算法的描述方式没有统一规定，可以用不同的方法。常用的方法有自然语言、伪代码、流程图、N-S 图等方式。但需要注意的是，不论是哪类方式，对它们的基本要求都是能提供对算法的无歧义的描述，以便使人们能够将这种描述很容易地转换成计算机程序。本书将介绍常用的流程图方式和 N-S 图方式。

1. 流程图方式

流程图是用一些图框表示各种类型的操作，用线表示这些操作的执行顺序。在流程图中常用图形符号如图 1-3 所示。

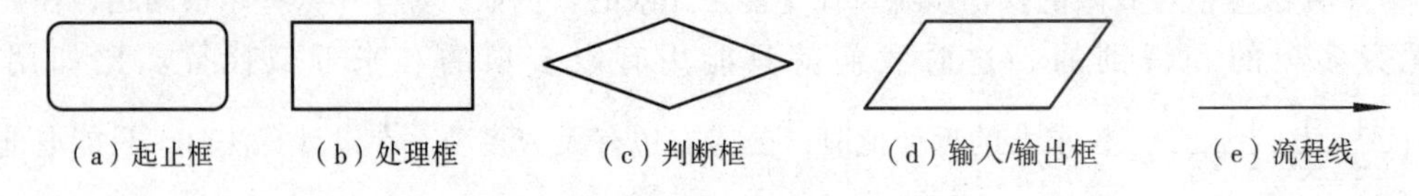

（a）起止框　（b）处理框　（c）判断框　（d）输入/输出框　（e）流程线

图 1-3　流程图常用图形符号

图例中各结点的意义是：

起止框：表示算法由此开始或结束。

处理框：表示基本操作处理。

判断框：表示根据条件进行判断操作处理。

输入/输出框：表示输入数据或输出数据。

流程线：表示程序的执行流向。

例如，计算半径为 r 的圆面积 s 以及判断两个输入数据的大小，并输出其中的大数，这两种算法的流程图描述如图 1-4 和图 1-5 所示（图中的 Y 和 N 分别代表“条件成立”和“条件不成立”）。

使用流程图方式描述算法，具有简洁、直观、使用方便的特点，但随着算法复杂程度的提高，经常导致算法设计者和程序开发者随意地使用箭头控制算法和程序的执行流程，从而造成算法的层次结构混乱，大大降低了程序的可读性和可维护性。

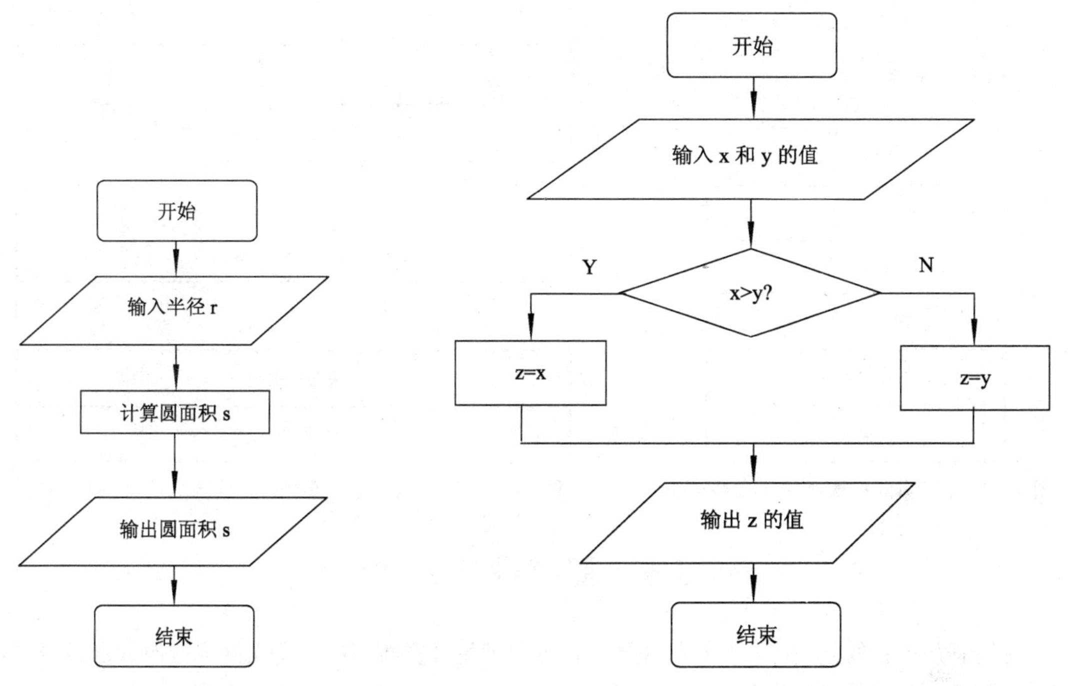

图 1-4　计算圆面积算法的流程图描述　　　　图 1-5　求两个输入数据中最大数算法的流程图描述

2. N-S 图方式

N-S 图方式中，完全去掉了带箭头的流程线。全部算法写在一个矩形框内，在该框内还可以包含其他的从属于它的框，或者说，由一些基本的框组成一个大的框。因此，也称为盒图。N-S 图方式十分适合描述结构化程序或算法的结构化实现，能够较好地反映算法和程序的层次结构，可读性好。N-S 图基本符号以及控制结构的描述方法如图 1-6 所示。

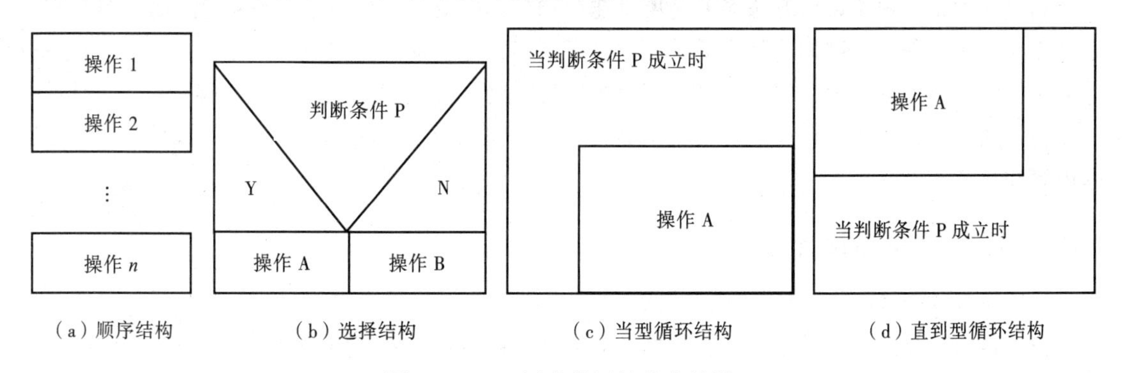

图 1-6　N-S 图中使用的基本符号

构造算法时，将一个方框的底和另一个方框的顶连接起来，就构成它的 N-S 图。例如，计算半径为 r 的圆面积 s 以及判断两个输入数据的大小，并输出其中的大数，这两种算法的 N-S 图描述如图 1-7 和图 1-8 所示。

图 1–7　计算圆面积算法的 N–S 图描述

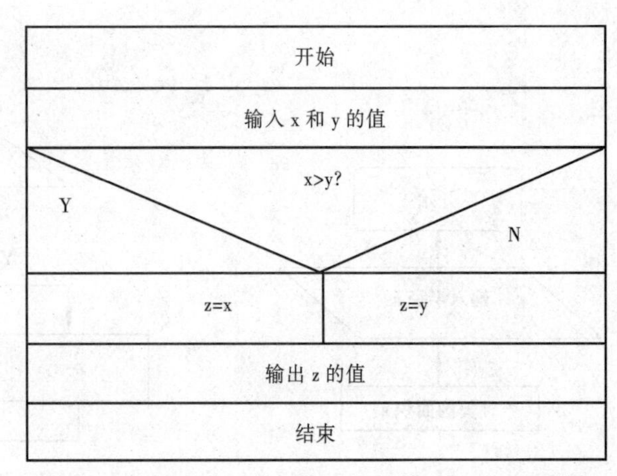

图 1–8　求两个输入数据中最大数算法的 N–S 图描述

1.6　程序设计方法

编写程序的目的是使用计算机解决实际问题，使用计算机解决一个实际问题时，通常需要经过提出问题、确定数据结构和算法，并据此编写程序，直至程序调试通过得到正确的运行结果。这一整个过程就称为程序设计。程序设计过程如图 1–9 所示。

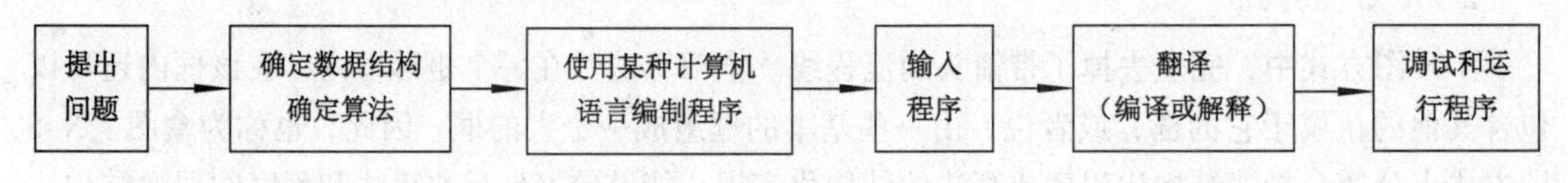

图 1–9　程序设计过程

到目前为止，程序设计方法先后经历了非结构化程序设计、结构化程序设计和面向对象程序设计 3 个主要阶段。非结构化程序设计方法由于诸多缺陷，基本已被淘汰。目前面向对象程序设计方法虽然已成为程序设计的主流，但在其程序设计过程中也包含有结构化程序设计方法的思想，C 语言就属于结构化程序设计语言。本节简要介绍结构化程序设计方法和面向对象程序设计方法的内容和特点。

1.6.1　结构化程序设计方法

结构化程序设计方法的核心有以下两个方面：

（1）任何程序均由顺序结构、选择结构和循环结构三种基本结构组成。

① 顺序结构：按语句出现的先后顺序依次执行的程序结构，如图 1–10（a）所示。图中 A 框和 B 框表示基本的操作处理，表示程序运行时会在执行完 A 框操作后，顺序执行 B 框操作。

② 选择结构：根据给定的条件是否成立，以便决定程序转向的程序结构，如图 1–10（b）所示。需要指出的是，在选择结构程序中 A 框和 B 框的操作只能二选一。无论是执行了 A 框操作还是执行了 B 框操作，之后都会向下顺序执行后续的操作。

③ 循环结构：反复执行某一部分语句的程序结构，其可以分为当型循环结构和直到型循环结构，如图 1–10（c）、（d）所示。在当型循环结构中，需要先判断条件 P，然后执行 A 框操作。

直到型循环与当型循环的区别是这种循环要先执行 A 框操作，再判断条件 P。

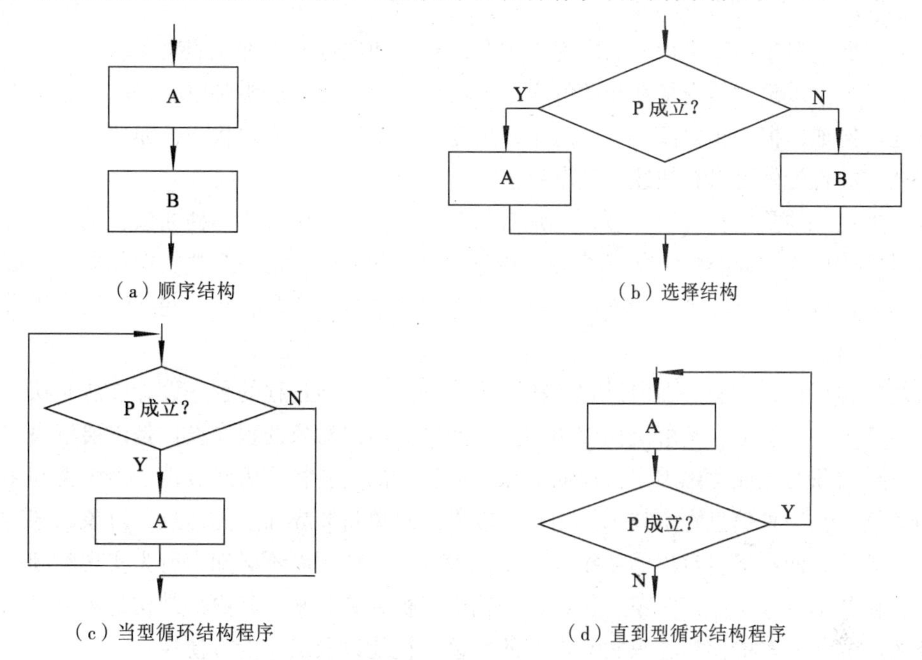

（a）顺序结构　（b）选择结构

（c）当型循环结构程序　（d）直到型循环结构程序

图 1–10　结构化程序设计的三种基本结构

（2）程序的开发过程应当采取“自顶向下，逐步细化，模块化”的方法。

首先把一个复杂的大问题分解为若干相对独立的小问题。如果分解后的小问题仍然比较复杂，则可以把这些小问题又可以向下细分成多个具体的子问题，这样不断地分解，使得小问题或子问题简单到能够直接用上述三种基本结构描述为止。然后，对应每一个小问题或子问题编写出一个功能上相对独立的模块（程序块）来，最后再统一组装各个模块。这样，对一个复杂问题的解决就变成了对若干简单问题的求解。

使用 C 语言进行程序设计时，应该注意遵循结构化程序设计的方法。具体地说，就是在开发一个大型的应用软件的过程中，应该采用“自顶向下，逐步细化，模块化”的设计方法。即将大型任务从上向下分解为多个功能模块，每个模块又可以分解为若干子模块，然后分别进行各模块程序的编写，每个模块程序都只能由 3 种基本结构组成，并通过计算机语言的结构化语句实现。

例如，要开发一个学生成绩统计程序，按照“自顶向下，逐步细化，模块化”的设计方法，可按其功能分解为如图 1–11 所示的模块结构。

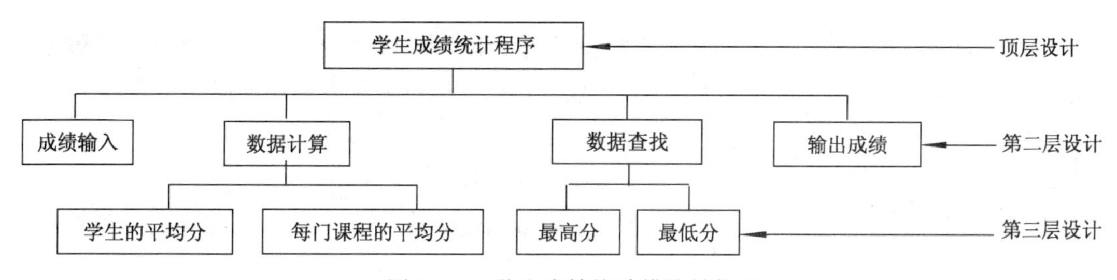

图 1–11　学生成绩统计模块结构图

1.6.2 面向对象程序设计方法

在讲述面向对象程序设计方法之前，先介绍对象和类这两个重要的概念。

对象：一个对象就是变量和相关的方法的集合，其中变量表明对象的状态，方法表明对象具有的行为。例如，把汽车抽象为一个对象，用变量来表示它当前的状态，如速度、型号、所处的位置等，它的行为则可以有加速、刹车等。

类：类定义的是一种对象类型，它是对具有相似行为的对象的一种抽象，描述了属于该类型的所有对象的性质。即类中定义一类对象共有的变量和方法，把一个类实例化即生成该类的一个对象。例如，每辆汽车都是一个不同的对象，但是多个对象常常具有一些共性，如所有的汽车都有轮子、方向盘等。

传统的程序设计方法是面向过程的程序设计方法。面向过程的程序设计方法是从解决问题的每一个步骤入手，它适合于解决比较小的简单问题。面向对象的程序设计是以要解决的问题中所涉及的各种对象为主要考虑因素。面向对象程序设计的主要特征为封装性、继承性和多态性。

封装性：是一种信息隐蔽技术，用户只能看到对象封装界面上的信息，对象内部对用户是隐蔽的。封装的目的在于将对象的使用者和设计者分开，使用者不必知道行为实现的细节，只需用设计者提供的消息来访问该对象。例如，一辆汽车被封装起来，其内部结构是不可见的，也是使用者不关心的。汽车的使用者只关心汽车的用途、性能以及操作的方便性。

继承性：是指在一个已存在类的基础上可派生出新的子类，这些子类能够继承父类的属性和方法，而且可在子类中再添加新的属性和方法。例如，对于封装性中的例子来说，公共汽车、出租车、货车等都是汽车，但它们是不同的汽车，除了具有汽车的共性外，它们还具有自己的特点（如不同的操作方法，不同的用途等）。这时我们可以把它们作为汽车的子类来实现，它们继承父类（汽车）的所有状态和行为，同时增加自己的状态和行为。

多态性：是指同一方法（函数）名对应多种不同的实现，即完成不同的功能。换句话说，一个类中可以有多个具有相同名字的方法（函数），由传递给它们的不同个数和类型的参数来决定使用哪种方法，这就是多态。例如，对于一个作图的类，它有一个 draw(x, y, x, u, v, w) 方法（函数）用来画图或输出文字，可以传递给它一个字符串、一个矩形、一个圆形等，对于每一种实现，只需实现一个新的 draw(x, y, x, u, v, w) 方法即可，而不需要新起一个名字，这样大大简化了方法的实现和调用。程序员和用户都不需要记住很多的方法名，只需传入相应的参数即可。即多态性解决了结构化程序设计方法所不能解决的代码重用问题。

1.7 C 语言程序的运行步骤和开发环境

任何程序设计都需要基于一定的开发步骤和开发环境。本节在概述 C 语言程序运行步骤的基础上，主要介绍在较为流行的 Visual C++ 6.0 开发环境下，运行一个 C 程序的简单步骤。

1.7.1 C 语言程序的运行步骤

用 C 语言编写的源程序必须经编译、连接生成可执行文件（*.exe），才可以运行（计算机才可以识别），所以一个 C 语言源程序的调试和运行步骤如图 1-12 所示。

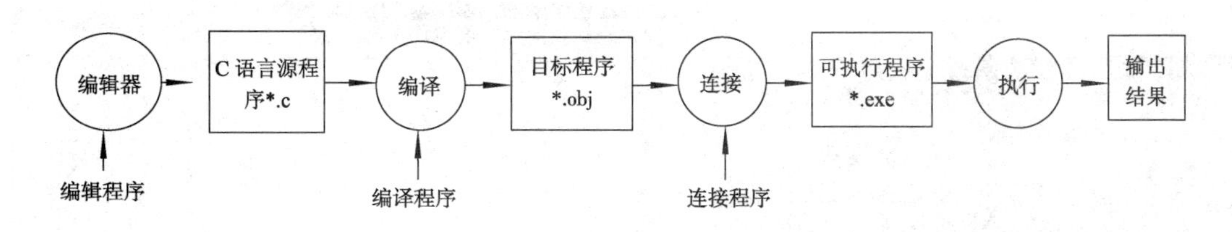

图 1-12　C 语言程序的调试和运行步骤

1．源文件的编辑（edit）

为了编辑 C 源程序，首先要用系统提供的编辑器建立一个 C 语言程序的源文件。一个 C 源文件是一个编辑单位，它是以文本格式保存的，文件的扩展名为.c。例如，myfile.c。

2．程序编译（compile）

将上一步形成的源程序文件作为编译程序的输入，进行编译。编译程序会自动分析、检查源程序的语法错误，并按两类错误类型（warning 和 error）报告出错行和原因。用户可根据报告信息修改源程序，再编译，直到程序正确后，输出中间目标程序文件（*.obj）。

3．连接程序（link）

使用连接程序，将上一步形成的中间目标文件与所指定的库文件和其他中间目标文件连接，这期间可能出现缺少库函数等连接错误，同样连接程序会报告错误信息。用户可根据错误报告信息修改源程序，再编译，再连接，直到程序正确无误后输出可执行文件（*.exe）。

4．程序运行（run）

执行文件生成后，就可执行它了。若执行的结果达到预想的结果，则说明程序编写正确，否则，就需要进一步检查修改源程序，重复上述步骤，直至得到正确的运行结果为止。

1.7.2　开发环境 Visual C++ 6.0 简介

Visual C++ 6.0 开发环境是一个基于 Windows 操作系统、并包含 C 语言子集的可视化集成开发环境（Integrated Development Environment，IDE）。它可以将编辑、运行等操作通过单击菜单选项或工具栏按钮来完成，使用方便、快捷。这里仅介绍在此环境中，如何新建或打开 C 语言源程序，以及如何编辑、编译、连接和运行 C 语言程序，要熟悉和掌握该集成开发环境，可参见有关该系统的说明书。在 Visual C++ 6.0 环境下运行一个 C 程序的步骤如下：

1．启动 Visual C++ 6.0 环境

直接从桌面双击 Microsoft Visual C++ 6.0 图标，或者选择“开始”→“程序”→“Microsoft Visual C++ 6.0”命令，启动 Visual C++ 6.0 IDE。启动后的主窗口如图 1-13 所示。该窗口由标题栏、菜单栏、工具栏、工作区子窗口、编辑子窗口、输出子窗口和状态栏组成。

2．编辑源程序文件

① 选择菜单栏中的文件(F)命令，弹出下拉菜单，选择 新建(N)...　Ctrl+N 选项，弹出“新建”对话框，如图 1-14 所示。该对话框有分别用于创建新的文件、工程、工作区和其他文档的 4 个选项卡。

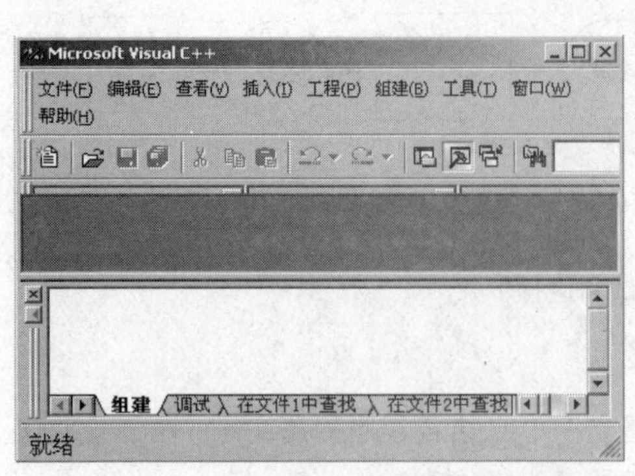

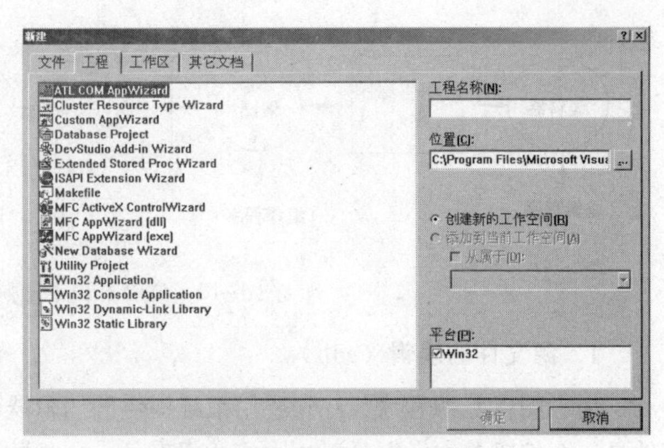

图 1-13　Visual C++ 6.0 集成开发环境　　　　图 1-14　“新建”对话框

② 单击“文件”选项卡后，在左边的列表框中选择 C++ Source File 选项，在右边的 文件名(N): 下面输入文件名（比如 mypro.c，注意加上扩展名.c，若不加则默认扩展名为.cpp），则该文件所在位置自动列在 位置(C): 框中显示的目录下，这个位置可以修改，如图 1-15 所示。

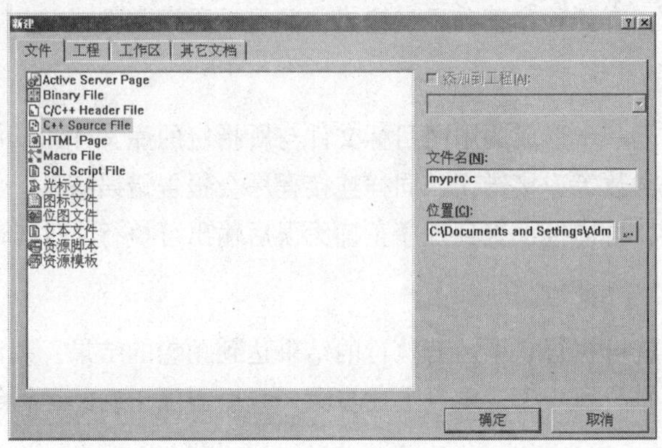

图 1-15　输入文件名与位置

③ 单击 确定 按钮，出现文件编辑区窗口，光标在文件编辑区的左上角闪动，如图 1-16 所示，可在此输入程序。例如，输入一个输出字符串“Let's study the C language!”的程序。

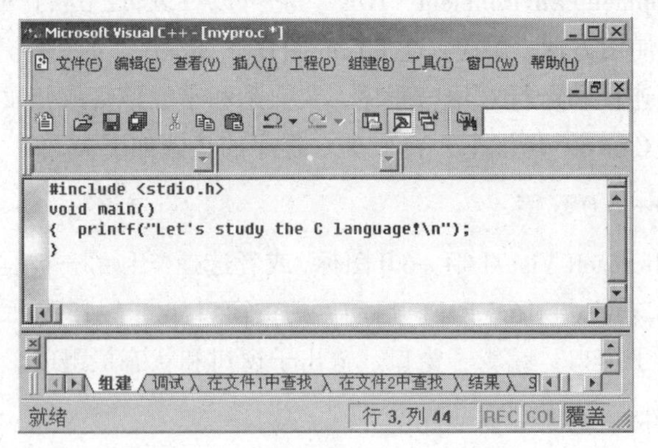

图 1-16　文件编辑区窗口界面

3. 编译过程

选择菜单栏中的 组建(B) 命令，弹出下拉菜单，选择 编译 [mypro.c]　Ctrl+F7 选项，对当前源文件进行编译；或单击工具栏中的按钮，进行编译；或用快捷键方式，即按【Ctrl+F7】组合键进行编译。

4．连接过程

选择菜单栏中的组建(B)命令，弹出下拉菜单，选择组建[mypro.exe] F7选项，对当前源文件进行编译；或单击工具栏中的按钮，进行编译；或用快捷键方式，即按【F7】键进行编译。

编译和连接过程中，系统如发现程序有语法错误，则在输出区窗口中显示错误信息，给出错误的性质、出现的位置和错误的原因等。如果双击某条错误，编辑区窗口左侧会出现一个箭头，指出错误的程序行，如图 1-17 所示。用户据此对源程序进行相应的修改，并重新编译和连接，直到通过为止。

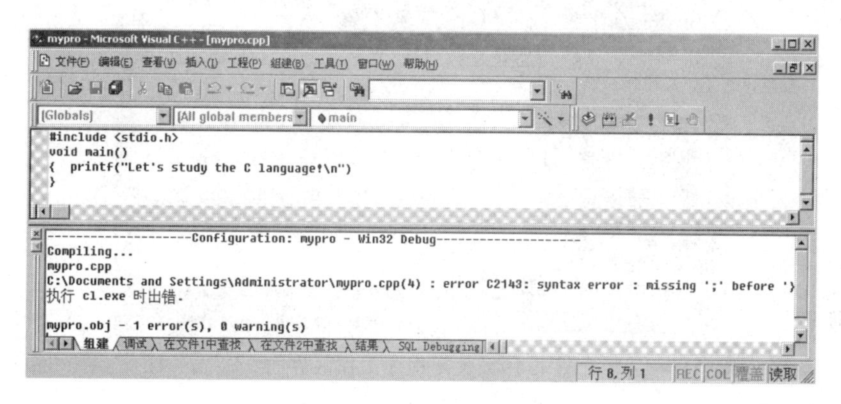

图 1-17 输出区窗口界面

5．运行程序

选择菜单栏中的组建(B)命令，弹出下拉菜单，选择! 执行[mypro.exe] Ctrl+F5选项，开始运行当前程序。或单击工具栏中的!按钮，开始运行程序。或用快捷键方式，即按【Ctrl+F5】组合键运行程序。程序运行结果将显示在 DOS 窗口的屏幕上，如图 1-18 所示。查看结果后，要返回 Visual C++ 6.0 主窗口，可按任意键。

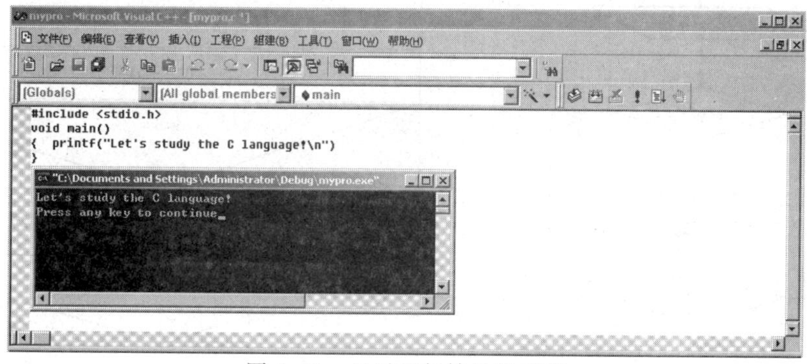

图 1-18 显示运行结果的屏幕

注意事项说明：

（1）如果程序已经输入，可在图 1-13 界面中选择菜单栏中的文件(F)命令，弹出下拉菜单，打开(O)... Ctrl+O选项，在弹出窗口中的查找范围(I):中找到正确的文件夹，并调入指定的 C 语言程序文件。

（2）当输入结束后，保存文件时，应指定扩展名.c，若不加则系统将按 Visual C++扩展名.cpp 保存，编译时有可能显示错误信息。

（3）当一个程序编译连接后，Visual C++系统自动产生相应的工作区，以完成程序的运行和调试。若想执行第二个程序，必须关闭前一个程序的工作区，然后通过新的编译连接，产生第二个程序的工作区。否则，运行的将一直是前一个程序。

关闭程序工作区的步骤是，在图 1-19 界面中选择菜单栏中的文件(F)命令，弹出下拉菜单，选择关闭工作空间(K)选项。

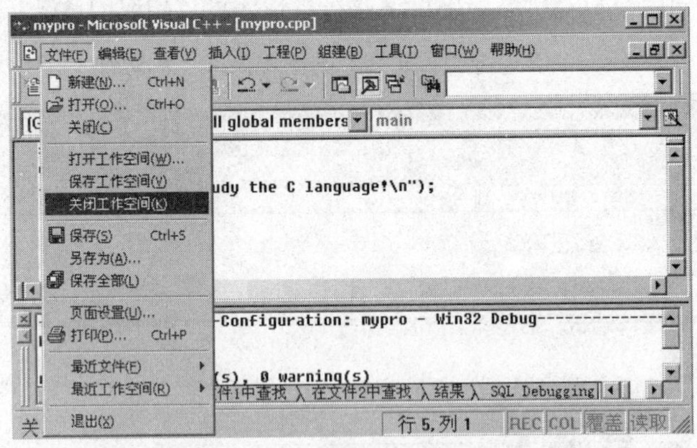

图 1-19　关闭程序工作区界面

1.8　程序举例

【例 1.4】绘制求 3 个整型数中的最小数程序的流程图和 N-S 图，并编写相应的 C 语言程序。

流程图和 N-S 图描述如图 1-20 所示。

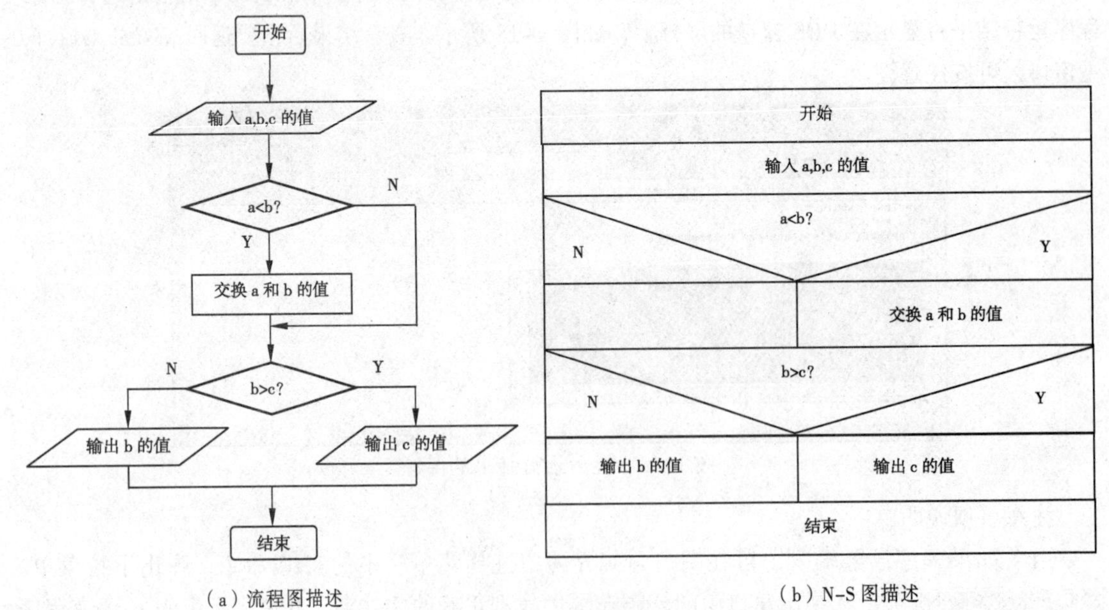

（a）流程图描述　　（b）N-S 图描述

图 1-20　例 1.4 的流程图和 N-S 图描述

基于图 1-20 所描述的算法编写的程序如下：

```
#include <stdio.h>                      /* 程序需要使用 C 语言提供的标准函数库 */
void main()                             /* 主函数 */
{  int a,b,c,x;                         /* 定义 a、b、c、x 为整型的变量 */
   printf("input a,b,c=");              /* 输出提示字符串 input a,b,c= */
   scanf("%d %d %d",&a,&b,&c);          /* 由键盘输入 a、b、c 的值 */
   if(a<b)                              /* 条件判断语句，判断 a 是否小于 b */
   {  x=a;  a=b;  b=x;  }               /* 条件为真时，交换 a 和 b 的值 */
   if(b>c)                              /* 条件判断语句，判断 b 是否大于 c */
      printf("min=%d",c);               /* 条件为真时，输出 c 的值 */
   else
      printf("min=%d",b);               /* 条件为假时，输出 b 的值 */
}
```

程序运行结果：

```
input a,b,c=66 55 99↙
min=55
```

本 章 小 结

本章介绍了 C 语言的由来、特点，通过实例说明了 C 语言程序的基本结构。同时还介绍了算法描述、程序设计的基本概念和方法。通过本章的学习，要了解 C 语言程序的基本构成和 main()函数与其他函数的区别。

函数是 C 语言程序的基本单位，可以说程序全部工作都是由函数来完成的。一个 C 源程序可以由多个函数组成，其中必须有一个，而且只能有一个名为 main()的主函数。C 语言程序总是从 main()函数开始执行。C 语言是编译方式执行的，用 C 语言编写的程序称为源程序，必须经过编译、连接生成可执行程序才能执行。

C 语言程序的语句书写格式自由，但是为了增加程序的可读性，尽量使用注释和遵循 C 语言程序的书写风格。

算法是程序设计的关键，因此，要熟练地掌握用算法正确地描述要解决的实际问题。

习　　题

一、单选题

1. C 语言属于（　　）。

   A. 机器语言　　B. 低级语言　　C. 汇编语言　　D. 中级语言

2. C 语言中，main()函数的位置（　　）。

   A. 必须是第一个函数　　B. 必须是最后一个函数

   C. 可以任意　　D. 必须放在它所调用的函数之后

3. 一个 C 语言程序的执行过程是（　　）。

   A. 从第一个函数开始，到最后一个函数结束

   B. 从第一个语句开始，到最后一个语句结束

C．从 main()函数开始，到最后一个函数结束

D．从 main()函数开始，到 main()函数结束

4．任何C语句必须以（　　）结束。

A．句号　　B．分号　　C．冒号　　D．感叹号

5．C语言程序经过连接后生成的文件的扩展名为（　　）。

A．.c　　B．.obj　　C．.exe　　D．.cpp

二、填空题

1．系统默认的 C 语言源程序文件的扩展名为________，经过编译后生成的目标文件扩展名为________，经过连接后生成的可执行文件扩展名为________。

2．函数体一般包括________部分和________部分，它们都是C语句。

3．一个C源程序至少有________个 main()函数和________个其他函数。

4．C语言源程序的基本单位是________。

5．计算机程序设计语言的发展，经历了从________、________到________的历程。

6．每个C语言程序中有且只有一个________函数，它是程序的入口和出口。

7．一个自定义函数由________和________两部分组成。

8．C语言本身没有输入/输出语句，输入/输出操作是由________完成的。

9．C语言允许直接访问________。

10．任何程序均由________结构、________结构和________结构三种基本结构组成。

三、简答题

1．C语言主要有什么特点？

2．C语言程序的执行过程，经历哪几个步骤？

第 2 章 C 语言基础及顺序结构程序设计

作为一种程序设计语言，C 语言规定了一套严密的字符集和语法规则，程序设计就是根据这些基本字符和语法规则按照实际问题的需要编制出相应的 C 语言程序。本章首先介绍 C 语言的语法基础，包括字符集、数据类型、标识符、关键字、保留标识符、变量和常量的概念，其次介绍基本运算符和表达式的运算规则以及基本输入/输出函数的用法，最后介绍顺序结构程序设计的基本方法，并学习编写一些简单的顺序结构程序。

2.1 C 语言的字符集

字符是组成 C 语言的最基本的元素。C 语言字符集由字母、数字、空白符、下画线、标点和特殊字符组成（在字符常量、字符串常量和注释中还可以使用汉字等其他图形符号）。由字符集中的字符可以构成 C 语言的基本的语法单位（如标识符、关键字、运算符等）。C 语言字符集及常规分类如下。

① 字母：小写字母 a～z 共 26 个，大写字母 A～Z 共 26 个。

② 数字：0～9 共 10 个。

③ 空白符：空格符、制表符和换行符等统称为空白符。空白符只在字符常量和字符串常量中起作用，在其他地方出现时，只起间隔作用，编译程序时对它们忽略。因此，在程序中使用空白符与否，对程序的编译不产生影响，但在程序中适当的地方可使用空白符增加程序的清晰性和可读性。

④ 下画线：_。

⑤ 标点符号、特殊字符：+、-、*、/、%、=、>、<、(、)、[、]、{、}、!、&、#、^、?、,、.、;、:、'、"、\。

在编写 C 语言程序时，只能使用 C 语言字符集中的字符，且区分大小写字母。如果使用其他字符，编译器将把它们视为非法字符而报错。

2.2 C 语言的关键字和标识符

正如人类的自然语言具有其语法规则一样，C 语言也规定了自身的语法。为了按照一定的语法规则构成 C 语言的各种成分，C 语言规定了基本词法单位。基本的词法单位是单词，而构成单词的最重要的形式是关键字、标识符和保留字符。

2.2.1 关键字

关键字是具有特定含义的、专门用来说明 C 语言的特定成分的一类单词。C 语言的关键字都用小写字母书写的，不能用大写字母书写。由于关键字有特定的用途，所以不能用于变量名或函数名等其他场合，否则就会产生编译错误。C 语言定义了 32 个关键字，如表 2–1 所示。

表 2–1 C 语言关键字列表

char	double	enum	float	int	long	short	signed
struct	union	unsigned	void	break	case	continue	default
do	else	for	goto	if	return	switch	while
auto	extern	register	static	const	sizeof	typedef	volatile

2.2.2 标识符

在 C 语言程序中，用于标识名字的有效字符序列称为标识符。标识符可用来标识变量名、符号常量名、函数名、数组名和数据类型名等。

标识符的命名应遵循以下规则：

① 标识符只能由英文字母、数字和下画线 3 种字符组成，且第一个字符必须为字母或下画线。

② 大小写英文字母被认为是不同的字符。例如，D 和 d、BOOK 和 book、A_b 和 a_b 是不同的标识符。

③ 标识符不能与关键字和保留标识符重名。

④ 在一个标识符中，各个字符之间不允许出现空格。

⑤ 标识符的长度可以为任意，它随编译系统的不同而不同。

为了能正确地使用标识符，下面给出一些例子。

正确的标识符命名：

```
_3a        x3        BOOK1        PI
sum5       music     _3_4         abcD34xz
```

不正确的标识符命名：

```
a+b    G.W.Bush    3s     –3x       yes no    int
a>b    πr          #xy    bowy–1    yes/no    printf
```

定义标识符时应尽量做到“见名知意”，以提高程序的可读性。例如，可用 sum 表示求和，name 表示姓名、max 表示最大值等。

保留标识符是系统保留的一部分标识符，通常用于系统定义标准库函数的名字。例如，正弦函数 sin()、打印函数 printf()、预编译命令#define 等。

2.3 C 语言的数据类型

计算机的基本功能之一是数据处理，计算机语言支持的数据类型越丰富，它的应用范围就越广。数据类型是依据被说明量的性质、表示形式、占据存储空间的多少以及构造特点进行划分的。

C 语言为我们提供了丰富的数据类型，C 语言的数据类型如图 2–1 所示。

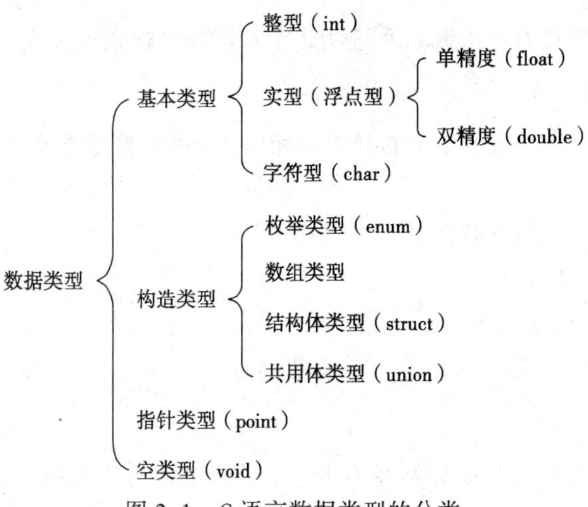

图 2–1　C 语言数据类型的分类

从图 2–1 中可以清晰地看出，在 C 语言中数据类型可分为 4 大类：

① 基本数据类型。它是编译系统已定义的类型，特点是它的值不可以再分解为其他类型。

② 构造数据类型。它是用户自己定义的类型，是根据已定义的一个或多个数据类型构造出来的。

③ 指针类型。它是一种特殊的数据类型，用来表示某个变量在内存储器中的存放地址。

④ 空类型。它的主要用途有两点，一是用做函数的返回类型，二是用做指针的基本类型。

本章主要介绍基本数据类型，其余类型在以后各章中陆续介绍。

2.4　常　　量

所谓常量是指在程序运行的整个过程中，其值始终不变的量。常量可以有不同的类型，可分为直接常量和符号常量。直接常量也就是日常所说的常数，包括数值常量和字符型常量两种。其中数值常量又包括整型常量和实型常量；字符型常量可分为字符常量和字符串常量；符号常量则是指用标识符定义的常量，从字面上不能直接看出其类型和值。C 语言中常量的分类如图 2–2 所示。

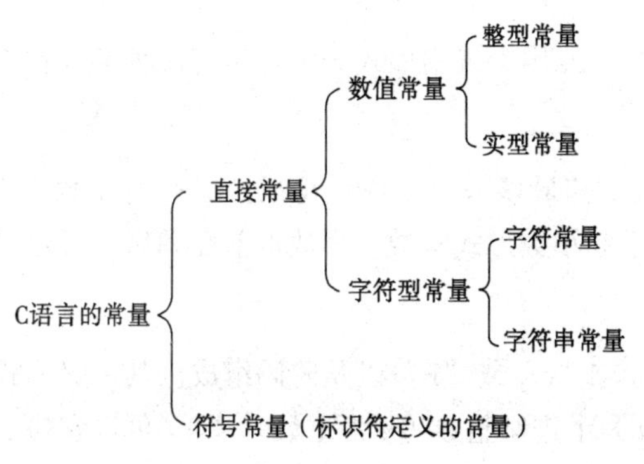

图 2–2　C 语言中常量的分类

2.4.1 整型常量

在 C 语言中，整型常量有十进制、八进制、十六进制 3 种表示形式，说明如下：

1．十进制整型常量

十进制整型常量的表示与数学上的整数表示相同，十进制整型常量没有前缀，由 0～9 的数字组成。

以下各数是合法的十进制整型常量：

237，-568，65535，1627

以下各数不是合法的十进制整型常量：

023（不能有前导 0），23D（含有非十进制数码 D）

2．八进制整型常量

八进制整型常量的表示形式是以数字 0 开头，即以 0 作为八进制数的前缀，由 0～7 的数字组成。

以下各数是合法的八进制常量：

015（十进制为 13），0101（十进制为 65），0177777（十进制为 65535）

以下各数不是合法的八进制常量：

256（无前缀 0），03A2（包含了非八进制数码 A），0128（出现了非八进制数码 8）

3．十六进制整型常量

十六进制整型常量的表示形式是以 0x 或 0X 开头，即以 0x 或 0X 作为前缀（注意：十六进制数的前缀字符 0x，x 前面是数字 0 而不是字符 o），由 0～9 的数字、A～F 或 a～f 字母组成。

以下各数是合法的十六进制整型常量：

0X2A（十进制为 42），0XA0（十进制为 160），0XFFFF（十进制为 65535）

以下各数不是合法的十六进制整型常量：

5A（无前缀 0X），0X3H（含有非十六进制数码 H）

另外，整型常量按长度划分为两种：短整型和长整型（后缀为小写字母 l 或大写字母 L），其中默认为短整型，如-377 是一个短整型数，而-377l 或-377L 表示-377 是长整型。

2.4.2 实型常量

在 C 语言中，实型常量只能用十进制形式表示。它有两种形式：小数形式和指数形式。

1．小数形式

由正负号、0～9 的数字和最多一个小数点组成（必须有小数点）。例如，-1.85、0.3456、120.0、.426、-11. 都是十进制小数形式实数。小数点前面和后面可以没有数字（不能同时省略）。

2．指数形式

由十进制数加上阶码标志“e”或“E”以及阶码组成。其一般形式为 a E n。

其中 a 为十进制数，n 为十进制整数（n 为正数时“+”可以省略），其值为 $a \times 10^n$。

例如，1.234e+12 表示 1.234×10^{12}、0.25e-8 表示 0.25×10^{-8}。

以下是合法的实数：

1.234e12（等于 1.234×10^{12}），3.7E-2（等于 3.7×10^{-2}），2.34e+8（等于 2.34×10^{8}）

以下是非法的实数：

568（无小数点），e-5（阶码标志“e”之前无数字），-5（无阶码标志）

58+e5（符号位置不对），2.7E（无阶码），6.4e+5.8（阶码不是整数）

另外，实型常量的后缀用大写字母 F（或小写字母 f）表示单精度型，而后缀用大写字母 L（或小写字母 l）表示长精度型。例如，0.5e2f 表示单精度型、3.6e5L 表示长精度型。

2.4.3　字符常量

字符常量是用单引号括起来的一个字符。例如：'a'、'0'、'A'、'-'、'*'都是合法字符常量，注意，'a'和'A'是不同的字符常量。

除了以上形式的字符常量以外，C 语言还定义了一些特殊的字符常量，是以反斜杠“\”开头的字符序列，称为转义字符。转义字符的意思是将反斜杠“\”后面的字符转变成另外的意义。常用的转义字符如表 2-2 所示，其中'\n'中的 n 不表示字母 n 而作为“换行”符，“\ddd”和“\xhh”中的“ddd”和“hh”，分别为对应字符的八进制和十六进制的 ASCII 代码。

例如：

'\101'代表字符'A'（八进制的 ASCII 码）。

'\141'代表字符'a'（八进制的 ASCII 码）。

'\x41'代表字符'A'（十六进制的 ASCII 码）。

'\x61'代表字符'a'（十六进制的 ASCII 码）。

'\012'代表“换行”。

'\X0A'代表“换行”。

'\134'代表“反斜杠”。

'\376'代表图形字符“■”等。

表 2-2　转义字符及其含义

字符形式	含　　义	ASCII 代码
\n	换行，将当前位置移到下一行开头	10
\t	水平位移，跳到下一个 Tab 位置	9
\b	退格，将当前位置移到前一列	8
\r	回车，将当前位置移到本行开头	13
\f	换页，将当前位置移到下一页开头	12
\\	反斜杠字符“\”	92
\'	单引号字符“'”	39
\"	双引号字符“"”	34
\0	空字符	0
\a	响铃（声音报警）	7
\ddd	1～3 位八进制数所代表的 ASCII 码字符	
\xhh	1～2 位十六进制数所代表的 ASCII 码字符	

注意：

① 字符常量只能用单引号括起来，不能用双引号或其他括号。例如"a"是不合法的。

② 字符常量只能是单个字符，不能是字符串。例如'ab'是不合法的。

③ 字符可以是 C 语言字符集中的任意字符，但数字被定义为字符型之后就以 ASCII 码值参与数值运算。如'6'和 6 是不同的常量，'6'是字符常量，而 6 是整型常量。

【例 2.1】分析下面程序的运行结果。

```
#include <stdio.h>                    /* 程序需要使用 C 语言提供的标准函数库 */
void main()                           /* 主函数 */
{  printf("China\n\101\t\\\n"); /* 调用库函数 printf()显示字符串 */
}
```

程序运行结果：

```
China
A       \
```

程序中有 4 个转义字符，分别是\n、\101、\t、\\。输出“China”后遇到转义字符'\n'，因此换行，换行后遇到转义字符'\101'，输出'A'后遇到转义字符'\t'，水平移动到下一个制表位置，后遇到转义字符'\\'，输出'\'，再遇'\n'进行换行。

2.4.4 字符串常量

在 C 语言中，字符串常量是用双引号括起来的字符序列。例如，以下是合法的字符串常量：

"CHINA"

"This is a C program."

"402754"

"+++\\? ab"

"*****"

" "：表示一个空格串。

""：表示什么字符也没有的字符串。

"\n"：表示一个具有换行功能的字符串。

字符串常量在内存中存储时，系统自动在每一个字符串常量的尾部加一个“字符串结束标志”，即字符'\0'（ASCII 码值为 0）。因此，长度为 *n* 个字符的字符串常量在内存中要占用 *n*+1 个字节的空间。例如，字符串"C program"的长度为 9（即字符的个数），但在内存中所占的字节数为 10，即存放"C program\0"。其在内存中的存储形式如图 2-3 所示。

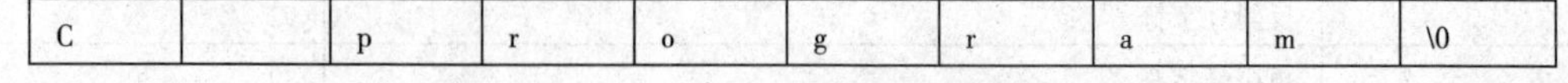

图 2-3 "C program"在内存中的存储形式

再如，字符常量'A'与字符串常量"A"在内存中的存储方式如图 2-4 所示。

字符常量与字符串常量的区别：

① 定界符不同。字符常量使用单引号，而字符串常量使用双引号。

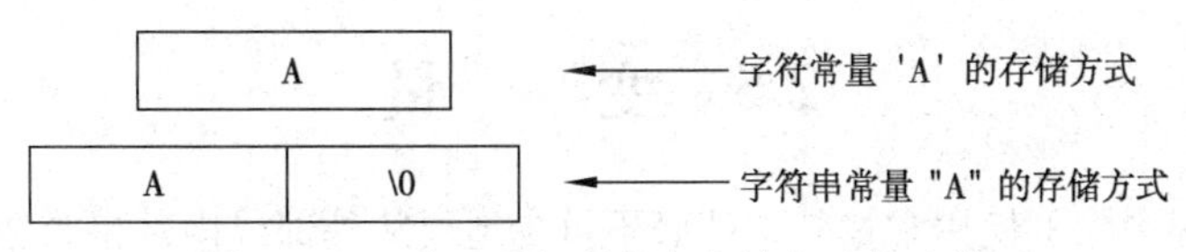

图 2-4 'A'与"A"在内存中存储方式的比较

② 长度不同。字符常量的长度固定为 1，而字符串常量的长度可以是 0，也可以是某个整数。

③ 存储要求不同。字符常量存储的是字符的 ASCII 码值，而字符串常量除了要存储字符串常量的有效字符外，还要存储一个字符串结束标志'\0' 。

2.4.5 符号常量

在程序中，如果某个常量多次被使用，则可以使用一个符号来代替该常量，这种相应的符号称为符号常量。例如，数学运算中的圆周率常数 π（约等于 3.14159），如果使用一个符号 PI 来表示，在程序中使用到该常量时，就不必每次输入“3.14159”，可以用 PI 来代替它。再如，程序中多次使用班级人数，若用符号常量 NUM 代表班级人数，一旦需要修改班级人数，只需要修改符号常量 NUM 的定义处即可，即做到一改全改。符号常量的使用不仅在书写上方便，而且有效地提高了程序的易读性、通用性和可维护性。

C 语言中，用编译预处理命令#define（第 9 章介绍）来定义符号常量。例如：

```
#define PI 3.14159
#define NUM 35
#define NAME "liming"
```

格式是在#define 后面跟一个标识符和一个字符串，彼此之间用空格隔开。它不是 C 语句，故末尾不要加分号。

【例 2.2】编写求一个半径 *r*=3.0 的球的体积和表面积的程序。

```
#include <stdio.h>                 /* 程序需要使用 C 语言提供的标准函数库 */
#define PI 3.14159                 /* 定义 PI 为符号常量，其值为 3.14159 */
void main()                        /* 主函数 */
{  float r,v,s;          /* 定义实型变量 r、v、s 分别表示球的半径、体积和表面积 */
   r=3.0;                          /* 将 3 赋值给半径 r */
   v=4.0/3.0*PI*r*r*r;             /* 求球的体积 v */
   s=4.0*PI*r*r;                   /* 求球的表面积 s */
   printf("v=%f, s=%f\n",v,s);     /* 输出球的体积 v 和表面积 s */
}
```

程序运行结果：

```
v=113.097237, s=113.097240
```

本程序在主函数 main()之前，由编译预处理命令#define 定义 PI 为 3.14159，在程序中以该值代替 PI。v=4.0/3.0*PI*r*r*r 等效于 v=4.0/3.0*3.14159*r*r*r，而 s=4.0*PI*r*r 等效于 s=4.0*3.14159*r*r。

习惯上，符号常量用大写，变量用小写以示区别。另外，符号常量一旦定义，就不能在程序的其他地方给该标识符再赋值。例如，PI=3.1416;是错误的。

2.5 变　量

程序在运行过程中除了使用常量外，还必不可少地要从外部或内部接收数据保存起来，并将程序处理过程中产生的中间结果以及最终结果保存起来。因此，需要引入变量来存放值可以变化的量。

2.5.1 变量的概念

所谓变量是指在程序运行过程中，其值可以改变的量。例如，计算圆周长的 C 语句：

```
l=2*3.14159*r;
```

l 和 r 都是变量，其中，r 可以有不同的值，l 的值因 r 的值不同而不同。

变量都有 3 个特征。一是它有一个变量名，变量名的命名方式符合标识符的命名规则。例如，可以用 name、sum 作为变量名。二是变量有类型之分。因为不同类型的变量占用的内存单元（字节）数不同，因此每个变量都有一个确定的类型。例如，整型变量、实型变量、字符型变量等。三是变量可以存放值。程序运行过程中用到的变量必须有确切的值，变量在使用前必须赋值，变量的值存储在内存中。在程序中，通过变量名来引用变量的值。

值得注意的是，变量名和变量值这两个概念的区别，如图 2–5 所示。在程序运行过程中从变量 x 中取值，实际上是通过变量名 x 找到相应的内存地址，从其存储单元中取数据 30。

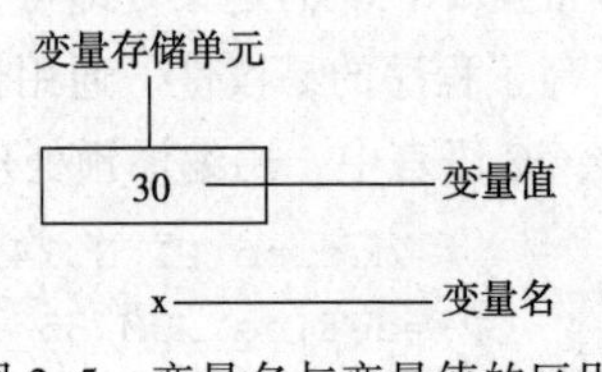

图 2–5　变量名与变量值的区别

2.5.2 变量的定义与初始化

1. 变量的定义

在 C 语言程序中，常量是可以不经定义直接引用的，而程序中用到的所有变量必须先定义后使用。

变量定义的一般格式为：

```
数据类型标识符　变量名 1[,变量名 2,变量名 3,…,变量名 n];
```

其中，[]表示可选项。

例如：

```
int a;                    /* 定义 a 为整型变量 */
int m,n;                  /* 定义 m 和 n 为整型变量 */
float x,y,z;              /* 定义 x、y、z 为单精度实型变量 */
char ch;                  /* 定义 ch 为字符型变量 */
```

进行变量定义时，应注意以下几点：

① 允许在一个数据类型标识符后，说明多个相同类型的变量，各变量名之间用逗号隔开。

② 数据类型标识符与变量名之间至少用一个空格隔开。

③ 最后一个变量名之后必须以分号“;”结尾。

④ 变量说明必须放在变量使用之前，一般放在函数体的开头部分。

⑤ 在同一个程序中变量不允许重复定义。

例如，以下是不合法的定义：

```
int x,y,z;                /* 定义 x、y、z 为整型变量 */
int a,b,x;                /* 变量 x 被重复定义 */
```

2. 变量的初始化

在定义变量的同时可以给变量赋初值，称为变量初始化。

变量初始化的一般格式为：

```
数据类型标识符  变量名 1=常量 1[,变量名 2=常量 2,…,变量名 n=常量 n];
```

例如：

```
int m=3,n=5;             /* 定义 m 和 n 为整型变量，同时 m,n 分别赋初值 3、5 */
float x=0,y=0,z=0;       /* 定义 x、y、z 为单精度实型变量，同时 x、y、z 都赋初值为 0 */
char ch='a';             /* 定义 ch 为字符型变量，同时赋初值字符'a' */
```

2.5.3 整型变量

整型变量通常可分为4类：一般整型(int)、短整型(short)、长整型(long)和无符号型(unsigned)。其中，无符号型又有无符号整型（unsigned int）、无符号短整型（unsigned short）和无符号长整型（unsigned long）之分。

变量在内存中都占据着一定的存储长度，随存储长度不同，所能表示的数值范围也不同。本书以 Visual C++ 6.0 作为软件开发环境，整型变量类型标识符、内存中所占空间字节数和所表示的数值范围见表 2-3。

表 2-3 整型变量类型

符 号	数 据 类 型	类型标识符	所占字节数	取 值 范 围
带符号	整型	int	4	-214 783 648～+214 783 647
	短整型	short（或 short int）	2	-32 768～+32 767
	长整型	long（或 long int）	4	-214 783 648～+214 783 647
无符号	无符号整型	unsigned（或 unsigned int）	4	0～4 294 967 295
	无符号短整型	unsigned short	2	0～65 535
	无符号长整型	unsigned long	4	0～4 294 967 295

2.5.4 实型变量

实型变量分为单精度型（float）、双精度型（double）和长双精度型（long double）3 种。实型变量类型标识符、内存中所占空间字节数和所表示的数值范围见表 2-4。

表 2-4 实型变量类型

类 型 名	类型标识符	所 占 字 节	有 效 数 字	取 值 范 围
单精度型	float	4	6～7	-3.4×10^{-38}～$+3.4 \times 10^{38}$
双精度型	double	8	15～16	-1.7×10^{-308}～$+1.7 \times 10^{308}$
长双精度型	long double	16	18～19	-1.2×10^{-4932}～$+1.2 \times 10^{4932}$

一个实型常量可以赋值给一个 float 型或 double 型变量。根据变量的类型截取实型常量中相应的有效数字位。假如 a 已指定为单精度实型变量：

```
float a=333333.333;
```

由于 float 型变量只能接收 7 位有效数字，因此最后两位小数不起作用。如果 a 改为 double 型，则能全部接收上述 9 位数字并存储在变量 a 中。

【例 2.3】浮点型数据的舍入误差分析。

```
#include <stdio.h>                    /* 程序需要使用 C 语言提供的标准函数库 */
void main()                           /* 主函数 */
{  float a;                           /* 定义 a 为单精度实型变量 */
   double b;                          /* 定义 b 为双精度实型变量 */
   a=33333.33333;                     /* 将 33333.33333 赋给单精度实型变量 a */
   b=33333.33333333333333;/* 将 33333.33333333333333 赋给双精度实型变量 b*/
   printf("a=%f, b=%f\n",a,b);        /* 以实型形式输出 a 和 b 的值 */
}
```

程序运行结果：

```
a=33333.332031, b=33333.333333
```

从本例可以看出，由于 a 是单精度浮点型，有效位数只有 7 位，而整数已占 5 位，故小数位两位之后均为无效数字。b 是双精度型，有效位为 16 位，但由于本运行环境规定小数后最多保留 6 位，其余部分四舍五入。

如果扩大 a 的有效位数，如把本例中的"float a;"改为"double a;"，变量 a 的运行结果就正确了。比较两次的运行结果可以看出，由于机器存储的限制，使用实型数据可能会产生一些误差。运算的次数越多，误差积累的可能性就越大。因此在编写程序时一定要注意实型数据有效位的问题，应合理使用不同的实型数据，尽可能减少运算中出现的积累误差。

2.5.5 字符变量

字符变量用来存放字符常量，注意只能存放一个字符。字符变量的类型标识符为 char，所占内存空间为 1 字节，取值范围为-127～127。例如：

```
char c1,c2,c3,c4;
c1='a';                    /* 正确 */
c2='6';                    /* 正确 */
c3="a";                    /* 不正确 */
c4='abc';                  /* 不正确 */
```

1. 字符型数据在内存中的存放形式

将一个字符常量放到一个字符变量中，实际上并不是把该字符本身放到内存单元中去，而是将该字符的相应 ASCII 码存放到存储单元中。例如：

```
char c1,c2;
c1='a';
c2='b';
```

字符'a'的 ASCII 代码为十进制数 97，字符'b'的 ASCII 代码为十进制数 98，在内存中变量 c1、

c2 的值实际上是以二进制形式存放的，如图 2–6 所示。

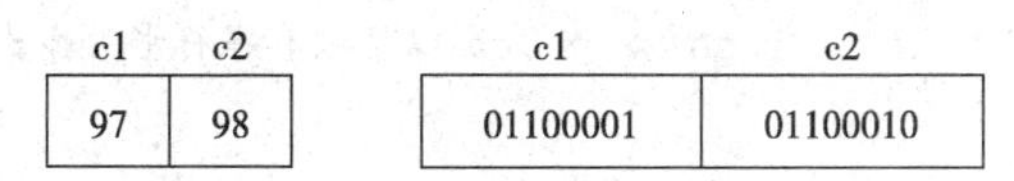

图 2–6　c1 和 c2 在内存中的存放形式

2．字符型数据的使用

既然字符型数据在内存中是以 ASCII 码存储的，它的存储形式与整型数据的存储形式是类似的。因此，字符型和整型数据之间的转换就十分方便，所以字符型和整型在一定范围内是通用的，字符型数据可以以字符形式输出，也可以以整数形式输出。以字符形式输出时，先将内存中 ASCII 码转换成对应的字符，再输出。以整数形式输出时，则直接将 ASCII 码作为整数输出。字符型数据还可以参加算术运算，此时相当于对它们的 ASCII 码值进行算术运算，先将其 1 个字节转换为 2 个字节，然后进行运算。

【例 2.4】向字符变量赋以整数。

```
#include <stdio.h>                  /* 程序需要使用 C 语言提供的标准函数库 */
void main()                         /* 主函数 */
{  char c1,c2;                      /* 定义 c1、c2 为字符型变量 */
   c1=65;                           /* 将整数 65 赋给 c1 */
   c2=67;                           /* 将整数 67 赋给 c2 */
   printf("%c  %c\n",c1,c2);        /* 以字符形式输出 c1 和 c2 的值 */
   printf("%d  %d\n",c1,c2);        /* 以整数形式输出 c1 和 c2 的值 */
}
```

程序运行结果：

```
A  C
65 67
```

c1、c2 被指定为字符变量。在第 4 行和第 5 行中，将整数 65 和 67 分别赋值给 c1 和 c2，它的作用相当于以下两个赋值语句：

```
c1='A', c2='C';
```

因为'A'和'C'的 ASCII 码分别为 65 和 67。程序的第 4 行和第 5 行是把 65 和 67 两个整数直接存放到 c1 和 c2 的内存单元中。而 c1='A'和 c2='C'，则是先将字符'A'和'C'转化成 ASCII 码 65 和 67，然后放到内存单元中。二者的作用和结果是相同的。第 6 行输出两个字符 A 和 C，第 7 行输出两个整数 65 和 67。

可以看到，字符型数据和整型数据在一定范围内是通用的。它们既可以用字符形式输出（用%c），也可以用整数形式输出（用%d），C 语言对字符数据的这种处理，增加了程序设计的灵活性。

【例 2.5】字符型和整型可以相互赋值。

```
#include <stdio.h>               /* 程序需要使用 C 语言提供的标准函数库 */
void main()                      /* 主函数 */
{  int k;                        /* 定义 k 为整型变量 */
   char ch;                      /* 定义 ch 为字符型变量 */
   k='b';                        /* 将字符'b'赋给整型变量 k */
   ch=66;                        /* 将整数 66 赋给字符变量 ch */
```

```
    printf("%d, %c\n",k,k);    /* 分别以整数和字符形式输出 k 的值 */
    printf("%d, %c\n",ch,ch); /* 分别以整数和字符形式输出 ch 的值 */
}
```

程序运行结果：

```
98, b
66, B
```

2.6 C 语言的运算符和表达式概述

2.6.1 运算符

运算是对数据进行加工处理，用来表示各种运算的符号称为“运算符”。C 语言运算符的种类非常多，不同的运算符可以构成不同的表达式，处理不同的问题。C 语言的运算符，可以按其功能和运算对象的个数来进行分类。

按运算符功能大致可以分为算术运算符、关系运算符、逻辑运算符、位运算符和 C 语言的特殊运算符等 5 类。例如，加（+）、减（-）为算术运算符，大于（>）、小于（<）为关系运算符等。运算符按其运算对象的多少可以分为单目运算符（仅对一个运算对象进行操作）、双目运算符（对两个运算对象进行操作）和三目运算符（对三个运算对象进行操作）3 类。例如:

求负数的“-”为单目运算符。-5 表示将 5 取负数其结果为-5。

计算加法的“+”为双目运算符。2+3 表示将 2 和 3 两个正整数进行加法运算，其结果为 5。

条件运算符“?:”为三目运算符。a>b?x:y 表示如果 a>b，则 a>b? x:y 的值为 x 的值，否则 a>b? x:y 的值为 y 的值。如 5>9?3:-3 的值为-3。

2.6.2 表达式

各种数据操作运算都有相应的运算符号和运算规则，这些运算符号和运算符对象（常量、变量和函数）一起构成表达式。也就是说，用运算符和圆括号把运算对象连接起来的符合 C 语言语法规则的式子，称为表达式。例如：

表达式 d/(3*a+b)-6*c 中包括+、-、*、/、()等运算符号，运算对象包括 a、b、c、d、3、6 等。表达式 2+cos(0) 中包括+运算符号，运算对象包括 2 和 cos(0)。

对表达式进行运算，所得到的结果称为表达式的值。例如，表达式 2+cos(0)的值为 3。

2.6.3 运算符的优先级和结合性

学习 C 语言的运算符，不仅要掌握各种运算符的功能，以及它们各自可连接的运算对象个数，而且还要了解各种运算符彼此之间的优先级及结合性。

运算符的优先级指多个运算符用在同一个表达式中时先进行什么运算，后进行什么运算。即若在同一个表达式中出现了不同级别的运算符，首先计算优先级较高的。例如：

3-5*2，表达式中出现了两个运算符即-（减）和*（乘）。按照优先级次序先乘后减，表达式的值为-7。

d=a+b*c，表达式中出现了 3 个运算符即=（赋值）、+（加）、*（乘）。按优先级次序，这 3

个运算符优先级由高到低依次是*、+、=，所以先算乘法，再算加法，最后执行赋值运算，即将赋值运算符=右边的表达式的值赋给变量 d。

注意：括号可以改变运算符的优先级。例如 d=(a+b)*c 表达式的运算次序是+、*、=。

运算符的结合性是指运算符所需要的数据是从其左边开始取还是从右边开始取。即结合性是指在表达式中若连续出现若干个优先级相同的运算符时，各运算的运算次序。因而在 C 语言中有所谓“左结合性”和“右结合性”之说。例如：

3*5/3，表达式中出现了两个运算符即*（乘）和/（除）。按照优先级次序，5 的两侧“*”和“/”优先级相同，则按结合性处理。“*”和“/”运算符的结合性为从左到右，则先乘后除，表达式的值为 5。

d=a+b−c，表达式中出现了 3 个运算符即=（赋值）、+（加）、−（减）。按照优先级次序，加和减的运算优先级相同，而赋值运算符优先级较低。根据加和减的结合性是从左到右，因此先计算加，再计算减，最后进行赋值。

为了方便读者，在表 2–5 中列出了所有运算符的优先级和结合性。注意所有的单目运算符、赋值运算符和条件运算符都是从右向左结合的，要予以特别关注，其余均为从左向右结合的，与习惯一致。

表 2–5　运算符及其从高到低的优先级和结合性

优先级	运 算 符	含　　义	运算量个数	结　合　性
1	()	括号运算符	单目运算符	自左至右
	[ ]	下标运算符		
	->	指向结构体成员运算符		
	.	成员运算符		
2	!	逻辑非运算符	单目运算符	右结合
	~	按位取反运算符		
	++、− −	自加、自减运算符		
	−	负号运算符		
	(类型)	强制类型转换运算符		
	*、&	指针和地址运算符		
	sizeof	取长度运算符		
3	*、/、%	乘、除、求余运算符	双目运算符	自左至右
4	+、−	算术加、减运算符		
5	<<、>>	位左移、右移运算符		
6	<、<=、>、>=	关系运算符		
7	==、!=	关系运算符		
8	&	按位与运算符		
9	^	按位异或运算符		
10	|	按位或运算符		
11	&&	逻辑与运算符		
12	||	辑或运算符		

续表

<table>
<tr><th>优先级</th><th>运 算 符</th><th>含 义</th><th>运算量个数</th><th>结 合 性</th></tr>
<tr><td>13</td><td>? :</td><td>条件运算符</td><td>三目运算符</td><td>右结合</td></tr>
<tr><td rowspan="2">14</td><td>=、+=、-=、*=、/=、%=</td><td>组合算术运算符</td><td rowspan="2">双目运算符</td><td rowspan="2">右结合</td></tr>
<tr><td><<=、>>=、&=、|=、^=</td><td>组合位运算符</td></tr>
<tr><td>15</td><td>,</td><td>逗号运算符</td><td>双目运算符</td><td>自左至右</td></tr>
</table>

2.7 C 语言中最基本的运算符和表达式

本节介绍 C 语言中最基本的运算符以及由这些运算符构成的表达式，后面的章节中将陆续介绍其他运算符以及由这些其他运算符构成的表达式。

2.7.1 算术运算符和算术表达式

算术运算符有基本算术运算符（+、-、*、/、%）以及自增/自减运算符（++、--）。由算术运算符和圆括号把运算对象连接起来的符合 C 语言语法规则的式子称为算术表达式，算术表达式的结果是一个算术值。例如，3*9+3、(6+sin(0))/2-1 等，都是算术表达式，其值分别为 30 和 2。

1．基本算术运算符及其表达式

基本算术运算符有+（加）、-（减）、*（乘）、/（除）、%（求余）5 种运算符，都是双目运算符，其优先级从高到低为：

（ ） → *、/、% → +、-

乘法、除法和求余 3 项运算优先级相同；加法、减法两项运算优先级相同。结合性为自左至右。

【例 2.6】设变量 x、y 的值分别为 12.2 和 52.6，求算术表达式(x+y)/2-31 的值。

表达式中包括+、-、/等运算符，操作数包括 x、y、2、31 等，按照括号优先，先计算 x+y，得和 64.8，再计算 64.8/2，得商 32.4，最后计算 32.4-31，运算结果为 1.4，表达式(x+y)/2-31 的值为 1.4。

关于基本算术运算符及其表达式的说明和注意事项如下：

① 表达式中凡是相乘的地方必须写上“*”，不能省略，也不能用点代替；表达式中出现的括号一律使用圆括号，而且为保持运算顺序正确性，根据需要适当添加圆括号。

例如，数学式 $\frac{2+a+b}{ab}$，写成 C 语言表达式为：

(2+a+b)/(a*b)或(2+a+b)/a/b

不能写为：

2+a+b/a*b 或(2+a+b)/ab 或(2+a+b)/a*b。

② 数学中有些常用的计算可以用 C 系统提供的标准数学库函数实现，值得注意的是，函数的自变量（即函数的参数）必须写在圆括号内。例如，求 x 的平方根的函数为 sqrt(x)，求 x^y 的函数为 pow(x)，一般情况下，求 x^2 写为 x*x 的连乘形式。

例如，数学式 $x=\dfrac{-b+\sqrt{b^2-4ac}}{2a}$ 和 $(2\pi r+e^{-3})\ln x$，写成 C 语言表达式分别为

```
x=(-b+sqrt(b*b-4*a*c))/(2*a)和(2*3.14159*r+exp(-3))*log(x)
```

③ 除法运算符“/”的运算对象可以是各种类型的数据，但是当进行两个整型数据相除时，运算结果也是整型数据，即只取商的整数部分；而操作数中有一个为实型数据时，则结果为双精度实型数据（double 型）。

例如，5.0/10 的运算结果为 0.5，5/10 的运算结果为 0（而不是 0.5），10/4 的运算结果为 2（而不是 2.5）。

④ 求余数运算符“%”仅用于整型数据，不能用于实型。它的作用是取整数除法的余数。

例如，1%2 的结果是 1，10%3 的结果也是 1。而 1%2.0 或 10.0%3 不是合法的表达式，运行时会出错。

2. 自增与自减运算符及其表达式

自增（++）和自减（--）运算符都是单目运算符，它们的操作对象只有一个且只能是简单变量，其作用是使变量的值增 1 或减 1。它们既可以作为前缀运算符，如++i 和--i；也可以作为后缀运算符，如 i++和 i--。作为前缀和后缀运算符的区分，主要表现在对变量值的使用。即：

① 前缀形式：++i、--i，它的功能是在使用 i 之前，i 值先加（减）1（即先执行 i+1 或 i-1，然后再使用 i 值）。

② 后缀形式：i++、i--，它的功能是在使用 i 之后，i 值再加（减）1（即先使用 i 值，然后再执行 i+1 或 i-1）。

例如，j=3 时：

```
k=++j;        /* 赋值时，j 先增 1，再将 j 值赋给 k，结果 k=4，j=4 */
k=j++;        /* 赋值时，j 值先赋给 k，然后 j 再增 1，结果 k=3，j=4 */
k=--j;        /* 赋值时，j 先减 1，再将 j 值赋给 k，结果 k=2，j=2 */
k=j--;        /* 赋值时，j 值先赋给 k，然后 j 再减 1，结果 k=3，j=2 */
```

自增、自减运算符的优先级高于基本算术运算符，结合性为自右向左，具有右结合性。例如，求表达式-a++的值时，由于“-”和“++”的运算优先级相同，且都是右结合，因此它等价于表达式-(a++)。假设 a 的原值是 5，计算时要先计算 a++，由于是后缀自增，所以取 a 的原值 5 作为表达式 a++的值，再对该值进行求负运算，得到-5，之后 a 自增为 6。

关于自增、自减运算符及其表达式的说明和注意事项如下：

① 自增、自减运算符的对象只能是简单变量，不能是常量或带有运算符的表达式。例如，6--、++(a+b)、++(-i)等都是错误的。

② 表达式中如果有多个运算符连续出现时，C 编译系统尽可能多地从左到右将字符组合成一个运算符。例如，i+++j 等价于(i++)+j，-i+++-j 等价于-(i++)+(-j)。为了增加可读性，应该采用后面的写法，在必要的地方添加圆括号，但建议大家尽量不要使用。

③ 自增、自减运算可以提高程序的执行效率，速度快。因为++i 运算只需要一条机器指令就可完成，而 i=i+1 则要对应 3 条机器指令。

【例 2.7】假设变量 i、j、k 的值分别为 3、5 和 3，求表达式 m=(++k)*j 和 n=(i++)*j 中 m 和 n 的值。

在计算 m=(++k)*j 时，k 首先增 1 变为 4，然后与 j 相乘，即 m=(++k)*j=4*5=20；最后将 20 赋值给 m。在计算 n=(i++)*j 时，由于对 i 实施的是后缀自增，因此，i 是用 3 的值参与乘运算，即 n=(i++)*j=3*5=15。在参与乘操作之后，i 才增 1 变为 4；最后赋值给 n 的值是 15。

【例 2.8】自增、自减运算应用举例。

```
#include <stdio.h>                /* 程序需要使用 C 语言提供的标准函数库 */
void main()                       /* 主函数 */
{  int i=8;                       /* 定义 i 为整型变量,并将其初始化为 8 */
   printf("%d",++i);              /* i 自增 1 后再参与输出运算 */
   printf("%d",--i);              /* i 自减 1 后再参与输出运算 */
   printf("%d",i++);              /* i 参与输出运算后，i 的值再自增 1 */
   printf("%d",i--);              /* i 参与输出运算后，i 的值再自减 1 */
   printf("%d",-i++);             /* 按照结合性-i++相当于-(i++) */
   printf("%d\n",-i--);           /* 按照结合性-i--相当于-(i--) */
}
```

程序运行结果：

```
9  8  8  9  -8  -9
```

2.7.2 赋值运算符和赋值表达式

赋值运算符包括基本赋值运算符和复合赋值运算符，复合赋值运算符又包括算术复合赋值运算符和位复合赋值运算符，本节只介绍基本赋值运算符（=）和算术复合赋值运算符（+=、-=、*=、/=、%=），关于位复合赋值运算符将在后续章节中加以介绍。

1. 基本赋值运算符及其表达式

赋值符号“=”就是基本赋值运算符。由基本赋值运算符和圆括号将运算对象连接的符合 C 语言语法规则的式子，称为基本赋值表达式，其一般形式为：

变量 基本赋值运算符 表达式

赋值运算符的作用是，首先计算表达式的值，然后将该值赋值给等号左边的变量，实际上是将表达式的值存放到左边变量的存储单元中。基本赋值表达式的值，也就是基本赋值运算符左边变量得到的值。例如，表达式 x=3*5+35 的作用是将 3*5+35 的计算结果 50，赋值给变量 x，变量 x 的值为 50，表达式的值为 50。

赋值运算符的优先级仅仅高于逗号运算符，且有自右向左的结合性。

【例 2.9】已知“int a=2,b=5”，求解表达式 x=y=a+b 的值。

由于算术运算符的优先级高于赋值运算符，先计算表达式 a+b，结果为 7。按照赋值运算的结合方向自右向左结合，求解表达式 x=y=a+b 的值，等价于求解表达式 x=(y=a+b)的值。操作数 y 是先与右边的运算符结合，即先将 7 赋值给变量 y，变量 y 的值是 7，表达式 y=7 的值是 7。

再做左边赋值运算，即将表达式 y=7 的值 7，赋值给变量 x，变量 x 的值是 7，最后得到表达式 x=y=7 的值是 7。

【例 2.10】设变量 a、b、c 均为整型变量，求表达式 a=(b=65)/(c=6)的值。

按照括号优先，先求解表达式 b=65，结果为 65；再求解表达式 c=6，结果为 6；再进行除法运算 65/6，结果为 10；最后将 10 赋值给变量 a，得到表达式 a=(b=65)/(c=6)的值是 10。

关于基本赋值运算符及其表达式的说明和注意事项如下：

① 赋值运算符“=”的左侧只能是变量，不能是常量或表达式，而右侧可以是常量、赋过值的变量或表达式。例如，以下是不合法的或有逻辑错误的赋值表达式：

```
12=a              /* 赋值运算符“=”的左侧是常量 */
2*a=3*5+55        /* 赋值运算符“=”的左侧是表达式 */
x=b               /* 赋值运算符“=”的右侧是没有赋过值的变量 */
```

② 当赋值运算符两边的类型不一致时，要进行类型转换。

实型数据（float 或 double 型）赋值给整型变量时，舍去小数部分。例如，int k=5.78;则 k 的值为 5。整型数据赋值给实型变量时，数值不变，以实数形式存储到变量中。例如，float x=2; 则 x=2.00000。

2. 算术复合赋值运算符及其表达式

在基本赋值运算符（=）前面加上基本算术运算符（+、−、*、/、%），就构成了算术复合赋值运算符。C 语言规定的算术复合赋值运算符有+=、−=、*=、/=、%=这 5 种。由算术复合赋值运算符和圆括号将运算对象连接的符合 C 语言语法规则的式子，称为算术复合赋值表达式，其一般形式为：

```
变量 算术复合赋值运算符 表达式
```

例如：

```
a+=b          /* 等价于 a=a+b */
a/=b          /* 等价于 a=a/b */
a-=b+4        /* 等价于 a=a-(b+4) */
x*=y+7        /* 等价于 x=x*(y+7) */
```

算术复合赋值运算符的优先级、结合性与基本赋值运算符相同。

【例 2.11】已知“int a=6,b=8”，求解表达式 a*=b+=12 的值。

求解表达式 a*=b+=12 的值，等价于求解表达式 a=a*(b+=12)的值；先求解表达式 b+=12 的值，等价于求解表达式 b=b+12 的值，先将 b+12 的值赋值给变量 b，变量 b 的值是 20，得到表达式 b=b+12 的值是 20。再求解 a=a*20，即将 6*20 的值 120 赋值给变量 a。变量 a 的值为 120，得到表达式 a*=b+=12 的值是 120。

【例 2.12】已知“int a=10”，求解表达式 a+=3+(a%=1+a/2)的值。

按照算术复合赋值运算符的结合方向自右向左结合，将表达式 a+=3+(a%=1+a/2)分解为求解表达式 a%=1+a/2 和 a+=3+a，等价于求解表达式 a=a%(1+a/2)和 a=a+(3+a)；先计算表达式 a=a%(1+a/2)的值，得到结果为 4，即 a=4，从而得到表达式 a=a+(3+a)的值为 11。

关于算术复合赋值运算符及其表达式的说明和注意事项如下：

① 如果基本赋值运算符（=）右边是一个表达式，在进行等价处理时，应加上括号。例如，表达式 y*=x+6 等价于表达式 y=y*(x+6)，而不等价于表达式 y=y*x+6。

② 算术复合赋值运算符这种写法，对初学者可能不习惯，但十分有利于编译处理，能提高编译效率并产生质量较高的目标代码。

2.7.3 关系运算符和关系表达式

关系运算符是对两个操作数进行大小比较的运算符，C 语言提供了以下 6 种关系运算符。

>（大于） >=（大于等于） <（小于） <=（小于等于） ==（等于） !=（不等于）

由关系运算符和圆括号将运算对象连接的符合 C 语言语法规则的式子，称为关系表达式，其一般形式为：

```
表达式 关系运算符 表达式
```

例如：

```
a+b>c+d
x>a+b
```

关系表达式的值为逻辑值，即“真”或“假”。C 语言中没有逻辑型数据，以 1 表示“真”，0 表示“假”。例如，a=1，b=2，c=3，d=4，则：

```
a<b                    /* 表达式的值为“真”，即为 1 */
(a+b)>(c+d)            /* 表达式的值为“假”，即为 0 */
a-b==d-c               /* 表达式的值为“假”，即为 0 */
'a'<90+3*c             /* 表达式的值为“真”，即为 1 */
```

关系运算符中，>、>=、<、<=优先级相同；==、!=优先级相同，但低于前 4 种。与算术运算符和赋值运算符相比，关系运算符的优先级低于算术运算符，而高于赋值运算符。即运算次序为算术运算符→关系运算符→赋值运算符。关系运算符都是双目运算符，其结合性均为从左向右结合。

【例 2.13】已知“int i=1,j=2,k=3”，求解关系表达式 k==j==i+5 的值。

对于关系表达式 k==j==i+5，根据关系运算符从左向右的结合性，先计算 k==j，该式不成立，其值为 0；再计算 0==i+5，也不成立，故整个表达式的值为 0。

【例 2.14】已知“int a=20,b=70,c=50,d=90”，在表达式 k=a+b<c+d 中，求 k 的值。

表达式 k=a+b<c+d，等价于表达式 k=((a+b)<(c+d))，即 k=(90<140)；根据优先级先计算(90<140)，该式成立，其值为 1；再将 1 赋值给变量 k，k=1，故整个表达式的值为 1。

关于关系表达式的说明和注意事项如下：

① 一个关系表达式中含有多个关系表达式时，要注意它与数学式的区别。例如，数学式 6>x>0，表示 x 的值小于 6，大于 0（在 0～6 之间）；而关系表达式 6>x>0，根据左结合性，表示 6 与 x 的比较结果（不是 1 就是 0）再与 0 比较（假设 x =4，则对 6> x >0，先计算 6>4，表达式的值为真，即为 1，接着再计算 1>0，表达式的值也为真，即为 1，故整个表达式的值为 1）。

② 应避免对实数做相等或不等的判断，因为实数在内存中存放时有一定的误差。如果一定要进行比较，则可以用它们的差的绝对值去与一个很小的数（例如 10^{-5}）相比，即 $\text{fabs}(x-y)<10^{-5}$，如果小于此数，就认为它们是相等的。

2.7.4 逻辑运算符和逻辑表达式

对逻辑值进行运算的运算符称为逻辑运算符，C 语言提供了以下 3 种逻辑运算符：

&&（与运算符） ||（或运算符） !（非运算符）

“&&”和“||”为双目运算符，要求有两个操作数（运算量）。当“&&”两边的操作数均为非0时，运算结果为1（真），否则为0（假）。当“||”两边的操作数均为0时，运算结果为0（假），否则为1（真）。而“!”为单目运算符，只要求有一个操作数，其运算结果是使操作数的值为非0者变为0，为0者变为1。

例如，假设 int a=4,b=5,c=0;float d=65.55; 则：

① !a：因为a的值为非0，被认为真，对它进行逻辑非运算，得到假，所以结果为0。

② a&&b：因为a和b的值均为非0，被认为是真，因此a&&b的值也为真，所以结果为1。

③ a||c：因为a值为非0，被认为是真，c的值为0，被认为是假，因此a||b的值为真，所以结果为1。

④ 根据同样的分析，!d的结果为0；'y'&&'x'的结果为1；(d<-19.9)||(b>3.5)的结果为1。

这3种逻辑运算符的运算规则如表2-6所示。

表 2-6　逻辑运算的真值表

运算对象		逻辑运算结果			
a的取值	b的取值	!a	!b	a&&b	a||b
真	真	假	假	真	真
真	假	假	真	假	真
假	真	真	假	假	真
假	假	真	真	假	假

用逻辑运算符和圆括号把逻辑值连接起来构成的式子，称为逻辑表达式，其一般形式为：

表达式 逻辑运算符 表达式

例如：

```
!(a>b)
(a==b)&&(a>1)
(a<-3)||(a>7)
```

逻辑表达式的值只有真和假两个值。当逻辑表达式的值为真时，用数值1作为表达式的值；当逻辑表达式的值为假时，用数值0作为表达式的值。当判断一个逻辑表达式的结果时，如逻辑表达式的整体值为非0，表示为真；如逻辑表达式的整体值为0，表示为假。

3种逻辑运算符的优先级由高到低依次为：

!　→ && → ||

逻辑运算符与其他运算符的优先次序如下：

! → 算术运算符 → 关系运算符 → &&、|| → 赋值运算符 → 逗号运算符

逻辑运算符的结合性：

&&和||均为双目运算符，具有左结合性，! 为单目运算符，具有右结合性。

【例 2.15】已知“int a=5,b=60”，计算表达式 a%2==0&&b%2!=0 的值。

根据优先级和结合性，计算表达式 a%2==0&&b%2!=0 的值，相当于计算表达式(a%2==0)&&(b%2!=0)的值。① 关系运算 a%2==0 的结果为 0，得表达式 0&&(b%2!=0)。② 关系运算 b%2!=0 的结果为 1，得表达式 0&&1。③ 逻辑运算 0&&1 的结果为 0，即整个表达式的计算结果为 0。

【例 2.16】计算表达式 5>3&&'a' ||5<4-!0 的值。

首先根据结合性，计算表达式 5>3&&'a' ||5<4-!0 的值，相当于计算表达式(5>3)&& 'a' ||(5<(4-(!0)))的值。再根据优先级：①逻辑运算!0 的结果为 1，得表达式(5>3)&&'a' ||(5<(4-1)) 。②算术运算 4-1 的结果为 3，得表达式(5>3)&& 'a' ||(5<3))。③关系运算 5>3 的结果为 1，得表达式 1&&'a' ||(5<3)。④关系运算 5<3 的结果为 0，得表达式 1&&'a' ||0。⑤逻辑运算 1&&'a'的结果为 1，得表达式 1||0。⑥逻辑运算 1||0 的结果为 1，即整个表达式的计算结果为 1。

C 语言逻辑表达式的特性（优化计算方法）：在计算逻辑表达式时，只有在必须执行下一个表达式才能求解时，才求解该表达式，即并不是所有的表达式都被求解。

① 逻辑与（&&）运算表达式中，只要前面有一个表达式被判定为“假”，系统不再判定或求解其后的表达式，整个表达式的值为 0。

例如，对于逻辑表达式 a&&b&&c，当 a=0 时，表达式的值为 0，不必计算判断 b、c；当 a=1、b=0 时，表达式的值为 0，不必计算判断 c；只有当 a=1、b=1 时，才判断 c。

② 逻辑或（||）运算表达式中，只要前面有一个表达式被判定为“真”，系统不再判定或求解其后的表达式，整个表达式的值为 1。

例如，对于逻辑表达式 a||b||c，当 a=1（非 0）时，表达式的值为 1，不必计算判断 b、c；当 a=0 时，才判断 b，如 b=1，则表达式的值为 1，不必计算判断 c；只有当 a=0、b=0 时，才判断 c。

【例 2.17】已知“int a=1,b=2, c=3,d=4”，计算表达式 a>b&&c>d 的值。

计算表达式 a>b&&c>d 的值，相当于计算表达式(a>b)&&(c>d)的值。对于 a>b，其值为 0，即逻辑与运算符“&&”前面的表达式被判定为“假”，所以不再对其后的表达式求解，整个表达式的值为 0。

2.7.5 条件运算符和条件表达式

条件运算符是由问号“?”和冒号“:”两个字符组成，用于连接 3 个运算对象，是 C 语言中唯一的一个三目运算符。用条件运算符和圆括号将运算对象连接构成的式子称为条件表达式。其一般形式为：

```
表达式 1?表达式 2:表达式 3
```

条件表达式的值及其运算规则：先求解表达式 1 的值，若表达式 1 的值非 0（真），则表达式 2 的值为整个条件表达式的值；否则，表达式 3 的值为整个条件表达式的值。条件表达式的执行流程如图 2-7 所示。

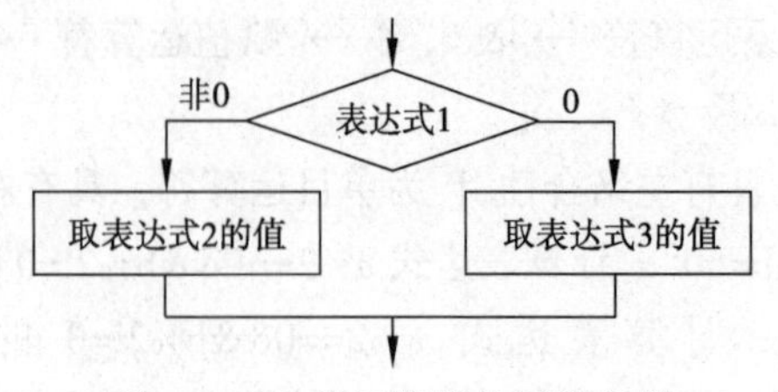

图 2-7 条件运算符的运算规则

例如：

a<=0?-1:1：如果 a 的值小于或等于 0，则表达式的值为-1，否则为 1。

m==n?a:b：如果 m 和 n 的值相等，则表达式的值为 a 的值，否则为 b 的值。

u==v?(z-x):(z-y)：假设 u=1、v=2、x=3、y=4、z=5，则 u==v 为假，表达式的值为(z-y)的值，即表达式的值为 1。

条件运算符与其他运算符的优先次序如下：

单目运算符 → 算术运算符 → 关系运算符 → 逻辑运算符 → 条件运算符 → 赋值运算符 →逗号运算符

条件运算符的结合性为自右向左。

【例 2.18】设整型变量 a=1、b=2、c=3、d=4、m=1、n=1，判断表达式 a+d==b+c?m=a>b:n=c>d 和 a+d!=b+c?m=a>b:n=c>d 经过计算之后，m 和 n 的值有无变化。

计算表达式 a+d==b+c?m=a>b:n=c>d 的值，相当于计算表达式(a+d==b+c)?(m=a>b):(n=c>d) 的值。因表达式(a+d==b+c)，其值为真，所以表达式(a+d==b+c)?(m=a>b):(n=c>d)的值为(m=a>b)，对于 a>b，其值为 0，所以 m 的值为 0，整个表达式的值为 0。表达式(n=c>d)没有被计算，n 的值仍为 1。

计算表达式 a+d!=b+c?m=a>b:n=c>d 的值，相当于计算表达式(a+d!=b+c)?(m=a>b):(n=c>d)的值。因表达式(a+d!=b+c)，其值为假，所以表达式(a+d!=b+c)?(m=a>b):(n=c>d)的值为(n=c>d)，对于 c>d，其值为 0，所以 n 的值为 0，整个表达式的值为 0。表达式(m=a>b)没有被计算，m 的值仍为 1。

关于条件运算表达式的说明和注意事项如下：

① 条件运算表达式也可以嵌套。

【例 2.19】假设有整型变量 a=1、b=2 和 x，计算表达式 a<b?(x=5):a>b?(x=6):(x=7)的值。

根据结合性，计算表达式 a<b?(x=5):a>b?(x=6):(x=7)的值，相当于计算表达式 a<b?(x=5):(a>b?(x=6):(x=7))的值。根据优先级，应首先计算 a>b?(x=6):(x=7)的值。此表达式也是一个条件表达式，因表达式 a>b 为假，所以表达式的值为 7(x=7)。于是表达式 a<b?(x=5):(a>b?(x=6):(x=7))化简为 a<b?(x=5):7，因表达式 a<b 为真，故整个表达式的值为 5。

② 条件表达式中，表达式 1、表达式 2 和表达式 3 的类型可以不一致，条件表达式值取较高的类型。例如，条件表达式 a>b ?1.5:2 的值的类型是双精度实型（即若 a>b，则表达式的值为 1.5，否则其值为实型 2.0，因为在 a>b ?1:1.5 中最高类型为双精度实型）。

【例 2.20】已知“int x=5,y=8,a=34,b=12”，计算表达式 x>y?x+y:a>b?a-b:a+b 的值。

计算表达式 x>y?x+y:a>b?a-b:a+b 的值，相当于计算表达式 x>y?x+y:(a>b?a-b:a+b)的值。根据优先级，应首先计算 a>b?a-b:a+b 的值。因表达式 a>b 为真，所以表达式的值为 22；于是表达式 x>y?x+y:(a>b?a-b:a+b)化简为 x>y?x+y:22，因表达式 x>y 为假，故整个表达式的值为 22。

2.7.6　逗号运算符和逗号表达式

在 C 语言中逗号“,”也是一种运算符，称为逗号运算符。其功能是把两个表达式连接起来组成一个表达式，称为逗号表达式。其一般形式为：

```
表达式 1,表达式 2,…,表达式 n
```

逗号表达式的求解过程是：先求解表达式 1 的值，再求解表达式 2 的值，一直到求解表达式 n 的值，而整个逗号表达式的值是表达式 n 的值。

例如，逗号表达式 55+8,7+9,10-5 的值为 5，即为最后一个表达式的值。

逗号运算符的优先级在所有运算符中最低，因此只要没有用圆括号括起来，它总是最后计算。逗号运算符具有左结合性。

【例 2.21】求解逗号表达式 a=3*5,4*a 的值。

把 a=3*5 作为一个表达式，先求解 a=3*5，即计算和赋值后得到 a 的值为 15，然后求解 4*a，得 60，因此，整个逗号表达式的值为 60。

【例 2.22】已知 int a=5,b=3;，在表达式 d=(c=a++,c++,b*=a*c,b/=a*c)中，求 d 的值。

在逗号表达式 c=a++,c++,b*=a*c,b/=a*c 中，先计算第一个表达式 c=a++得出 c 值为 5，a 值为 6；计算第二个表达式 c++后，c 值为 6；计算第三个表达式 b*=a*c 后，b 值为 108；计算第四个表达式 b/=a*c 后，b 值为 3。整个括号内逗号表达式的值为 3，赋值给变量 d，因此，d 的值为 3。

关于逗号表达式的说明和注意事项如下：

① 逗号表达式又可以和另一个表达式组成一个新的逗号表达式。例如，逗号表达式(a=6,3*a),a+10 中，表达式 1 是(a=6,3*a)，表达式 2 是 a+3，先将 6 赋值给 a，再计算 3*a 得 18，a 的值不变，最后计算 a+10，得 16，整个表达式的值是 16。

② 并不是在所有出现逗号的地方都组成逗号表达式，如在变量说明中和函数参数表中的逗号只是用做各变量之间的间隔符。例如，int a,b,c;中的逗号仅仅起变量之间间隔符的作用。

2.7.7 强制类型转换运算符

在 C 语言中，整型、单精度实型、双精度实型和字符型数据可以进行混合运算，字符型数据与整型数据可以通用。当表达式中的数据类型不一致时，首先把不同类型的数据转换为同一类型的数据，然后再进行运算。数据类型转换可以细分为：自动类型转换和强制类型转换。

1. 自动类型转换

自动转换发生在不同数据类型的量混合运算时，由编译系统自动完成。自动转换的规则是，若为字符型必须先转换成整型，即其对应的 ASCII 码；若为单精度型必须先转换成双精度型；若运算对象的类型不相同，将低精度类型转换成高精度类型。精度从低到高的顺序是 int→unsigned→long→double。归纳起来自动类型转换的规则如图 2-8 所示。

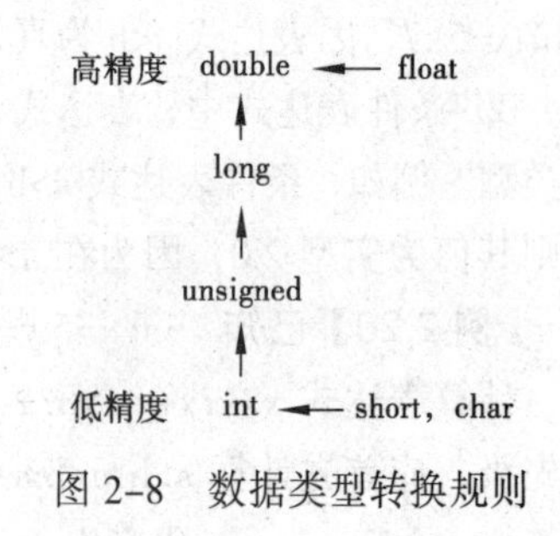

图 2-8 数据类型转换规则

例如，有如下变量：

```
int i;
float f;
double d;
long k;
```

运算 55+'a'+i*f–d/k 时，转换步骤如下：

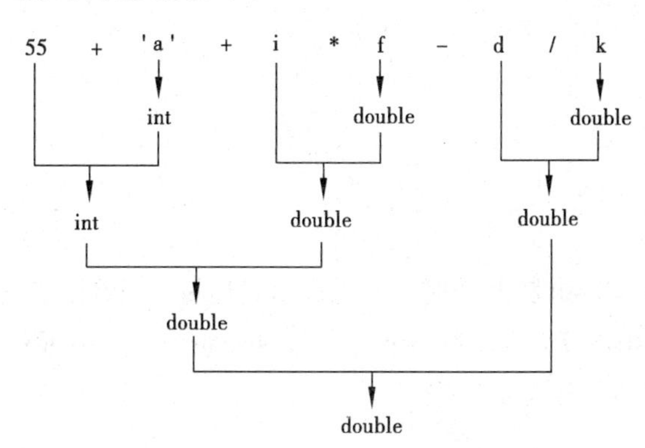

表达式 55+'a'+i*f–d/k 的运算过程为：① 进行 55+'a'的运算。先将'a'转换成整数 97，结果为 107。② 进行 i*f 的运算。将 int 型 i 和 float 型 f 都转换成 double 型，结果为 double 型。③ 整数 107 与 i*f 的积相加。先将整数 107 转换成 double 型再进行相加，结果为 double 型。④ 进行 d/k 的运算。先将 k 转换成 double 型再进行 d/k 运算，结果为 double 型。⑤ double 型 55+'a'+i*f 的运算结果和 double 型 d/k 的运算结果相减，得出整个表达式的类型为 double 型。这些类型的转换都是由系统自动进行的。

2. 强制类型转换运算符

强制类型转换运算符就是“()”，它是单目运算符，它把表达式的运算结果强制转换成圆括号中类型说明符所指定的类型。其一般形式为：

```
(类型说明符)(表达式)
```

例如：

```
(int)(a+b)        /* 将表达式 a+b 的值转换成整型(强制类型转换的操作数是 a+b) */
(int)a+b          /* 将变量 a 转换成整型再与 b 相加(强制类型转换的操作数是 a) */
(float)c/4        /* 将变量 c 转换成双精度型再与 5 相除(强制类型转换的操作数是 c) */
```

假设实型变量 a、b 的值分别为 12.2 和 32.6，整型变量 c 的值为 10，求表达式(int)(a+b)的值，就是把 a+b 的计算结果 44.8 转换成 int 型，表达式的值是 44；求表达式(double)c/4 的值，就是把变量 c 的值转换成 float 型 10.0 再与 4 相除，表达式的值是 2.5。

关于强制类型转换运算符的说明和注意事项如下：

① 无论是自动类型转换还是强制类型转换，类型转换的结果是一个指定类型的中间值，而原来变量的类型并没有改变。

例如，假设 n 为 int 型变量，x 为 float 型变量且 x=5.85，则表达式 n=(int) x 的结果得到一个整型值 5，变量 x 的 float 类型并未改变，x 内存放的值 5.85 也未改变。

② 强制类型转换运算符的优先级高于取余运算符。

2.7.8 其他运算符

1. 求字节数运算符

求字节数运算符 sizeof 的作用是用于测试数据类型所占的字节数，C 语言中 sizeof 运算符是一个单目运算符。其一般形式为：

```
sizeof(变量名)
```

或

```
sizeof(类型名)
```

或

```
sizeof(表达式)
```

值得注意的是，使用 sizeof(表达式)时，不对表达式运算，只判断表达式值的类型。例如，假设有整型变量 x、y 和单精度变量 z，则 sizeof(x)=4，sizeof(z)=4，sizeof(x+y)=4，sizeof(double)的值是 8，表示 double 型占用 8 个字节。

2．指针运算符

指针运算符包括用于取内容（*）和取地址（&）两种运算符。*和&运算符都是单目运算符。&运算符用来取出其运算分量的地址。*运算符是&的逆运算，它把运算分量（即指针量）所指向的内存单元中的内容取出来。例如：

```
int x,y,*p;
p=&x;               /* 表示把 x 所在内存单元的地址送给指针变量 p */
y=*p;               /* 表示把 p 所指单元的内容（即 x 的值）赋给变量 y */
```

两个运算符的优先级相同，高于双目算术运算符。结合方向为右结合。

除了求字节和指针运算符，以及本节介绍的运算符外，还有圆括号（()）、下标运算符（[]）、指向运算符（->）、结构体成员运算符（·）、位运算符（&、|、^、~、>>、<<）等运算符，这些运算符将在后续章节中介绍。

2.8　C 语言的基本语句

语句是构成程序的基本成分，因此，要想学会程序设计，就必须掌握每一条语句。一条语句只能完成有限的功能，而完成一个比较复杂的功能，则需要一组按照一定顺序排列的语句。C 语言中使用的语句一般可划分为表达式语句、函数调用语句、空语句、控制语句和复合语句 5 类。

1．表达式语句

在各种表达式的末尾加上一个分号，就构成一个表达式语句。其一般形式为：

```
表达式;
```

例如：

```
a+b;
a=b,b=c;
```

最典型的是，由赋值表达式加上分号，就构成赋值语句。例如："x=5"是一个赋值表达式，在其后加一个分号"x=5;"就构成一个赋值语句。

2．函数调用语句

由一个函数调用加一个分号构成函数调用语句。其作用主要是完成特定的功能。其一般形式为：

```
函数名(参数表);
```

例如：

```
printf("This is a C language!");
                               /* printf 格式输出函数加上一个分号构成函数调用语句 */
```

3. 空语句

仅由一个分号构成的语句就是空语句。其一般形式为：

```
;
```

空语句在语法上占据一个语句的位置，但是它不具备任何操作功能。

4. 控制语句

控制语句的作用是在程序中完成特定的控制功能。C 语言中有 9 种控制语句，又可细分为以下 3 种。

① 选择结构控制语句：if 语句、switch 语句。

② 循环结构控制语句：for 语句、while 语句、do...while 语句。

③ 其他控制语句：break 语句、continue 语句、goto 语句、return 语句。

5. 复合语句

用一对花括号括起来的若干条语句称为复合语句。复合语句在语法上相当于一条语句。其一般形式为：

```
{ 语句组 }
```

例如：

```
{  a=3;                         /* 赋值语句 */
   b=5;                         /* 赋值语句 */
   printf("a=%d,b=%d\n",a,b);   /* 函数调用语句 */
}
```

需要注意的是，在最后的花括号“}”外不能加分号。

2.9　数据的输入与输出

程序运行中，有时候需要从外围设备（例如键盘）上得到一些原始数据，而程序计算结束后，通常要把计算结果发送到外围设备（例如显示器）上以便人们对结果进行分析。我们把程序从外围设备上获得数据的操作称为“输入”，而把程序发送数据到外围设备的操作称为“输出”。不像其他的高级语言，C 语言没有专门的输入/输出语句，输入/输出的操作是通过调用 C 语言的标准函数库来实现的。

由于标准函数库中所用到的变量定义和宏定义均在扩展名为“.h”的头文件中描述，因此在使用标准函数库时，必须用预编译命令“include”将相应的“.h”头文件包含到用户程序中，例如：

```
#include <stdio.h>   /* 表示在系统指定的路径中查找 stdio.h 文件 */
```

或

```
#include "stdio.h"
```

本节先介绍 C 语言标准输入/输出库函数中最简单的、也是最容易理解的字符输入/输出函数 getchar()和 putchar()，再介绍格式输入/输出函数 scanf()和 printf()。

2.9.1　字符输入/输出函数

1. 字符输出函数

putchar()函数的一般形式为：

```
putchar(c);
```

putchar()函数的作用是向终端输出一个字符。c 可以是一个字符变量或字符常量、整型变量、整型常量或转义字符。

【例 2.23】putchar()函数的使用。

```
#include <stdio.h>          /* 程序需要使用 C 语言提供的标准函数库 */
void main()                 /* 主函数 */
{  char c1,c2;              /* 定义 c1、c2 为字符型变量 */
   c1='N';                  /* 将字符 N 赋给变量 c1 */
   c2='W';                  /* 将字符 W 赋给变量 c2 */
   putchar(c1);             /* 输出变量 c1 的值 */
   putchar('E');            /* 输出字符常量 E */
   putchar(c2);             /* 输出变量 c2 的值 */
}
```

程序运行结果：

```
NEW
```

思考：如果在上述每一个 putchar();语句的后面再加一个 putchar('\n');语句，那么输出的结果有无变化？

2. 字符输入函数

getchar()函数其一般形式为：

```
getchar();
```

getchar()函数的作用是从终端（或系统隐含指定的输入设备）输入一个字符。当程序执行到 getchar()函数时，将等待用户从键盘上输入一个字符，并将这个字符作为函数结果值返回。getchar()函数没有参数。

【例 2.24】从键盘上输入一个字符，并在屏幕上输出。

```
#include <stdio.h>          /* 程序需要使用 C 语言提供的标准函数库 */
void main()                 /* 主函数 */
{  char c;                  /* 定义 c 为字符型变量 */
  c=getchar();              /* 从键盘上输入一个字符，并将其赋值给字符型变量 c */
  putchar(c);               /* 在屏幕上输出变量 c 的值 */
  putchar('\n');            /* 换行 */
}
```

程序运行结果：

```
x↙                      /* 从键盘上输入 x 并按 Enter 键，字符才送到内存 */
x                       /* 输出变量 c 的值 x */
```

关于 getchar()函数的说明和注意事项如下：

① getchar()函数接收的字符可以赋给一个字符变量或整型变量，也可以不赋给任何变量，作为表达式的一部分。例如，例 2.24 中的 c=getchar();语句和 putchar(c);语句可以用下面一行语句代替：

```
putchar(getchar());
```

② getchar()函数只能接收一个字符，即使从键盘上输入多个字符，也只接收第一个字符。

③ 从键盘上输入的字符不能带单引号，按【Enter】键时结束。

2.9.2　格式输出函数

putchar()函数仅能输出一个字符，当要输出一个或多个任意类型的数据时，putchar()函数就无法满足要求，为此，引进了格式输出函数 printf()。格式输出函数基本上有两种使用形式。

1. 原样输出格式

原样输出格式，其调用的一般形式为：

```
printf("要输出的字符串");
```

如例 1.1 原样输出字符串“Let’s study the C language!”。一般原样输出常用在格式输入函数之前，起到提示符的作用。例如，在例 1.4 的运行结构中，为了给用户指明将要给变量 a 和 b 输入值，使用 printf("input a,b,c=");语句，输出提示字符串“input a,b,c=”进行提示。

2. 输出变量的值

这种格式是按格式控制字符串输出表列的值，其调用的一般形式为：

```
printf("格式控制字符串",输出列表);
```

① 输出表列是要输出的变量、常量和表达式等，输出表列中参数的个数是一个到若干个，当超过一个时，用逗号分隔。

② 格式控制字符串中有两类字符。

- 非格式字符。非格式字符（或称普通字符）一律按原样输出。
- 格式说明字符。格式说明字符的一般形式为：

```
%[附加格式说明符]格式符
```

例如，在以下 2 条语句中：

```
int x=12;
printf("x=%d\n",x);
```

“x=”和“\n”是非格式字符，“x=”被原样输出，“\n”用于换行。而“%d”是格式说明字符，表示以整型格式输出 x 的值。

【例 2.25】 分析下面程序的运行结果。

```
#include <stdio.h>
void main()
```

```
{   int x=12,y=55;
    printf("%d\n",x);                /* 按整型格式输出变量 x 的值后换行 */
    printf("output y=%d\n",y);
                         /* 输出非格式字符 output y=，并按整型格式输出 y 的值后换行 */
    printf("x=%d,y=%d",x,y);
                         /* 输出非格式字符 x=和 y=，并按整型格式输出 x、y 的值 */
}
```

程序运行结果：

```
12
output y=55
x=12,y=55
```

常用的格式符如表 2-7 所示，常用的附加格式说明符如表 2-8 所示。对于表 2-7 和表 2-8，在此以 d 格式符为例详细说明，其他格式符与此相同，这里不再赘述。

表 2-7　printf()函数常用格式符

格式符	功　能
d	输出带符号的十进制整数
o	输出无符号的八进制整数
x、X	输出无符号的十六进制整数
u	输出无符号的十进制整数
c	输出单个字符
s	输出一串字符
f	输出实数（隐含 6 位小数）
e、E	以指数形式输出实数（隐含 5 位小数，共 11 位）
g、G	选择 f 和 e 格式中输出宽度较小的格式输出,且不输出无意义的 0
%%	输出百分号本身

表 2-8　printf()函数常用的附加格式说明符

附加格式说明符	功　能
-	数据左对齐输出,无“-”时默认为右对齐输出
m（m 为正整数）	数据输出宽度为 m，如果数据宽度超过 m，按实际输出
n（n 为正整数）	对于实数，n 是输出小数位数，对于字符串，n 表示输出前 n 个字符
l	ld 输出 long 型数据，lf、le 输出 double 型数据
h	用于格式符 d、o、u、x 或 X，表示对应的输出项是短整型
0	输出数值时指定左面不使用的空格位置自动填 0

printf()函数常用的格式控制字符有以下几种：

① d 格式符用来输出十进制整数，以下用法：

%d：整数的实际位数输出一个整数。

%md：在 m 列的位置上以数据右对齐的方式输出一个整数，m 大于整数的宽度时多余的位数空格留在数据前面，m 小于整数的宽度时 m 不起作用，系统正确输出该整数。

%-md：在 m 列的位置上以数据左对齐的方式输出一个整数，m 大于整数的宽度时多余的位数空格留在数据后面，m 小于整数的宽度时 m 不起作用，系统正确输出该整数。

%0md：在 m 列的位置上以数据左对齐的方式输出一个整数，m 大于整数的宽度时多余的位数在数据前面补 0，m 小于整数的宽度时 m 不起作用，系统正确输出该整数。

【例 2.26】 分析下面程序的运行结果。

```
#include <stdio.h>
void main()
{  int x=123;
   printf("%d\n",x );
   printf("%6d\n",x);
   printf("%2d\n",x);
   printf("%-6d\n",x);
   printf("%06d\n",x);
}
```

程序运行结果：

```
123
␣␣␣123
123
123␣␣␣
000123
```

程序运行结果中的字符“␣”表示空格。

② c 格式符用来输出一个字符，有%c、%mc、%-mc 等用法。

【例 2.27】 字符数据的输出。

```
#include <stdio.h>            /* 程序需要使用 C 语言提供的标准函数库 */
void main()                   /* 主函数 */
{  char c='a';                /* 定义 c 为字符型变量并将'a'赋给变量 c */
   printf("%d%5c\n",c,c);     /* 以字符和整数形式输出的 c 变量的值 */
}
```

程序运行结果：

```
97␣␣␣␣a
```

③ s 格式符用来输出一个字符串，有%s、%ms、%-ms、%m.ns、%-m.ns 等用法。

%m.ns：在 m 列的位置上输出一个字符串的前 n 个字符，m>n 时，多余的位数空格留在字符串前面，m<n 时，m 不起作用，系统正确输出字符串的前 n 个字符。

%-m.ns：在 m 列的位置上输出一个字符串的前 n 个字符，m>n 时，多余的位数空格留在字符串后面，m<n 时，m 不起作用，系统正确输出字符串的前 n 个字符。

【例 2.28】 字符串的输出。

```
#include <stdio.h>            /* 程序需要使用 C 语言提供的标准函数库 */
void main()                   /* 主函数以不同形式输出字符串"China" */
{  printf("%s,%8s,%3s","China","China","China");
```

```
    printf("%7.2s,%.4s,%-5.3s\n","China","China","China");
}
```

程序运行结果：

```
China,␣␣␣China,China␣␣␣␣␣Ch,Chin,Chi␣␣
```

程序中，格式说明“%.4s”，即指定了 n，没有指定 m，自动使 m=n=4，故占 4 列。

④ f 格式符用来输出实数（包括单精度、双精度），以小数形式输出。有以下用法：

%f：不指定字段宽度，由系统自动指定，使整数部分全部输出，并输出 6 位小数。应当注意，在输出的数字中并非全部数字都是有效数字。单精度实数的有效位数一般为 7 位。

%m.nf：在 m 列的位置上输出一个实数，保留 n 位小数，系统自动对数据进行四舍五入的处理。m 大于实数总宽度时，多余的位数空格留在数据前面，m 小于实数总宽度时，m 不起作用，系统正确输出该实数。

%-m.nf：在 m 列的位置上输出一个实数，保留 n 位小数，系统自动对数据进行四舍五入的处理。m 大于实数总宽度时，多余的位数空格留在数据后面，m 小于实数总宽度时，m 不起作用，系统正确输出该实数。

【例 2.29】实数的输出。

```
#include <stdio.h>                  /* 程序需要使用 C 语言提供的标准函数库 */
void main()                         /* 主函数以不同形式输出实数 */
{  double f=123.456;                /* 定义 f 为双精度型实型变量并给 f 赋值 */
   printf("f=%f,f=%10f,f=%10.2f,f=%.2f,f=%-10.2f\n",f,f,f,f,f);
}
```

程序运行结果：

```
f=123.456000,f=123.456000,f=␣␣␣␣123.46,f=123.46,f=123.46␣␣␣␣
```

⑤ e 或 E 格式符用来以指数形式输出一个实数，有%e、%m.ne、%-m.ne 等用法。%e 是按标准宽度的指数形式输出，标准宽度共 13 位。其中，尾数的整数部分占 1 位（必须是非 0 数字），小数点占 1 位，小数部分占 6 位，e 占 1 位，指数的正号或负号占 1 位，指数占 3 位。m.n 与-m.n 的作用与 f 格式符中相同。

【例 2.30】以指数形式输出一个实数。

```
#include <stdio.h>
void main()
{  float f=123456.78;
   printf("%e,%8.3e,%6.0e,%.1e\n",f,f,f,f);
}
```

程序运行结果：

```
1.234568e+005,1.235e+005,1e+005,1.2e+005
```

在使用 printf()函数时，还有几点需要说明：

① 除了 X、E、G 可以大写外，其他格式字符都必须小写，如%f 不能写成%F。

② 如果需要输出“%”，则应该在格式控制字符串内连续使用两个%。例如：

```
printf("%5.2f%%\n",1.0/3*100);
```

输出：

```
33.33%
```

③ 格式说明与输出的数据类型要匹配，否则得到的输出结果可能不是原值。

④ 使用printf()函数时还要注意一个问题，那就是输出列表中的求值顺序。不同的编译系统不一定相同，可以从左到右，也可以从右到左。

2.9.3 格式输入函数

与格式输出函数 printf()相对应的是格式输入函数 scanf()，其调用的一般形式为：

```
scanf("格式控制字符串",输入项地址列表);
```

其作用是按“格式控制字符串”中规定的格式，从键盘上输入各输入项的数据，并依次赋给各输入项。

“格式控制字符串”包含 3 类不同的字符内容：

- 格式说明；
- 空白字符；
- 非空白字符。

格式说明前也是一个百分号，这个说明告诉 scanf()函数下一个将读入什么类型的数据。这些格式说明类似于 printf()函数中的格式说明。

“输入项地址表列”是由若干个变量的地址组成的，它们之间用逗号隔开。变量的地址可由取地址运算符“&”得到，例如：

```
int x;
scanf("%d",&x);                    /* &x 表示变量 x 的地址 */
```

1. 输入数据分隔处理

当输入多个数据项时，可以采用以下 3 种方式分隔输入的数据，以便使变量获得准确的数据。

① 格式控制字符串的格式说明符之间有空白字符或无任何间隔，输入数据时必须用空格、【Tab】键或【Enter】键来分隔。例如，假设要给整型变量 a、b 赋值 25、-56，scanf()函数格式如下：

```
scanf("%d %d",&a,&b);              /* 数据间有一个空格作为分隔 */
```

或

```
scanf("%d%d",&a,&b);               /* 数据间无任何间隔 */
```

则用以下3种方式输入数据都是合法的：

- `25␣-56↙`　　　　/* 数据间用空格作为分隔 */
- `25↙`　　　　/* 数据间用回车键作为分隔 */
  `-56↙`
- `25（按 Tab 键）-56↙`　　　　/* 数据间用 Tab 键作为分隔 */

② 输入数据之间使用与格式控制字符串之间相同的非空白字符（常用逗号）分隔数据。即如果在“格式控制字符串”中除了格式控制字符以外，还有其他字符，则在输入数据时应输入与这些字符相同的字符。例如：

```
scanf("%d,%d",&a,&b);
```

输入数据时，数据之间必须输入一个逗号。应输入：

```
123,-56↙
```

```
scanf("a=%d,b=%d",&a,&b);
```

输入数据时，应输入：

```
a=123,b=-56↙
```

```
scanf("%d  %d",&a,&b);
```

输入数据时，数据之间应输入同样多的空格，应输入：

```
123␣␣-56↙
```

【例 2.31】输入下列程序，并对结果进行分析。

```
#include <stdio.h>
void main()
{  int a=0,b=0,c=0;
   printf("input a=,b=,c=\n");
   scanf("a=%d,b=%d,c=%d",&a,&b,&c);
   printf("a=%d,b=%d,c=%d",a,b,c);
}
```

如果按下列方式输入，则运行结果正确。

```
input a=,b=,c=
a=1,b=2,c=3↙
a=1,b=2,c=3
```

如果按下列方式输入，则按以下形式输出：

```
input a=,b=,c=
a=1,a=2,c=3↙
a=1,b=0,c=0
```

运行结果有误。原因是：在输入变量 b 之前，出现错误，把“b=”误写为“a=”，导致 scanf()函数立即结束，因此，变量 b 和 c 仍然保持原来的值。

③ 可以通过指定输入数据的宽度分隔输入数据。用十进制整数指定输入数据的宽度，表示该输入项最多可输入的字符个数。如遇空格或不可转换的字符，读入的字符将减少。例如：

```
scanf("%4d%3d%4d",&a,&b,&c);
```

如果执行时从键盘上输入：

```
200808082008
```

则把 2008 赋给 a，把 080 赋给 b，把 8200 赋给 c。

④ 如果在%后面有一个“*”，表示本项输入不赋值给相应的变量。例如：

```
scanf("%d,%*d,%d",&x,&y);
```

输入：

```
123,45,567↙
```

系统将 123 赋给 x，567 赋给 y，也就是说，第二个数据 45 被跳过。在利用现成的一批数据时，有时不需要其中某些数据，可用此法跳过它们。

2. 输入数据结束处理

在输入数据时，遇到以下情况时认为此数据输入结束。

① 遇到空格，或者【Enter】键，或者【Tab】键。

② 遇到指定的宽度结束。例如“%3d”，只取 3 位。

③ 遇到非法输入。例如，在输入数值数据时，遇到字母等非数值符号。

例如：

```
scanf("%3d%d%c%f",&x,&y,&s,&z);
```

若输入：

```
12345g678o.98↙
```

按照规定的宽度将 123 赋给整型变量 x，将整数 45 赋给整型变量 y，将字符 g 赋给字符型变量 s。由于 z 为单精度实型变量，因此本应按规定将 678o.98 赋给实型变量 z，但因 678 之后出现了字母“o”，因此就认为该数据到此结束，所以将 678 赋给变量 z。

关于格式输入函数的几点说明和注意事项介绍如下：

① 格式控制字符串的作用与 printf()函数相同，但不能显示提示字符串。因此，在编写程序时，往往先用 printf()函数在屏幕上输出提示，告诉要输入的信息项。

【例 2.32】提示输入的信息项。

```
#include <stdio.h>
void main()
{  int a,b,c;
   printf("input a,b,c:\n");
   scanf("%d,%d,%d",&a,&b,&c);
   printf("a=%d,b=%d,c=%d",a,b,c);
}
```

程序运行结果:

```
input a,b,c:
35,45,55↙
a=35,b=45,c=55
```

② 输入实数时不能规定精度。例如：

```
scanf("%4.1f",&f);
```

是非法的，不能企图输入 12.1。

③ 长度格式符为 l 和 h，l 表示输入长整型数据（如%ld）和双精度实数（如%lf），h 表示输入短整型数据。注意，与输出的情况不同，输入数据时长度格式符不能省略，如输入 double 型数据必须使用%lf 或%e。例如，假设 x、y 为 double 型变量，则用 scanf()函数赋值时，必须写为：

```
scanf("%lf,%lf",&x,&y);
```

④ 在用“%c”格式输入字符时，所有输入的字符（包括空格字符和转义字符）都作为有效字符。例如：

```
scanf("%c%c%c",&x,&y,&z);
```

若输入：a␣b␣c↙

则把字符 a 赋给变量 x，把空格字符赋给变量 y，把字符 b 赋给变量 z。

【例 2.33】输入下列程序，并对结果进行分析。

```
#include <stdio.h>
void main()
{  char c1,c2,c3;
   scanf("%c  %c",&c1,&c2);
   scanf("%c",&c3);
   printf("c1=%c,c2=%c,c3=%c\n",c1,c2,c3);
}
```

如果按下列方式输入，则运行结果正确。

```
a␣bc↙
c1=a,c2=b,c3=c
```

如果按以下两种方式输入：

```
a␣b␣c↙
```

或

```
a␣b↙
c↙
```

则均按以下形式输出：

```
c1=a,c2=b,c3=
```

运行结果有误。原因是，变量c3都不能正确接收字符c，前一种方式是将空格符赋给c3，后一种方式是将回车符赋给c3，

⑤ 对unsigned型数据，可以用%u、%d或%o、%x格式输入。

C 语言的输入/输出规则比较烦琐，用得不对就得不到预期的结果。输入/输出是最基本的操作，几乎每一个程序都包含输入/输出。对于初学者来说，先重点掌握最常用的一些规则和方法，随着学习的深入和通过不断编写调试程序来逐步掌握输入/输出的应用。

2.10 顺序结构程序设计

顺序结构是结构化程序的 3 种结构之一，是 3 种结构中最简单、最常见的一种程序结构。特点是：顺序结构中的语句是按照书写的先后顺序执行的，每个语句都会被执行到，并且只能执行一次。一般而言，顺序结构的算法中应该包括的几个基本步骤为：

变量定义 → 变量赋值 → 运算处理 → 输出结果

本节将分析几个顺序结构的程序例题，从中学习简单顺序结构程序的设计方法。

【例2.34】输入圆锥体的底面半径和高，求圆锥体的体积、侧面积。

已知底面半径 r 和高 h，求圆锥体的体积 v 和侧面积 s，可以使用下面的公式：

$v=\pi r^2h/3$, $s=\pi r\sqrt{r^2+h^2}$

其中，涉及 4 个变量 r、h、v、s，它们都应该是实型变量。由于 C 语言基本字符集中没有包

含 π 这个符号，所以编程序时不能直接使用它。可设置一个变量 PI，并用 define 命令将它定义为 3.14159，这样程序中使用 PI 就等价于使用 3.14159。此外，由于题目中并没有给定 r 和 h 的值，因此应该使用输入函数调用语句为 r 和 h 赋值。用流程图和 N-S 图描述的算法，如图 2-9 所示。（为节省篇幅，从本章开始我们将省略流程图和 N-S 图中的开始和结束部分。）

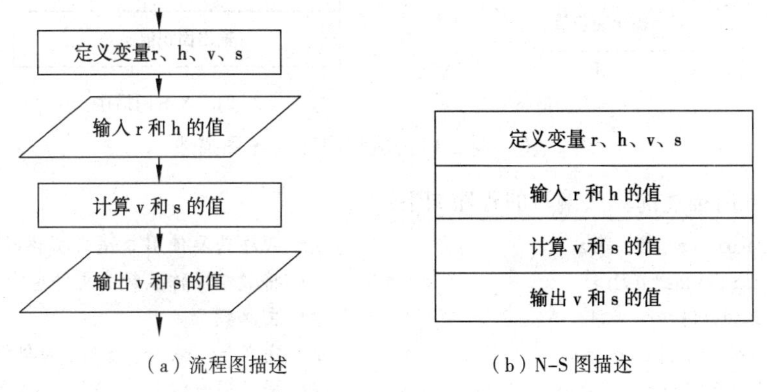

（a）流程图描述　　（b）N-S 图描述

图 2-9　例 2.34 的流程图和 N-S 图描述

基于图2-9所描述的算法编写的程序如下：

```
#include <stdio.h>                      /* 程序需要使用C语言提供的标准函数库 */
#include <math.h>                       /* 将数学操作函数头文件包含进来 */
#define PI 3.14159                      /* 宏定义 PI 的值为 3.14159 */
void main()                             /* 主函数 */
{   float r,h,v,s;                      /* 定义 r、h、v、s 为单精度实型变量 */
    printf("input r and h:");           /* 提示用户输入 r 和 h 的值 */
    scanf("%f,%f",&r,&h);               /* 从键盘输入圆锥体的底面半径 r 和高 h */
    v=PI*r*r*h/3;                       /* 求圆锥体的体积 v */
    s=PI*r*sqrt(r*r+h*h);               /* 求圆锥体的侧面积 s */
    printf("v=%7.3f,  s=%7.3f\n",v,s);  /* 输出圆锥体的体积 v 和侧面积 s */
}
```

程序运行结果：

```
input r and h:2.0,5.0↙
v=␣␣20.944,␣␣␣s=␣␣33.836
```

在程序中注意：C 语言中没有乘方运算符，r^2 必须写为 r*r。$v=\pi r^2h/3$ 不能写成 v=1/3*PI*r*r*h。

【例 2.35】 输入三角形的 3 条边长，求三角形的面积，假定输入的 3 条边长能构成三角形。

已知三角形的三条边长 a、b、c，求三角形面积，可以用海伦公式。海伦公式如下：

$$p=\frac{1}{2}(a+b+c)\text{，}\quad s=\sqrt{p(p-a)(p-b)(p-c)}$$

用流程图和 N-S 图描述的算法如图 2-10 所示。

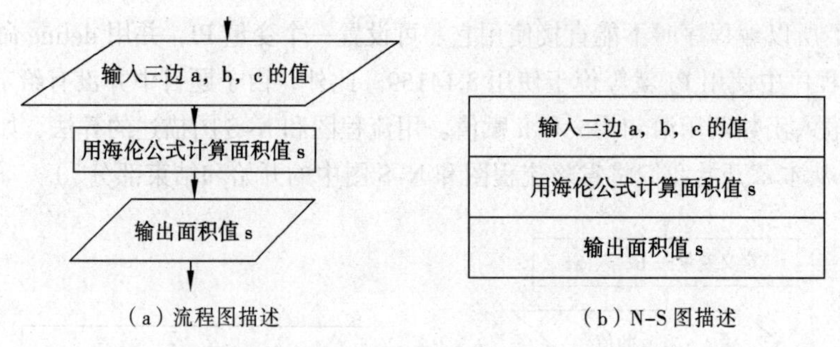

（a）流程图描述　　（b）N-S 图描述

图 2-10　例 2.35 的流程图和 N-S 图描述

基于图 2-10 所描述的算法编写的程序如下：

```
#include <stdio.h>                  /* 程序需要使用C语言提供的标准函数库 */
#include <math.h>                   /* 将数学操作函数头文件包含进来 */
void main()                         /* 主函数 */
{  float a,b,c,p,s;                 /* 定义a、b、c、p、s为单精度实型变量 */
   printf("input a,b,c=");          /* 提示用户输入a、b、c的值 */
   scanf("%f,%f,%f",&a,&b,&c);      /* 从键盘输入三角形三边a、b、c的值 */
   p=0.5*(a+b+c);                   /* 引进中间变量p */
   s=sqrt(p*(p-a)*(p-b)*(p-c));     /* 用海伦公式计算三角形的面积s */
   printf("s=%6.2f\n",s);           /* 输出三角形的面积s */
}
```

程序运行结果：

```
input a,b,c=3,4,5↙
s=␣␣6.00
```

思考：如果例题改为已知三角形的三条边长 a=3、b=4、c=5，求三角形面积，程序将如何改动？

上述两个例题是典型的顺序结构的程序，其执行步骤是一步一步顺序往下执行的，没有任何转向操作。

2.11 程序举例

【例 2.36】输入一个大写字母，求对应的小写字母及它的相邻字母。

```
#include <stdio.h>                  /* 程序需要使用C语言提供的标准函数库 */
void main()                         /* 主函数 */
{  char ch1,ch2,pre,suc;            /* 定义ch1、ch2、pre、suc为字符型变量 */
   printf("input a letter:");       /* 提示用户输入一个大写字母 */
   ch1=getchar();                   /* 从键盘输入一个大写字母 */
   ch2=ch1+32;                      /* 将大写字母转换为小写字母 */
   pre=ch1-1;                       /* 求大写字母的前一字母 */
   suc=ch1+1;                       /* 求大写字母的后一字母 */
   printf("%c%3c%3c%3c\n",ch1,ch2,pre,suc);
                                    /* 输出ch1、ch2、pre、suc的值 */
}
```

程序运行结果：

```
input a letter:E↙
E   e   D   F
```

从附录 A 中的 ASCII 码对照表中可以看到，每一个大写字母比它相应的小写字母的 ASCII 码值小 32，即'E'-32 会得到小写字母 e 的 ASCII 码值 101。

【例 2.37】数据交换。从键盘输入 a、b 的值，输出交换以后的值。

在计算机中不能只写下面两个赋值语句交换变量 a 和 b 的值：

```
a=b; b=a;
```

因为当执行第一个赋值语句后，变量 b 的值覆盖了变量 a 原来的值，即 a 的原值已经丢失，再执行第二个赋值语句就无法达到将两个变量的值相互交换的目的。为此，将借助于中间变量 t 保存 a 的原值，交换过程用连续 3 个赋值语句实现：

```
t=a; a=b; b=t;
```

执行t=a后，将a的值保存在t中；再做a=b，将b的值赋给a；最后用b=t将t中保存的a的原值赋给b。其过程如图2-11所示。

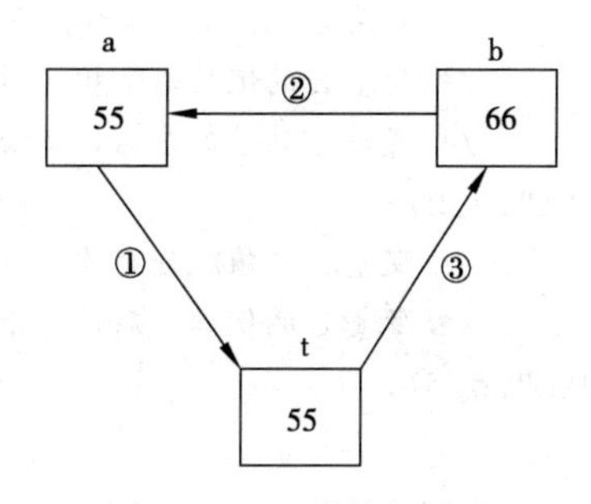

图 2-11　程序执行过程

```
#include <stdio.h>          /* 程序需要使用 C 语言提供的标准函数库 */
void main()                 /* 主函数 */
{  int a,b,t;               /* 定义 a、b、t 为整型变量 */
   printf("input a=");      /* 提示输入 a 的值 */
   scanf("%d",&a);          /* 从键盘输入 a 的值 */
   printf("input b=");      /* 提示输入 b 的值 */
   scanf("%d",&b);          /* 从键盘输入 b 的值 */
   printf("old data:a=%d  b=%d\n",a,b);       /* 输出变量 a 和 b 的原值 */
   t=a;                     /* 将变量 a 的值赋值给变量 t */
   a=b;                     /* 将变量 b 的值赋值给变量 a */
   b=t;                     /* 将变量 t 的值赋值给变量 b */
   printf("new data:a=%d  b=%d\n",a,b);       /* 输出变量 a 和 b 的新值 */
}
```

程序运行结果：

```
input a=55↙
input b=66↙
old data:a=55  b=66
new data:a=66  b=55
```

【例 2.38】分析以下程序的运行结果。

```
#include <stdio.h>          /* 程序需要使用C语言提供的标准函数库 */
void main()                 /* 主函数 */
{ float f=5.75;             /* 定义单精度实型变量f并将5.75赋给f  */
  printf("(int)f=%d,f=%f\n",(int)f,f);
                            /* 输出将f转换成整型后的值和变量f的值 */
}
```

程序运行结果：

```
(int)f=5,f=5.750000
```

f虽强制转为int型，但只在运算中起作用，是临时的，而f本身的类型并不改变。因此，(int)f的值为5（删去了小数）而f的值仍为5.75。

【例 2.39】分析以下程序的运行结果。

```
#include <stdio.h>          /* 程序需要使用C语言提供的标准函数库 */
void main()                 /* 主函数 */
{  int a=5,b=5,c,d;         /* 定义a、b、c、d为整型变量，同时给变量a、b赋值*/
   a=a++;                   /* 变量a的值赋给变量a 后，a加1 */
   b=++b;                   /* 变量b的值加1后，赋给变量b */
   printf("a=%d,b=%d\n",a,b);                    /* 输出变量a、b的原值 */
   c=a++;                   /* 变量a的值赋给变量c后，a加1 */
   d=++b;                   /* 变量b的值加1后，赋值给变量d */
   printf("c=%d,d=%d\n",c,d);                    /* 输出变量c、d的新值 */
}
```

程序运行结果：

```
a=6,b=6
c=6,d=7
```

从运行结果可知，第1次a的运算是后置运算，b的运算是前置运算，其值都相同等于6，因为a和b都是单独使用；第2次a的运算仍是后置运算，b的运算仍是前置运算，但c和d的值不相同。

【例 2.40】分析下面程序的运行结果。

```
#include <stdio.h>
void main()
{  int a=100,b=100,x=1,y=1,z=1;
   printf("%d,%d\n",--a,b++);
   x+=y+=z;
   printf("%d\n",x<y?y:x);
   printf("%d\n",x<y?++y:++x);
   printf("%d\n",z+=x<y?x++:y++);
   printf("x=%d,y=%d,z=%d\n",x,y,z);
   x=5;y=z=6;
   printf("%d\n",(z>=y>=x)?1:0);
   printf("%d\n",z>=y&&y>=x);
```

```
    printf("%d\n",x=2||0);
    printf("%d\n",!x);
  }
```

程序运行结果：

```
99,100
3
4
3
x=4,y=3,z=3
0
1
1
0
```

本 章 小 结

本章是 C 语言的基础，学习后面的各章节内容都需要本章知识点的支撑。因此必须熟练掌握本章内容。首先要了解 C 语言程序中使用的字符集、标识符、关键字、保留标识符、变量和常量等概念。其次熟练掌握：基本数据类型定义方法及应用，基本数据类型的混合运算，基本运算符与表达式，基本运算符的优先级和结合性，基本输入/输出函数的格式和用法，C 语言的基本语句。

顺序结构是结构化程序中最简单的一种结构，也是其他程序结构的基础。在本章通过例题学习了顺序结构程序设计的基本方法，综合运用所学的知识，编写了一些简单的程序。

习　　题

一、单选题

1. 下列字符串可作为变量名的是（　　）。
   A. _HJ　　B. 9_student　　C. long　　D. LINE　1
2. 下列字符串不是变量的是（　　）。
   A. _above　　B. all　　C. _end　　D. #dfg
3. C 语言提供的合法关键字是（　　）。
   A. break　　B. print　　C. function　　D. end
4. 下列可以正确表示字符型常量的是（　　）。
   A. "a"　　B. "\n"　　C. 'w'　　D. "55"
5. 设 d 为字符变量，下列表达式正确的是（　　）。
   A. d=678　　B. d='a'　　C. d="d"　　D. d='gjkl'
6. 若已定义 x 和 y 为 double 类型，则表达式 x=1,y=x+3/2 的值为（　　）。
   A. 1　　B. 2　　C. 2.0　　D. 2.5

7. 表达式(double)(20/3)的值为（　　）。

A. 6　　B. 6.0　　C. 2　　D. 3

8. 在以下一组运算符中，优先级最高的运算符是（　　）。

A. <=　　B. =　　C. %　　D. &&

9. 在以下一组运算符中，结合方向为自左向右的是（　　）。

A. ?:　　B. ,　　C. +=　　D. ++

10. 已知 int a=15, b=240，则表达式(a&&b)&&b||b 的结果是（　　）。

A. 0　　B. 1　　C. true　　D. false

11. 若 x=3,y=z=4，则表达式(z>=y>=x)?1:0 和表达式 z>=y&&y>=x 的值分别为（　　）。

A. 0，1　　B. 1，1　　C. 0，0　　D. 1，0

12. 如果 int i=3; int j=4，则 k=i++ +j 执行之后 k、i 和 j 的值分别为（　　）。

A. 7，3，4　　B. 8，3，5　　C. 7，4，4　　D. 8，4，5

13. 设 int x=1,y=1;，则表达式(!x||y--)的值是（　　）。

A. 0　　B. 1　　C. 2　　D. -1

14. 能正确定义整型变量 a 和 b，并为它们赋初值 5 的语句是（　　）。

A. a=b=5;　　B. int a,b=5;　　C. int a=b=5;　　D. int a=5,b=5;

15. 定义变量 char ch;，下面不正确的赋值语句是（　　）。

A. ch='a+b';　　B. ch='\0';　　C. ch='7'+'9';　　D. ch=7+9;

16. 设有定义 int x=10,y=3,z;，则语句 printf("%d\n",z=(x%y,x/y)); 的输出结果是（　　）。

A. 3　　B. 0　　C. 4　　D. 1

17. 下面程序的输出结果是（　　）。

```
#include <stdio.h>
void main()
{  int x=10,y=10;
   printf("%d %d\n",x--,--y);
}
```

A. 10 10　　B. 9 9　　C. 9 10　　D. 10 9

18. 下面程序的输出结果是（　　）。

```
#include <stdio.h>
void main()
{  int a=-1,b=4,k;
   k=(++a<=0)&&!(b--<=0);
   printf("%d %d %d\n",k,a,b);
}
```

A. 1 0 4　　B. 0 0 4　　C. 1 0 3　　D. 0 0 3

19. 下面程序的输出结果是（　　）。

```
#include <stdio.h>
void main()
{  int x;
```

```
    x=-3+4*5-6;
    printf("%d ",x);
    x=3+4%5-6;
    printf("%d ",x);
    x=-3*4%-6/5;
    printf("%d ",x);
    x=(7+6)%5/2;
    printf("%d",x);
}
```

A. 11 1 0 1　　B. 11 -3 2 1　　C. 12 -3 2 1　　D. 11 1 2 1

20. 下面程序的输出结果是（　　）。

```
#include <stdio.h>
void main()
{  int i,j;
   i=16;
   j=(i++)+i;
   printf("%d ",j);
   i=15;
   printf("%d %d",++i,i);
}
```

A. 32 16 15　　B. 33 15 15　　C. 34 15 16　　D. 34 16 15

二、填空题

1. C 语言的数据类型有 4 类，分别为________、________、________和________。
2. 在 C 语言中，要求对所有用到的变量，遵循先定义________的原则。
3. C 语言的字符串常量是用________括起来的字符序列。
4. C 语言的字符常量是用________括起来的一个字符。
5. 在 C 语言中，可以利用________，将一个表达式的值转换成所需的类型。
6. 在 C 语言中，标识符只能由________、________和________3 种字符组成，且第一个字符必须是________或________。
7. 如果 int a=2,b=3;float x=3.5,y=2.5;，则表达式(float)(a+b)/2+(int)x%(int)y 的结果是________。
8. C 语言中规定，在变量定义的同时也可以给变量赋初值，叫做________。
9. 在 C 语言中，算术运算符的结合性是________。
10. C 语言中运算符的优先级最小的是________运算符。
11. C 语言中逻辑运算符的优先级是________高于________高于________。
12. 表示条件 10<x<100 或 x<0 的 C 语言表达式是________。
13. 表达式(!10>3)?2+4:1,2,3 的值是________。
14. 表达式 9/2*2==9*2/2 的值是________。
15. 若有定义 float a=1352.97856;，则 printf("%6.3f~%6d",a,(int)a); 的输出结果是________。
16. 下面程序的运行结果为________。

```
#include <stdio.h>
void main()
{  int i,j,m,n;
   i=10;
   j=10;
   m=++i;
   n=j++;
   printf("%d,%d,%d,%d",i,j,m,n);
}
```

17. 下面程序的运行结果为__________。

```
#include <stdio.h>
void main()
{  char c1,c2;
   c1='a';
   c2='b';
   c1=c1-32;
   c2=c2-32;
   printf("%c %c",c1,c2);
}
```

18. 下面程序的运行结果为__________。

```
#include <stdio.h>
void main()
{  float x;
   int i;
   x=3.6;
   i=(int)x;
   printf("x=%f,i=%d",x,i);
}
```

19. 下面程序的运行结果为__________。

```
#include <stdio.h>
void main()
{  int x,y,z;
   x=3;
   y=z=4;
   printf("%d,",(x>=z>=x)?1:0);
   printf("%d\n",z>=y&&y>=x);
}
```

20. 下面程序的运行结果为__________。

```
#include <stdio.h>
void main()
{  printf("%d",1<4&&4<7);
   printf("%d",1<4&&7<4);
```

```
    printf("%d",(2<5));
    printf("%d",!(1<3)||(2<5));
    printf("%d",!(4<=6)&&(3<=7));
}
```

三、编程题

1. 从键盘上输入两个实型数，编程求它们的和、差、积、商。要求输出时，保留两位小数。
2. 从键盘上输入一个梯形的上底 a、下底 b 和高 h，输出梯形的面积 s。要求使用实型数据进行计算。

第 3 章 选择结构程序设计

顺序结构程序由各种基本语句组成，并严格按照语句的书写顺序执行。在解决实际问题的过程中，常常需要程序根据对某个特定条件的测试来决定下一步要进行的操作。为此，C 语言提供了可以进行程序流程选择控制的语句，这些语句构成的程序结构称为选择结构，也称为分支结构，是结构化程序设计的 3 种基本结构之一。本章主要介绍选择结构语句。

3.1 选择结构的概念

到目前为止，所介绍的程序都属于顺序结构，顺序结构程序中的所有语句都将被按照书写的顺序执行一次。但是在实际应用中，常常需要根据不同情况选择不同的执行语句，这时需要设计分支结构。例如，在第 2 章例 2.35 中，介绍了用海伦公式求 3 条边长分别为 3、4、5 的三角形的面积。这个程序的局限性很大，它不能判别 3 边长度是否满足构成三角形的条件。为此，将该问题的算法用流程图和 N-S 图描述，如图 3-1 所示。

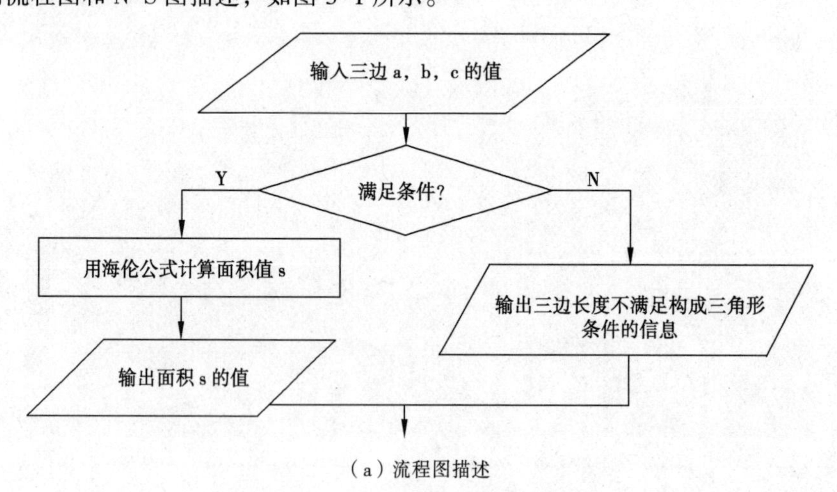

（a）流程图描述

图 3-1 使用海伦公式求三角形面积的流程图和 N-S 图描述

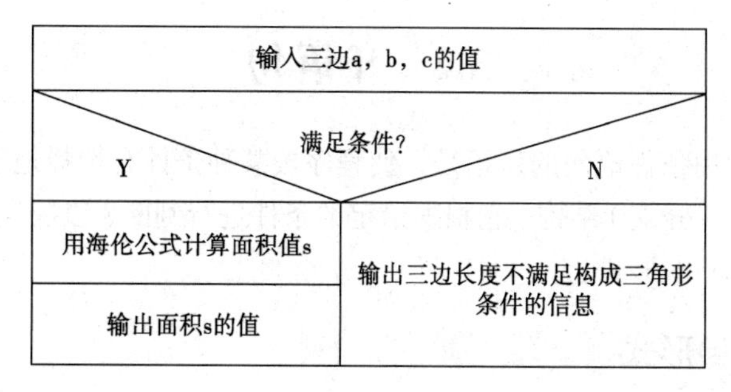

（b）N-S 图描述

图 3-1　使用海伦公式求三角形面积的流程图和 N-S 图描述（续）

基于图 3-1 所描述的算法编写的程序如下：

```
#include <stdio.h>
#include <math.h>
void main()
{  float a,b,c,p,s;                    /* 定义单精度实型变量 a、b、c、p、s */
   printf("input a,b,c=");            /* 输出提示信息 */
   scanf("%f,%f,%f",&a,&b,&c);        /* 通过键盘输入三角形的三边长 a、b、c 的值 */
   if(a<0||b<0||c<0||(a+b<c)||(b+c<a)||(c+a<b))
                                       /* 判断 3 边长度是否满足构成三角形的条件 */
     printf("data error!!\n");        /* 不满足构成三角形的条件，输出出错信息 */
   else
   {  p=0.5*(a+b+c);
      s=sqrt(p*(p-a)*(p-b)*(p-c));
      printf("s=%6.2f\n",s);
   }
}
```

程序运行结果：

```
input a,b,c=3,4,5↙
s=␣␣6.00
input a,b,c=0,2,3↙
data error!!
input a,b,c=9,2,4↙
data error!!
```

此程序在执行时，由用户输入三角形的 3 边长度，通过程序第 7 行 if 语句判断输入数据是否满足构成三角形的条件：所有的边长大于 0，并且所有两边之和均要大于第三边。若满足，则计算并输出结果；反之，只要其中有一个条件不满足，就不能构成三角形，程序输出“data error!!”出错信息。

在 C 语言中，当需要根据选择条件来确定程序的执行流程，选择某一个分支来执行，这样的程序结构被称为选择结构（分支结构）。C 语言提供了两种控制语句来实现这种选择结构：if 条件语句和 switch 开关语句。

3.2 if 语句

选择结构程序设计中条件语句的作用是，使程序按某种条件有选择地执行一条或多条语句。用 if 语句可以构成选择（分支）结构。它根据给定的条件进行判断，以决定执行某个分支程序段。C 语言的 if 语句有 3 种基本形式。

3.2.1 if 语句的 3 种形式

1. 第一种形式（单分支选择结构）

语句格式如下：

```
if(表达式)
   语句;
```

语句功能：首先计算表达式的值，若表达式的值为真（非 0），则执行语句；若表达式的值为假（0），则该语句不起作用，继续执行下面的语句。其流程图和 N–S 图描述如图 3–2 所示。

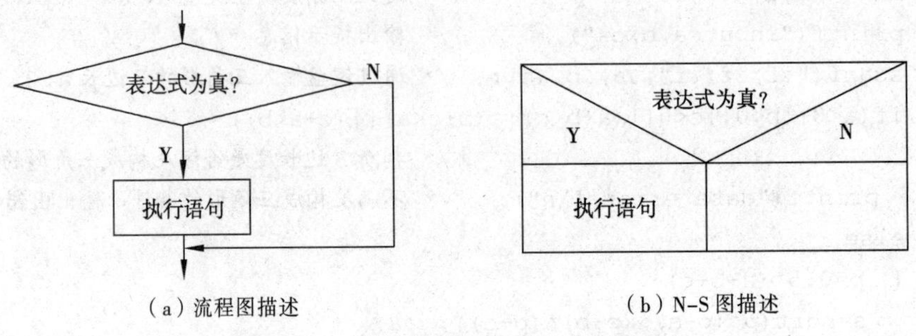

图 3–2　单分支选择结构的执行过程

【例 3.1】任意输入两个整数，输出其中的大数。

算法可以用如图 3–3 所示的流程图和 N–S 图描述。

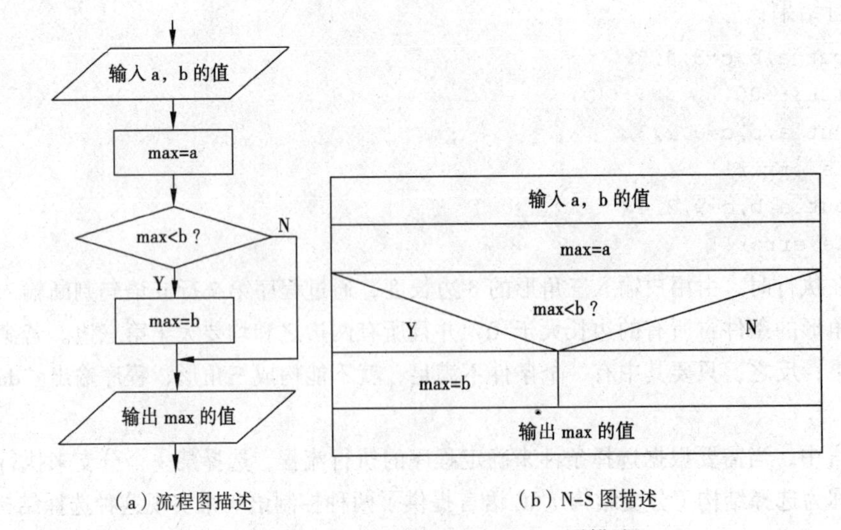

图 3–3　例 3.1 的流程图和 N–S 图描述

基于图 3-3 所描述的算法编写的程序如下：

```
#include <stdio.h>
void main()
{  int a,b,max;                /* 定义整型变量 a、b、max */
   printf("input a,b=");       /* 输出提示信息 */
   scanf("%d,%d",&a,&b);       /* 从键盘输入 a、b 的值 */
   max=a;                      /* 把 a 的值赋给变量 max */
   if(max<b)                   /* 如 max<b，则把 b 的值赋给 max */
      max=b;
   printf("max=%d\n",max);     /* 输出 max 的值 */
}
```

程序运行结果：

```
input a,b=5,3↙
max=5
```

本程序中，输入两个整数 a、b。把 a 先赋予变量 max，再用 if 语句判别 max 和 b 的大小，若 max 小于 b，则把 b 赋给 max。因此，max 的值总是较大的数，最后输出 max 的值。

【例 3.2】输入一个成绩，当成绩≥60 时，输出“Pass!”，否则什么都不输出。

```
#include <stdio.h>
void main()
{  int score;                  /* 定义整型变量 score，用以表示成绩 */
   printf("input score:");     /* 输出提示信息 */
   scanf("%f",&score);         /* 从键盘输入一个成绩 */
   if(score>=60)               /* 判断成绩是否大于等于 60 分*/
      printf("Pass!");         /* 成绩大于等于 60 分，输出 Pass! */
}
```

程序运行结果：

```
input score:75↙
Pass!                          /* 成绩大于等于 60 分输出 Pass! */
input score:55↙
                               /* 成绩小于 60 分什么都不输出 */
input score:95↙
Pass!                          /* 成绩大于等于 60 分输出 Pass! */
```

2. 第二种形式（双分支选择结构）

语句格式：

```
if(表达式)
   语句 1;
else
   语句 2;
```

语句功能：首先计算表达式的值，若表达式的值为真（非 0），则执行语句 1，否则执行语句 2。其流程图和 N-S 图描述如图 3-4 所示。

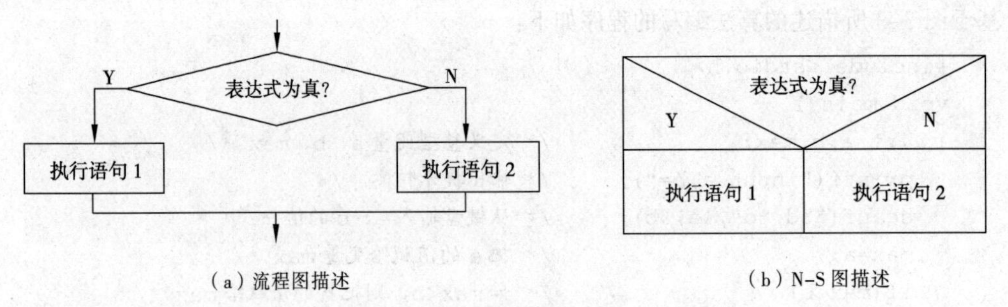

（a）流程图描述　　（b）N–S 图描述

图 3–4　双分支选择结构的执行过程

【例 3.3】任意输入两个整数，输出其中的大数。

算法可以用如图 3–5 所示的流程图和 N–S 图描述。

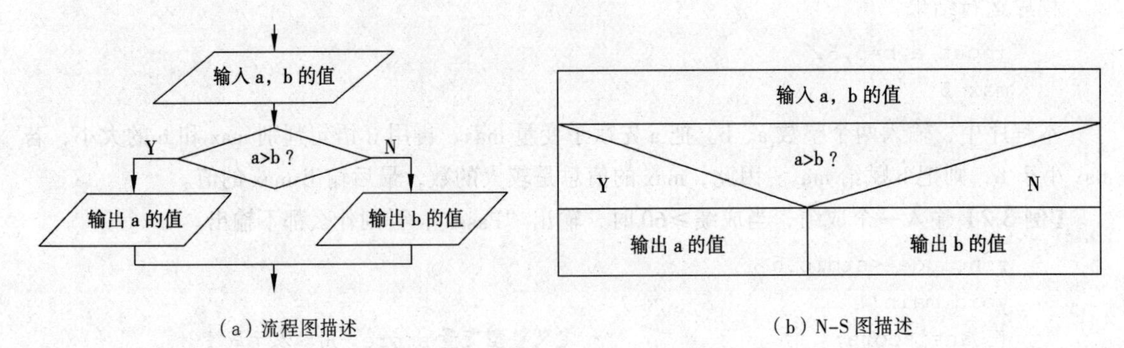

（a）流程图描述　　（b）N–S 图描述

图 3–5　例 3.3 的流程图和 N–S 图描述

基于图 3–5 所描述的算法编写的程序如下：

```
#include <stdio.h>
void main()
{  int a,b;                       /* 定义整型变量 a、b */
   printf("input a,b=");          /* 输出提示信息 */
   scanf("%d,%d",&a,&b);          /* 从键盘输入 a、b 的值 */
   if(a>b)
      printf("max=%d\n",a);       /* 若 a>b，则输出 a 的值 */
   else
      printf("max=%d\n",b);       /* 若 a<=b，则输出 b 的值 */
}
```

程序运行结果：

```
input a,b=33,55↙
max=55
```

本程序中，改用 if…else 判别 a、b 的大小，若 a 大，则输出 a，否则输出 b。

【例 3.4】输入一个成绩，当成绩≥60 时，输出“Pass!”，否则输出“Fail!”。

```
#include <stdio.h>
void main()
{  int score;                      /* 定义整型变量 score，用以表示成绩 */
```

```
    printf("input score:");          /* 输出提示信息 */
    scanf("%f",&score);              /* 从键盘输入一个成绩 */
    if(score>=60)                    /* 判断成绩是否大于等于 60 分 */
      printf("Pass!");               /* 成绩大于等于 60 分，输出 Pass! */
    else                             /* 否则成绩小于 60 分 */
      printf("Fail!");               /* 成绩小于 60 分，输出 Fail! */
}
```

程序运行结果：

```
input score:75↙
Pass!
input score:55↙
Fail!
```

3. 第三种形式（多分支选择结构）

前两种形式的 if 语句一般用于两个分支的情况。当有多个分支选择时，可采用下列多分支选择结构。

语句格式：

```
if(表达式 1)
   语句 1;
else if(表达式 2)
   语句 2;
else if(表达式 3)
   语句 3;
…
else if(表达式 n)
   语句 n;
else
   语句 n+1;
```

语句功能：首先计算表达式 1 的值，若表达式 1 的值为真（非 0），则执行语句 1，否则计算表达式 2 的值，若表达式 2 的值为真（非 0），则执行语句 2，否则计算表达式 3 的值，若表达式 3 的值为真（非 0），则执行语句 3……所有的表达式的值都是 0 时，执行语句 n+1。其流程图和 N–S 图描述如图 3–6 所示。

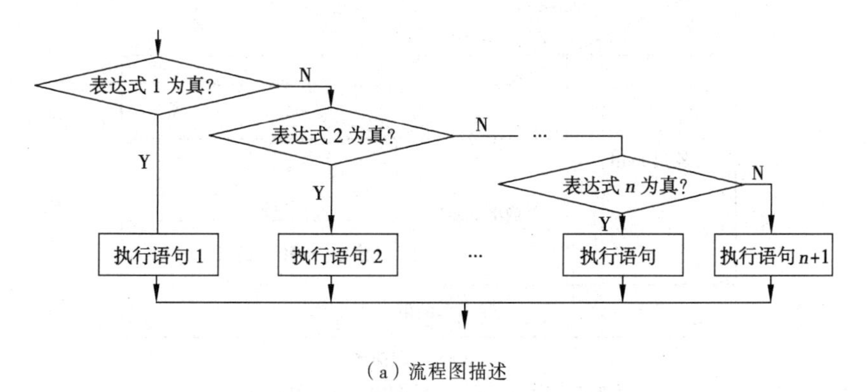

（a）流程图描述

图 3–6　多分支选择结构的执行过程

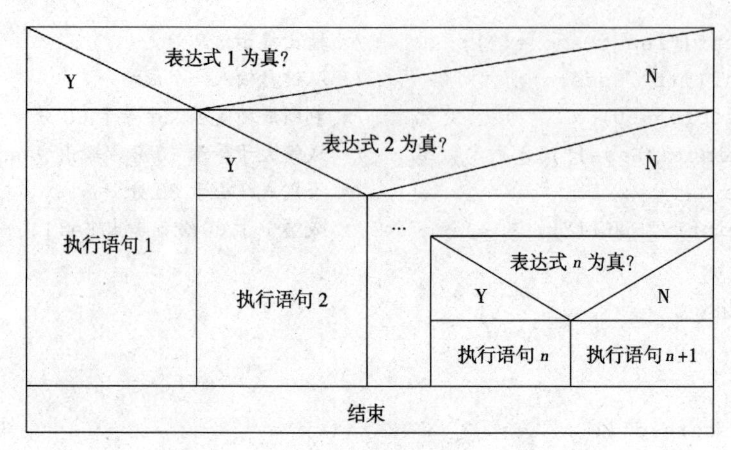

（b）N-S 图描述

图 3-6　多分支选择结构的执行过程（续）

【例 3.5】输入一个成绩，当成绩<60 时，输出“Fail!”；当成绩在 60～69 之间时，输出“Pass!”；当成绩在 70～79 之间时，输出“Good!”；当成绩≥80 时，输出“Very Good!”。

算法可以用如图 3-7 所示的流程图和 N-S 图描述。

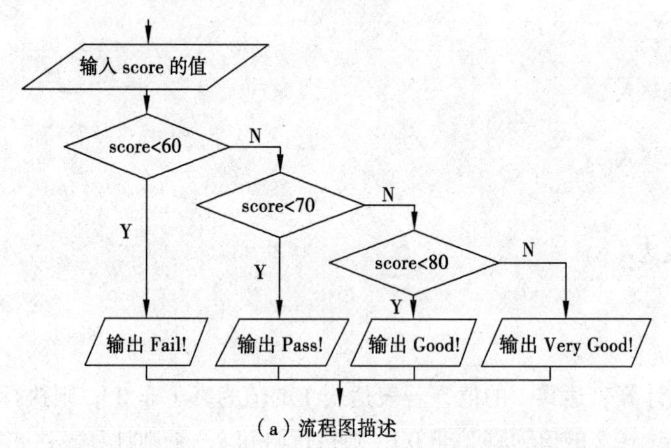

（a）流程图描述

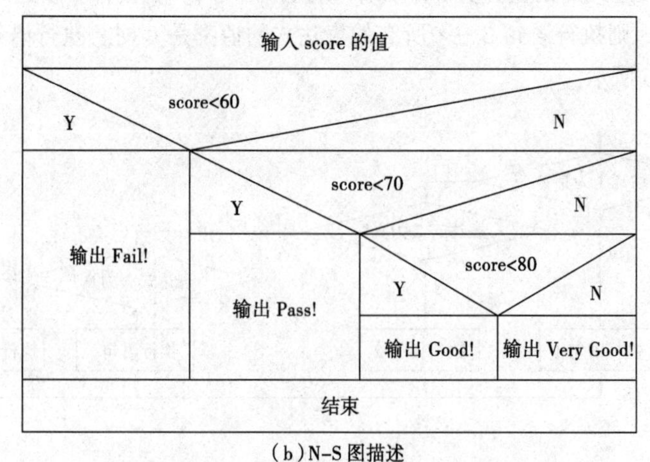

（b）N-S 图描述

图 3-7　例 3.5 的流程图和 N-S 图描述

基于图 3-7 所描述的算法编写的程序如下：

```
#include <stdio.h>
void main()
{  int score;                         /* 定义整型变量 score，用以表示成绩 */
   printf("input score:");            /* 输出提示信息 */
   scanf("%f",&score);                /* 从键盘输入一个成绩 */
   if(score<60)                       /* 判断成绩是否小于 60 分 */
      printf("Fail!");                /* 成绩小于 60 分，输出 Fail! */
   else if(score<70)                  /* 判断成绩是否小于 70 分 */
      printf("Pass!");                /* 成绩小于 70 分，输出 Pass! */
   else if(score<80)                  /* 判断成绩是否小于 80 分 */
      printf("Good!");                /* 成绩小于 80 分，输出 Good! */
   else                               /* 否则成绩大于等于 80 分 */
      printf("Very Good!");           /* 成绩大于等于 80 分，输出 Very Good! */
}
```

程序运行结果：

```
input score:55↙
Fail!
input score:65↙
Pass!
input score:95↙
Very Good!
```

关于 if 语句的说明和注意事项如下：

① 表达式一般为关系表达式或逻辑表达式，C 语言在进行判断时，只要表达式的值不为 0，就认为是真。因此，表达式可以是任意类型的表达式（整型、实型、字符型等）。例如：

```
if(c=getchar( ))
   printf("%c",c);
```

输入一个字符，赋给变量 c，只要输入的不是 0，就输出输入的字符。

② 当条件表达式是一个简单变量时，常用如下两种简化形式。例如：

- if(x!=0)可简化成 if(x)。
- if(x==0)可简化成 if(!x)。

③ if 语句中的“语句”从语法上讲只能是一条语句，而不能有多条语句。如果有多条语句的话，就要用花括号括起来组成一个复合语句。

【例 3.6】任意输入 2 个整数，按从小到大的顺序输出这 2 个整数。

```
#include <stdio.h>
void main()
{  int a,b,t;                     /* 定义整型变量 a、b、t */
   printf("input a,b=");          /* 输出提示信息 */
   scanf("%d,%d",&a,&b);          /* 从键盘输入 a、b 的值 */
   if(a>b)
```

```
    { t=a; a=b; b=t; }        /* 若 a>b,则将 a 和 b 互换,构成了一个复合语句 */
    printf("%d%5d\n",a,b);    /* 输出 a、b 的值 */
}
```

程序运行结果：

```
input a,b=55,33↙
33   55
```

在程序中，如果将：

```
if(a>b)
{ t=a;a=b;b=t; }
```

写成：

```
if(a>b)
   t=a;a=b;b=t;
```

当 a=55、b=33 时，执行后可得到 a=55 和 b=33。

当 a=33、b=55 时，执行 a>b 为假，t=a 不被执行，但 a=b 和 b=t 要执行，若 t 没有赋过值，则会出错。

3.2.2 if 语句的嵌套

在 if 语句中又包含一个或多个 if 语句，称为 if 语句的嵌套。其一般形式如下：

```
if(表达式 1)
   if(表达式 2)
      语句 1;
   else
      语句 2;
else
   if(表达式 3)
      语句 3;
   else
      语句 4;
```

if 语句的嵌套流程图和 N-S 图描述如图 3-8 所示。

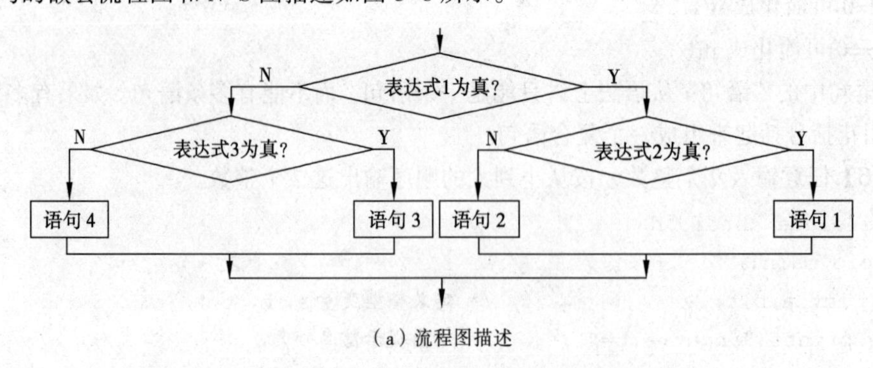

（a）流程图描述

图 3-8　多分支选择结构的执行过程

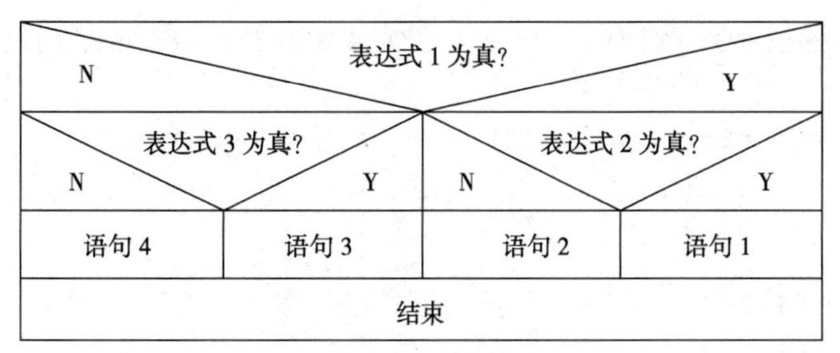

（b）N-S 图描述

图 3-8　多分支选择结构的执行过程（续）

在嵌套的 if 语句中规定，else 总是与它上面最近的尚未与 else 配对的 if 配对。因此，在使用 if 语句嵌套的时候，应当注意 if 与 else 的配对关系。例如，对于下面的形式：

```
if(表达式 1)
  if(表达式 2)
     语句 1;
else
  if(表达式 2)
     语句 2;
  else
    语句 3;
```

程序设计者希望第 3 行的 else 与第一行的 if 对应，但实际上 else 总是与它前面最近的未配对的 if 配对，因此第 3 行的 else 是与第二行的 if 配对，因为它们相距最近。所以内嵌套的 if 语句也包含 else 部分，如果 if 与 else 的数目不能一致，为实现程序设计者的意图，可以加花括号来确定配对关系。例如：

```
if(表达式 1)
{  if(表达式 2)
      语句 1;
}
else
   语句 2;
```

【例 3.7】修改例 3.4，排除不可能的分数。

例 3.4 并不是一个完整的程序，它要求输入的分数应该是 0~100 之间，否则不能给出正确结果。例如输入-5 或 101，都将被认为是不正确的。使用嵌套的 if 语句则可以排除不可能的分数。

```
#include <stdio.h>
void main()
{  int score;                     /* 定义整型变量 score，用以表示成绩 */
   printf("input score:");        /* 输出提示信息 */
   scanf("%f",&score);            /* 从键盘输入一个成绩 */
   if(score>=0&&score<=100)       /* 判断输入的成绩是否在 0~100 之间 */
      if(score>=60)               /* 判断成绩是否大于等于 60 分 */
         printf("Pass!");         /* 成绩大于等于 60 分，输出 Pass! */
      else                        /* 否则成绩小于 60 分 */
```

```
            printf("Fail!");          /* 成绩小于 60 分，输出 Fail! */
        else
          printf("\nError score!");   /* 提示输入数据有误 */
    }
```

程序运行结果：

```
input score:75↙
Pass!
input score:155↙
Error score!
```

本例是在 if...else 形式的 if 分支中又嵌套了一个 if...else 语句。

前面介绍的很多程序都未对输入的数据是否符合实际情况进行判断，这其实不是一种好的设计思想。好的程序设计者应该了解所有被处理的数据的范围，如果用户输入的数据不在正确范围内，应该提示用户输入数据有误。

【例 3.8】有一分段函数：

$$y=\begin{cases}-x & (x<0)\\ 2x-10 & (0\leqslant x<2)\\ 3x+5 & (x\geqslant 2)\end{cases}$$

编写程序，要求输入一个 x 值，输出 y 值。

算法可以用如图 3-9 所示的流程图和 N-S 图描述。

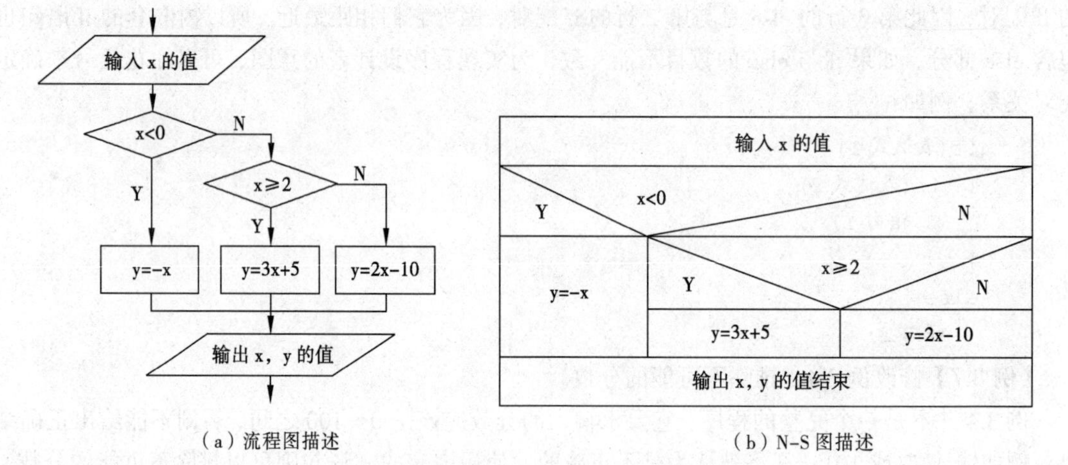

（a）流程图描述　　（b）N-S 图描述

图 3-9　例 3.8 的流程图和 N-S 图描述

基于图 3-9 所描述的算法编写的程序如下：

```
#include <stdio.h>
#include <math.h>
void main()
{  float x,y;                       /* 定义单精度实型变量 x,y */
   printf("input x=");              /* 输出提示信息 */
   scanf("%f",&x);                  /* 从键盘输入 x 的值 */
   if(x<0)
```

```
    y=-x;                                  /* 若 x<0，则 y=-x */
  else
    if(x>=2)
      y=3*x+5;                             /* 若 x≥2，则 y=3x+5 */
    else
      y=2*x-10;                            /* 若 0≤x<2，则 y=2x-10 */
  printf("x=%7.3f,y=%7.3f\n",x,y);         /* 输出 x、y 的值 */
}
```

程序运行结果：

```
input x=-3.0↙
x=␣␣-3.000,y=␣␣␣3.000
input x=8.0↙
x=␣␣␣8.000,y=␣␣29.000
```

3.3 switch 语句

前面介绍的 if 语句，常用于两种情况的选择结构，要表示两种以上条件的选择结构，则要用 if 语句的嵌套形式，但如果嵌套的 if 语句比较多时，程序比较冗长且可读性降低。在 C 语言中，可直接用 switch 语句来实现多种情况的选择结构。其一般形式如下：

```
switch(表达式)
{   case 常量 1: 语句 1;
    case 常量 2: 语句 2;
    case 常量 3: 语句 3;
    …
    case 常量 n: 语句 n;
    [default:语句 n+1;]                  /* 根据需要可有可无 */
}
```

switch 语句的执行过程：首先计算表达式的值，并逐个与 case 后面的常量值相比较，当表达式的值与某个常量值相等时，即执行其后的语句，然后不再进行判断，继续执行后面所有 case 后面的语句。如表达式的值与所有 case 后面的常量值均不相等时，则执行 default 后面的语句。

switch 语句的执行过程如图 3-10 所示。

例如：

```
switch(class)
{  case 'A':printf("GREAT!\n");
   case 'B':printf("GOOD!\n");
   case 'C':printf("OK!\n");
   case 'D':printf("NO!\n");
   default:printf("ERROR!\n");
}
```

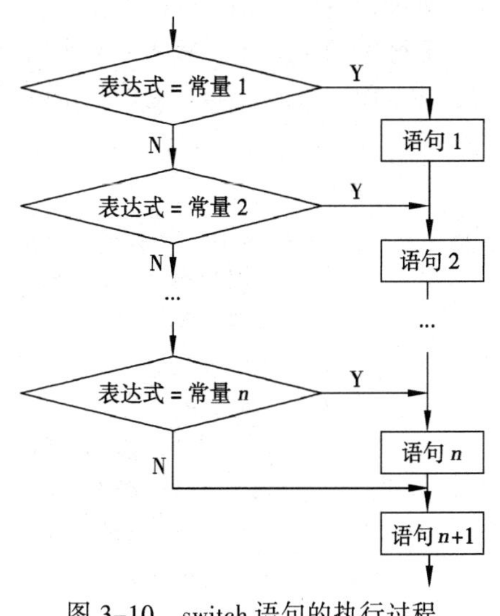

图 3-10　switch 语句的执行过程

若 class 的值为'B'，则输出的结果是：

```
GOOD!
OK!
NO!
ERROR!
```

若 class 的值为'D'，则输出的结果是：

```
NO!
ERROR!
```

若 class 的值为'F'，则输出的结果是：

```
ERROR!
```

从上面的例题可以看到，switch 语句的功能是：根据 switch 后面表达式的值找到匹配的入口处，就从此入口处开始执行下去，不再进行判断。

关于 switch 语句的说明和注意事项如下：

① switch 后面圆括号内的表达式以及 case 后面的常量值必须为整型、字符型或枚举类型，并且每个 case 后面常量的类型应该与 switch 后面圆括号内表达式的类型一致。

② case 后面常量的值必须互不相同，否则会出现相互矛盾的现象。

③ 多个 case 可以共用一组执行语句。例如：

```
switch(ch)
{   case 'A':
    case 'B':
    case 'C': printf(">=60\n");
}
```

该 switch 语句表示当 ch 的值为'A'、'B'、'C'时，都会执行 printf(">=60\n"); 语句。

④ case 和常量之间要有空格。

⑤ case 和 default 可以出现在任何位置，其先后次序不影响执行结果，但习惯上将 default 放在 switch...case 结构的底部。

【例 3.9】从键盘上输入一个大写字母，若字母为 A 输出 GOOD!，字母为 B 输出 OK!，字母为 C 输出 NO!，输入其他字母，输出 ERROR!。

```
#include <stdio.h>
void main()
{  char ch;
   printf("input a character:");
   scanf("%c",&ch);
   switch(ch)
   {  case 'A': printf("GOOD!\n"); break;
      case 'B': printf("OK!\n"); break;
      case 'C': printf("NO!\n"); break;
      default: printf("ERROR!\n");
   }
}
```

程序运行结果：

```
input a character: A↙
GOOD!
input a character: G↙
ERROR!
```

也可以将程序中的 switch 结构改写如下：

```
#include <stdio.h>
void main()
{  char ch;
   printf("input a character:");
   scanf("%c",&ch);
   switch(ch)
   {  default: printf("ERROR!\n"); break;
      case 'A': printf("GOOD!\n"); break;
      case 'B': printf("OK!\n"); break;
      case 'C': printf("NO!\n");
    }
}
```

修改后的程序不影响执行的效果。但需要注意的是，当 case 与 default 的顺序或各 case 之间的顺序改变后，有关 case 或 default 后面的语句可能要做一些修改。例如，在上述修改中，要在原 default 中的语句后加一个 break 语句，原 case 'C'后面的 break 语句可以去掉。

⑥ switch 结构可以嵌套，即在一个 switch 语句中嵌套另一个 switch 语句，这时可以用 break 语句使流程跳出 switch 结构，但是要注意 break 只能跳出最内层的 switch 语句。

```
int x=1,y=0;
switch(x)
{  case 1:
     switch(y)
     {  case 0: printf("x=1,y=0\n"); break;
        case 1: printf("y=1\n"); break;
     }
   case 2: printf("x=2\n");
}
```

程序运行结果：

```
x=1,y=0
x=2
```

【例 3.10】从键盘上输入一个数字，输出一个有关星期几的英文单词。

算法可以用如图 3-11 所示的流程图描述。

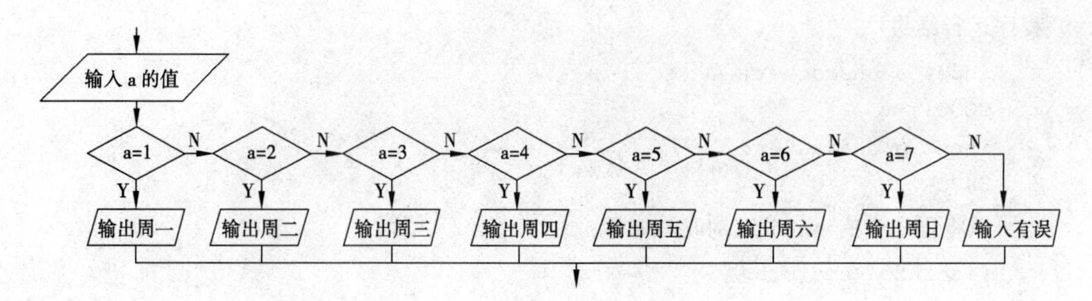

图 3-11　例 3.10 的流程图描述

基于图 3-11 所描述的算法编写的程序如下：

```
#include <stdio.h>
void main()
{  int a;                                   /* 定义整型变量 a */
   printf("input integer number:");         /* 输出提示信息 */
   scanf("%d",&a);                          /* 从键盘输入 a 的值 */
   switch(a)                                /* a逐个与case后面的常量进行匹配 */
   {  case 1: printf("Monday\n"); break;
                          /* 若 a=1，则输出给定的字符串，并跳出 switch 语句 */
      case 2: printf("Tuesday\n"); break;
                          /* 若 a=2，则输出给定的字符串，并跳出 switch 语句 */
      case 3: printf("Wednesday\n"); break;
                          /* 若 a=3，则输出给定的字符串，并跳出 switch 语句 */
      case 4: printf("Thursday\n"); break;
                          /* 若 a=4，则输出给定的字符串，并跳出 switch 语句 */
      case 5: printf("Friday\n"); break;
                          /* 若 a=5，则输出给定的字符串，并跳出 switch 语句 */
      case 6: printf("Saturday\n"); break;
                          /* 若 a=6，则输出给定的字符串，并跳出 switch 语句 */
      case 7: printf("Sunday\n"); break;
                          /* 若 a=7，则输出给定的字符串，并跳出 switch 语句 */
      default: printf("input error!\n");
                          /* 若 a 匹配不成功，则输出输入有误信息 */
   }
}
```

程序运行结果：

```
input integer number: 5↙
Friday
input integer number: 55↙
input error!
```

思考：若将上述程序中的所有 break 语句去掉，程序的结果会正确吗？如果不正确将会出现什么情况？请试运行。

3.4　程 序 举 例

【例 3.11】 从键盘上输入一个字符，请判别输入字符的种类，即判别它是数字字符、英文字符、空格或回车，还是其他字符。

算法可以用如图 3-12 所示的流程图和 N-S 图描述。

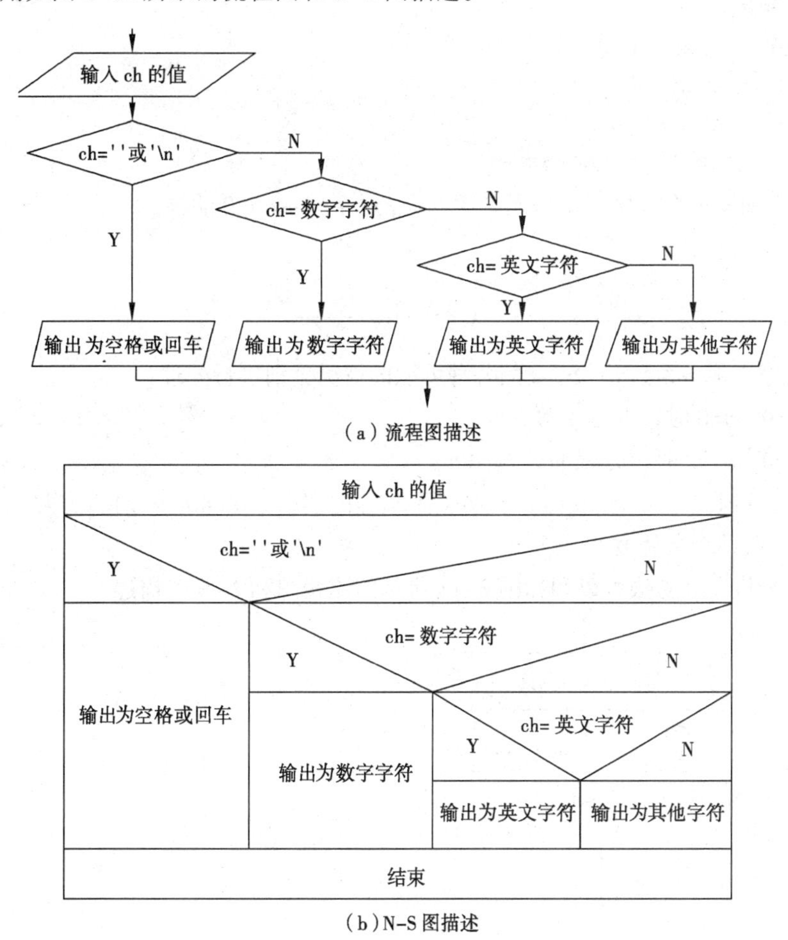

图 3-12　例 3.11 的流程图和 N-S 图描述

基于图 3-12 所描述的算法编写的程序如下：

```
#include <stdio.h>
void main()
{  char ch;                          /* 定义一个字符型变量 ch */
   printf("Input a character:"); /* 输出提示信息 */
   ch=getchar();                     /* 从键盘输入一个字符 */
   if(ch==' '||ch=='\n')            /* 若字符为空格或回车，则输出为空格或回车 */
     printf("This is a blank or enter.\n");
   else if(ch>='0'&&ch<='9')        /* 若值在 0~9 字符之间，则输出为数值字符 */
     printf("This is a digit.\n");
```

```
    else if(ch>='A'&&ch<='Z'||ch>='a'&&ch<='z')
                                        /* 若值在 A～Z 或 a～z 之间，则输出为英文字符 */
      printf("This is a letter.\n");
    else                                /* 否则输出为其他字符 */
      printf("This is another character.\n");
  }
```

程序运行结果：

```
Input a character:55↙
This is a digit.
Input a character:+↙
This is another character.
```

【例 3.12】编写一个程序，求一元二次方程 $ax^2+bx+c=0$ 的根。

一元二次方程的求根公式为：

$$x_{1,2}=\frac{-b\pm\sqrt{b^2-4ac}}{2a}$$

因此，程序必须对系数 a、b、c 的各种可能的情况分别进行处理：

（1）当 a=0，b=0 时，方程无解。

（2）当 a=0，$b\neq0$ 时，方程的解为 $-c/b$。

（3）当 $a\neq0$ 时，$b^2-4ac>0$ 时，有两个不相等的实根；$b^2-4ac=0$ 时，有两个相等的实根；$b^2-4ac<0$ 时，有两个共轭复根。

根据上述分析，其算法可以用如图 3-13 所示的流程图和 N-S 图描述。

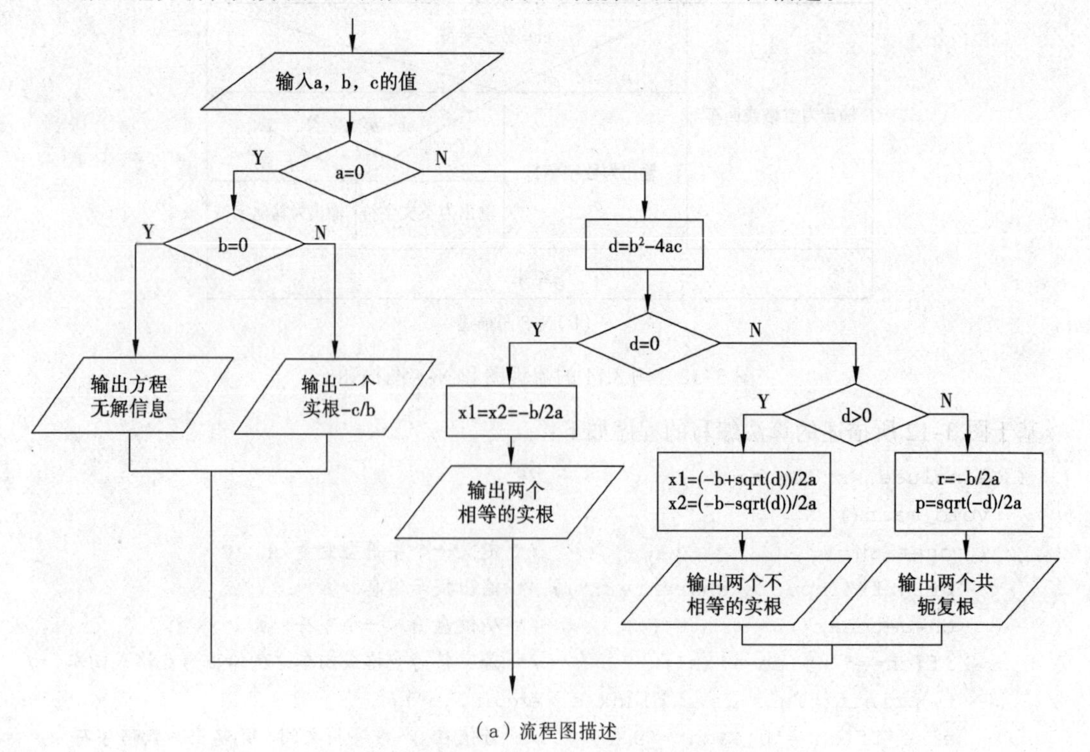

（a）流程图描述

图 3-13　例 3.12 的流程图和 N-S 图描述

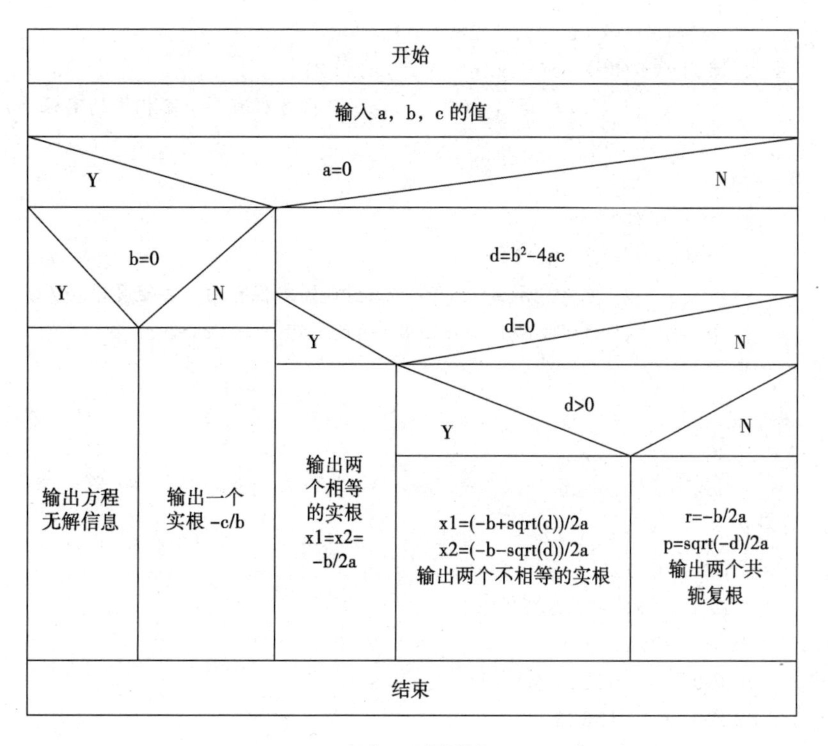

（b）N-S 图描述

图 3-13　例 3.12 的流程图和 N-S 图描述（续）

基于图 3-13 所描述的算法编写的程序如下：

```
#include <stdio.h>
#include <math.h>
void main()
{  float a,b,c,d,r,p;                  /* 定义单精度实型变量 a、b、c、d、r、p */
   float x1,x2;                        /* 定义单精度实型变量 x1、x2 */
   printf("input a,b,c=");             /* 输出提示信息 */
   scanf("%f,%f,%f",&a,&b,&c);         /* 从键盘输入 a、b、c 的值 */
   if(fabs(a)<=1e-6)
      if(fabs(b)<=1e-6)
        printf("No answer!\n");        /* 若 a、b 等于 0，则方程无解 */
      else
        printf("x=%f\n",-c/b);         /* 若 a=0、b≠0，则方程有一个实根 */
   else
   {  d=b*b-4*a*c;
      if(fabs(d)<=1e-6)
         printf("x1=x2=%f\n",-b/(2*a));
              /* 若 a≠0,b²-4ac=0，则方程有两个相等的实根 */
      else
      {  if(d>1e-6)
         {  x1=(-b+sqrt(d))/(2*a);
```

```
            x2=(-b-sqrt(d))/(2*a);
            printf("x1=%f\tx2=%f\n",x1,x2);
                    /* 若 a≠0, b²-4ac>0 则方程有两个不相等的实根 */
        }
        else
        {  r=-b/(2*a);
            p=sqrt(-d)/(2*a);
                    /* 若 a≠0, b²-4ac<0 则方程有两个共轭复根 */
            printf("x1=%f+%fi\nx2=%f-%fi\n",r,p,r,p);
        }
      }
    }
  }
```

程序运行结果：

```
input a,b,c=2,6,1↙
x1=-0.177124    x2=-2.822876
input a,b,c=1,3,5↙
x1=-1.500000 + 1.658312i
x1=-1.500000 - 1.658312i
input a,b,c=2,4,2↙
x1=x2=-1.000000
input a,b,c=0,0,1↙
No answer!
```

我们在前面讲过，由于实数在计算和存储时会有一些微小的误差，因此实数一般不能直接进行判断“相等”，而是判断接近或近似。因此，对于判断实数 a、b、d 是否等于 0 时，采用的办法是判别 a、b、d 的绝对值 fabs(a)、fabs(b)、fabs(d)是否小于一个很小的数（例如 10^{-6}）。如果小于此数，就认为 a、b、d 等于 0。

【例 3.13】编写根据输入的学生成绩判断等级的程序，即从键盘上输入一个学生的百分制成绩赋值给变量 score，按下列要求输出其等级。

$$\begin{cases} score \geq 90 & 等级为\ A \\ 80 \leq score < 90 & 等级为\ B \\ 70 \leq score < 80 & 等级为\ C \\ 60 \leq score < 70 & 等级为\ D \\ score < 60 & 等级为\ E \end{cases}$$

此问题可以使用 else if 语句编程解决，在这里使用 switch 语句来编程解决。根据题目要求，若 score≥90，score 可能是 90,91,92,…,98,99,100，把这些值都列出来过于繁杂，可以利用两个整数相除，结果自动取整的方法，即当 90≤score≤100 时，score/10 只有 10 和 9 两种情况，这样用 switch 语句来解决更简便了。

根据上述分析，算法可以用如图 3-14 所示的流程图描述。

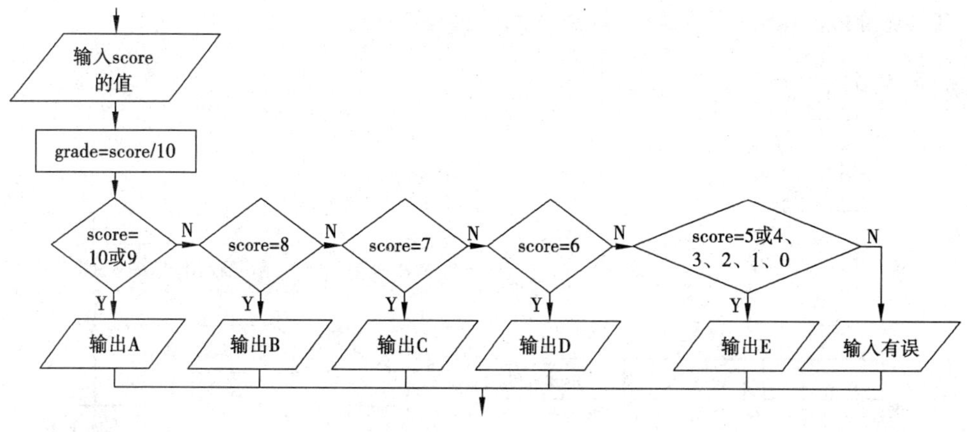

图 3-14　例 3.13 的流程图描述

基于图 3-14 所描述的算法编写的程序如下：

```
#include <stdio.h>
void main()
{  int score,grade;                        /* 定义整型变量 score、grade */
   printf("input a score(0-100):");  /* 输出提示信息 */
   scanf("%d",&score);                     /* 从键盘输入 score 的值 */
   grade=score/10;                         /* 将 score/10 赋给 grade */
   switch(grade)                           /* grade 逐个与 case 后面的常量进行匹配 */
   {  case 10:
      case 9:  printf("%d: A\n",score); break;    /* score≥90, 等级为 A */
      case 8:  printf("%d: B\n",score); break;    /* 80≤score<9,等级为 B */
      case 7:  printf("%d: C\n",score); break;    /* 70≤score<80,等级为 C */
      case 6:  printf("%d: D\n",score); break;    /* 60≤score<70,等级为 D */
      case 5:
      case 4:
      case 3:
      case 2:
      case 1:
      case 0:  printf("%d: E\n",score); break;    /* score<60, 等级为 E */
      default: printf("input error!\n");          /* 显示输入有误信息 */
   }
}
```

程序运行结果：

```
input a score(0-100):75↙
75:␣C
```

【例 3.14】四则运算程序。用户输入两个运算量及一个运算符，输出运算结果。

首先输入参加运算的两个数和一个运算符号，然后根据运算符号来做相应的运算，但是在做除法运算时，应判别除数是否为 0，如果为 0，运算非法，给出错误提示。如果运算符号不是+、–、*、/，则同样是非法的，也给出错误提示。其他情况，输出运算的结果。

根据上述分析，算法可以用如图 3-15 所示的流程图描述。

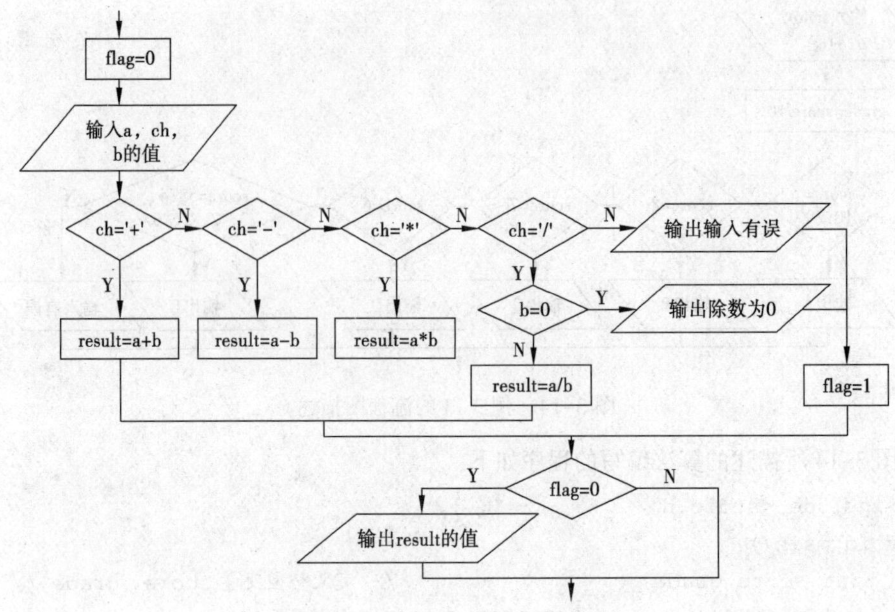

图 3-15 例 3.14 的流程图描述

基于图 3-15 所描述的算法编写的程序如下：

```
#include <stdio.h>
void main()
{  float a,b,result;                /* 定义单精度实型变量 a、b、result  */
   int flag;                        /* 定义整型变量 flag */
   char ch;                         /* 定义字符型变量 ch */
   flag=0;                          /* 运算合法标志 flag，置 0 为合法，置 1 为非法 */
   printf("input expressin: a +(-,*,/) b\n");    /* 输出提示信息 */
   scanf("%f %c %f",&a,&ch,&b); /* 从键盘输入 a、ch、b 的值 */
   switch(ch)                       /* 根据运算符来进行相关的运算 */
   {  case '+': result=a+b; break;                /* 加法运算 */
      case '-': result=a-b; break;                /* 减法运算 */
      case '*': result=a*b; break;                /* 乘法运算 */
      case '/': if(!b)
                {  printf("divisor is zero!\n");
                                        /* 若被除数为 0，则输出提示信息 */
                   flag=1;              /* 置运算合法标志 flag 为 1 */
                }
                else
                   result=a/b; break;  /* 除法运算 */
      default: printf("input error!\n");         /* 显示非法运算符 */
      flag=1;                           /* 置运算合法标志 flag 为 1 */
   }
   if(!flag)                            /* 若运算合法，则输出结果 */
```

```
        printf("%f %c %f=%f\n",a,ch,b,result);
    }
```

程序运行结果：

```
input expressin: a+(-,*,/)b
3+5↙
3.000000 + 5.000000=8.000000
input expressin: a+(-,*,/)b
9/0↙
divisor is zero!
input expressin: a+(-,*,/)b
55!66↙
input error!
```

本 章 小 结

通过本章的学习，要熟练掌握 if 语句和 switch 语句的使用。注意正确使用 if 语句的 3 种形式以及嵌套的 if 语句。在使用 switch 语句时，一定要注意，在没有使用 break 语句的情况下，case 语句的各个语句是逐句执行的，而不是执行一条语句就跳出 switch 语句。

选择结构是结构化程序设计的一个基本结构。它根据输入的数据或中间结果的情况，选择一组语句执行（在不同的情况下，选择不同的语句组执行）。在编程时，必须将所有的情况都考虑进去，并写出在各种情况下所对应的语句组。

习　　题

一、单选题

1. 以下不正确的 if 语句形式是（　　）。

   A. if(a<b)　　　　B. if(a==b)a=0,b++;

   C. if(a<b)a=0,else b=0;　　　　D. if(a!=b)a=b;

2. 判断字符型变量 ch 为大写字母的表达式是（　　）。

   A. 'A'<=ch<='Z'　　　　B. (ch>='A')&(ch<='Z')

   C. (ch>='A')&&(ch<='Z')　　　　D. (ch>='A')AND(ch<='Z')

3. 下面的程序，输入的整数 x 的值在（　　）范围内时，程序才能显示运行结果。

```
#include <stdio.h>
void main()
{  int x;
   scanf("%d",&x);
   if(x<=3)
     ;
   else
     if(x!=10)
```

```
        printf("%d\n",x);
    }
```

A. x≠10　　B. x>3 且 x≠10　　C. x>3 且 x=10　　D. x<3

4. 下面程序的输出结果是（　　）。

```
#include <stdio.h>
void main()
{  int x,y=1;
   if(y!=0)
      x=5;
   printf("%d\t",x);
   if(y==0)
      x=3;
   else
      x=5;
   printf("%d\t\n",x);
}
```

A. 1　3　　B. 1　5　　C. 5　3　　D. 5　5

5. 下面程序的输出结果是（　　）。

```
#include <stdio.h>
void main()
{  int a=20,b=30,c=40;
   if(a>b)
      a=b,b=c;
   c=a;
   printf("%d %d %d\n",a,b,c);
}
```

A. 20 40 20　　B. 20 30 20　　C. 30 40 20　　D. 30 40 30

6. 有以下程序，若从键盘上输入 7，则输出结果是（　　）。

```
#include <stdio.h>
void main()
{  int x;
   scanf("%d",&x);
   if(x--<7)
      printf("x=%d\n",x);
   else
      printf("x=%d\n",x++);
}
```

A. x=6　　B. x=7　　C. x=8　　D. x=0

7. 下面程序的输出结果是（　　）。

```
#include <stdio.h>
void main()
```

```
{  int k=2;
   switch(k)
   {  case 1: printf("%2d",k++);
      case 2: printf("%2d",k++);
      case 3: printf("%2d",k++);
      case 4: printf("%2d",k++); break;
      default: printf("Full!\n");
   }
}
```

A. 2　　B. 2 3 4　　C. 1 2 3 4　　D. 2 3 4 5

8. 下面程序的输出结果是（　　）。

```
#include <stdio.h>
void main()
{  int a=16,b=21,m=0;
   switch(a%3)
   {  case 0: m++; break;
      case 1: m++;
              switch(b%2)
              {  default: m++;
                 case 0: m++; break;
              }
   }
   printf("m=%d\n",m);
}
```

A. m=2　　B. m=3　　C. m=4　　D. m=5

9. 判断字符型变量 ch 为小写字母的表达式是（　　）。

A. 'a'<=ch<='z'　　B. (ch>=a)&&(ch<=z)

C. (ch>='a') || (ch<='z')　　D. (ch>='a')&&(ch<='z')

二、填空题

1. 在下列程序段中，若 Class 的值为'C'，则输出的结果是________。

```
switch(Class)
{  case 'A': printf("GREAT!  ");
   case 'B': printf("GOOD!  ");
   case 'C': printf("OK!  ");
   case 'D': printf("NO!  ");
   default: printf("ERROR!  ");
}
```

2. 下面程序的输出结果是________。

```
#include <stdio.h>
void main()
{  int m=5;
```

```
    if(m++>5)
       printf("%d\n",m);
    else
       printf("%d\n",--m);
}
```

3. 下面程序的输出结果是________。

```
#include <stdio.h>
void main()
{  int x=1,y=1,a=0,b=0;
   switch(x)
   {  case 1: switch(y)
              {  case 0: a++; break;
                 case 1: b++; break;
              }
      case 2: a++; b++; break;
   }
   printf("a=%d,b=%d\n",a,b);
}
```

4. 下面程序的输出结果是________。

```
#include <stdio.h>
void main()
{  int x=2,y=-1,z=2;
   if(x<y)
      if(y<0)
         z=0;
      else
         z+=1;
   printf("z=%d\n",z);
}
```

5. 下面程序的输出结果是________。

```
#include <stdio.h>
void main()
{  int a=1,b=2,c=3;
   if(a==1&&b++==2)
      if(b!=2||c--!=3)
         printf("a=%d,b=%d,c=%d\n",a,b,c);
      else
         printf("a=%d,b=%d,c=%d\n",a,b,c);
   else
      printf("a=%d,b=%d,c=%d\n",a,b,c);
}
```

6. 下面程序的输出结果是________。

```
#include <stdio.h>
void main()
{  int a=1,b=2,c=3;
   if(a--)
      b++,c++;
   else
      b--;c--;
   printf("a=%d,b=%d,c=%d\n",a,b,c);
}
```

三、编程题

1. 编程判断输入的正整数是否既是 5 又是 7 的整数倍。若是，则输出 Yes；否则输出 No。
2. 编写求下面分段函数值的程序，其中 x 的值从键盘输入。

$$y=\begin{cases} x+1 & (x \leqslant 0) \\ 1 & (0 < x \leqslant 1) \\ x & (x > 1) \end{cases}$$

3. 设变量 a、b、c 分别存放从键盘输入的 3 个整数。编写程序，按从大到小的顺序排列这 3 个整数，使 a 成为最大的，c 成为最小的，并且按序输出这 3 个整数。
4. 某班期中考试有三门功课，其中两门是主课，输入学生的学号，三门课的成绩，判断是否满足下列条件之一：①三门课总分>270 分；②两门主课均在 95 分以上，另一门课不低于 70 分；③有一门主课 100 分，其他两门课不低于 80 分。输出满足条件学生的学号、三门课成绩及平均分。
5. 从键盘输入年号和月号，计算这一年的这一月共有多少天。

第 4 章 循环结构程序设计

在解决实际问题的过程中，常常会遇到一些需要重复处理的问题。循环结构可用来处理需要重复处理的问题，所以，循环结构又称为重复结构。

4.1 循环的概念

循环结构是结构化程序设计的 3 种基本结构之一，在数值计算和很多问题的处理中都需要用到循环控制。例如，用迭代法求方程的根，计算全班同学的平均分等。几乎所有的应用程序都包含循环，它和顺序结构、选择结构共同作为各种复杂结构程序的基本构造单元。因此熟练地掌握选择结构和循环结构的概念及使用，是程序设计最基本的要求。

例如，计算 1～100 的累加和 sum。

根据已有的知识，可以用 sum=1+2+3+…+100 来计算，但显然很烦琐。现在换个思路来考虑：首先设置一个累加器 sum，其初值为 0，利用 sum=sum+i 来计算（i 依次取 1,2,…,100），只要解决以下 3 个问题即可：

① 将 i 的初值置为 1；

② 每执行 1 次 sum=sum+i 后，i 值增 1，其过程如下所示：

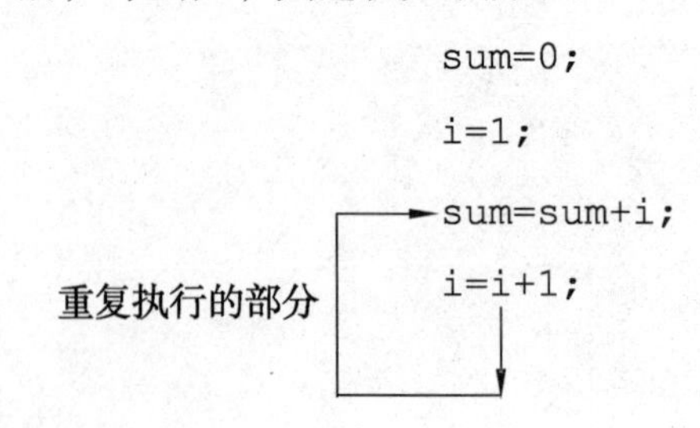

③ 当 i 增到 101 时，停止计算。

此时，sum 的值就是 1～100 的累加和。

这种重复计算结构称为循环结构，C 语言提供了 while、do…while 和 for 共 3 种循环语句，下面将分别介绍这 3 种循环语句。

4.2　while 语句

while 用来实现“当型”循环，其一般形式为：

```
while(循环条件表达式)
  循环体语句
```

在执行 while 语句时，先对循环条件表达式进行计算，若其值为非 0（真），则反复执行循环体语句，直到循环条件表达式的值为 0（假）时，循环结束，程序控制转至 while 循环语句的下一条语句。其执行过程如图 4-1 所示。

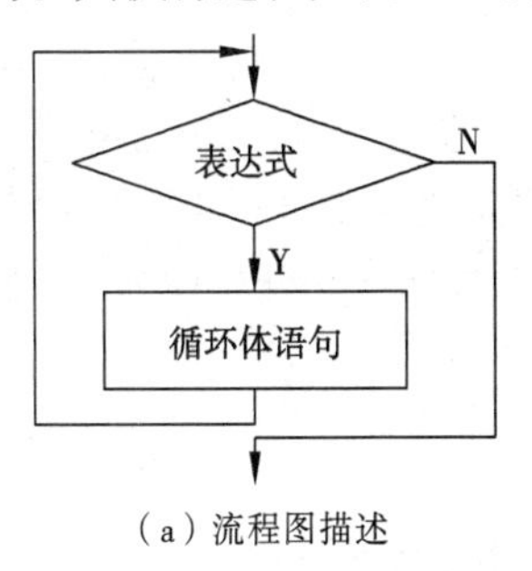

（a）流程图描述

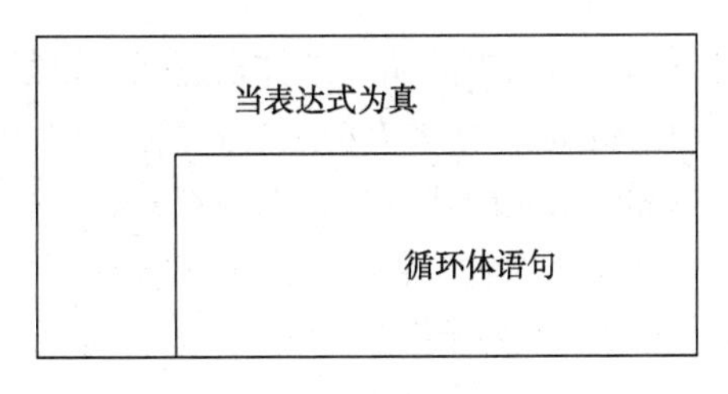

（b）N-S 图描述

图 4-1　while 语句的执行过程

使用 while 语句时，应注意以下几个问题：

① 循环体语句可以是一个空语句、一个语句或一组语句。当循环体是一组语句时，则必须用花括号括起来，组成复合语句。例如，计算 1～100 的累加和 sum 的流程图和 N-S 图描述如图 4-2 所示。

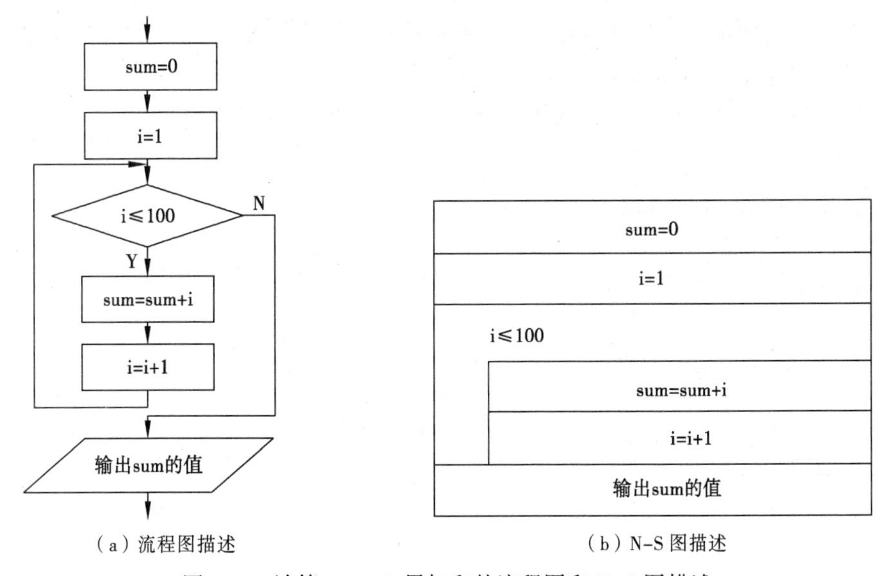

（a）流程图描述　　（b）N-S 图描述

图 4-2　计算 1～100 累加和的流程图和 N-S 图描述

基于图 4-2 所描述的算法编写的程序如下：

```
#include <stdio.h>
void main()
```

```
{  int i,sum;                  /* 定义整型变量 i、sum */
   sum=0;                      /* 将 sum 的初值置为 0 */
   i=1;                        /* 将 i 的初值置为 1 */
   while(i<=100)               /* 若 i≤100 则执行循环体 */
   {  sum=sum+i;               /* 将 i 进行累加 */
      i=i+1;                   /* i 的值加 1 */
   }
   printf("sum=%d\n",sum);     /* 输出 sum 的值 */
}
```

程序运行结果：

```
sum=5050
```

② while 语句中的循环条件表达式可以是任何类型的表达式。

③ 循环体内一定要有使表达式的值变为 0（假）的操作，否则循环将无限进行，即形成死循环。

④ while 语句的特点是“先判断，后执行”，如果循环条件表达式的值一开始就为 0，则循环体语句一次也不执行。例如，对于下面的语句：

```
while(i--)
  printf("%d ",i);
```

如果变量 i 赋值 0 时，则一次也不执行循环体语句；如果变量 i 赋值 4 时，则其运行结果为：

```
3␣2␣1␣0␣
```

【例 4.1】 利用公式 $\frac{\pi}{4}=1-\frac{1}{3}+\frac{1}{5}-\frac{1}{7}+\frac{1}{9}-\cdots$ 求 π 的近似值，直到最后一项的绝对值小于 10^{-4} 为止。

本题仍为求累加和问题，因此，循环体中有 sum=sum+temp 这样的求累加和表达式。temp 为公式中的某一项，其特点是，分母为奇数，且相邻项符号相反，当 $|temp|<10^{-4}$ 时，停止求累加和。π 的近似值 pi 可以表示为 pi=4*sum。

根据上述分析，其算法可以用如图 4-3 所示的流程图和 N-S 图描述。

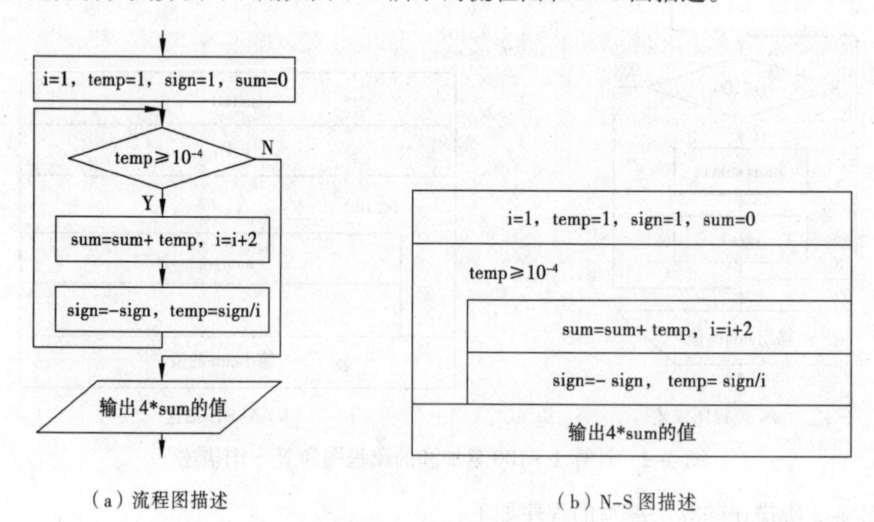

（a）流程图描述　　（b）N-S 图描述

图 4-3　例 4.1 的流程图和 N-S 图描述

基于图 4-3 所描述的算法编写的程序如下：

```
#include <stdio.h>
#include <math.h>
void main()
{  int sign=1;                 /* 定义整型变量 sign 并对其赋初值 */
   float i=1,temp=1,sum=0;     /* 定义单精度实型变量 i、temp、sum 并对其赋初值 */
   while(fabs(temp)>=1e-4)     /* 设置循环条件 */
   {  sum=sum+temp;            /* 计算通项并进行累加 */
      i=i+2;                   /* i 值加 2 得到下一个奇数 */
      sign=-sign;              /* 相邻项符号取反 */
      temp=sign/i;             /* 求公式中的某一项 temp */
   }
   sum=4*sum;
   printf("pi=%8.6f\n",sum); /* 输出 pi 的值 */
}
```

程序运行结果：

```
pi=3.141397
```

通过该例题希望大家掌握正负相间循环问题的处理方法。这里 sign 是每一项的符号，循环体内的语句 sign=-sign，每循环一次改变一次符号。sign 的初值等于 1，循环一次，执行 sign=-sign，sign 变成-1，再循环一次，执行 sign=-sign，sign 又变成 1。这样一正一负可以处理像这样正负相间循环的问题。

【例 4.2】从键盘上连续输入字符，直到按【Enter】键为止，统计输入的字符中数字字符的个数。

算法可以用如图 4-4 所示的流程图和 N-S 图描述。

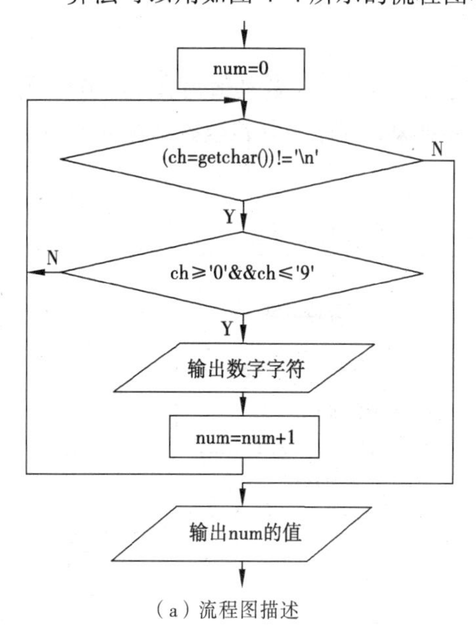

（a）流程图描述

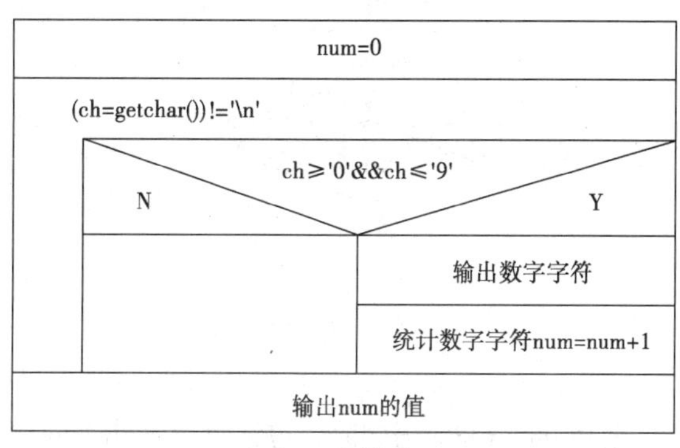

（b）N-S 图描述

图 4-4　例 4.2 的流程图和 N-S 图描述

基于图 4-4 所描述的算法编写的程序如下：

```
#include <stdio.h>
void main()
{  char ch;                                      /* 定义字符型变量 ch */
   int num=0;                                    /* 定义整型变量 num 并赋初值 */
   printf("Press enter to end input <Enter>\n"); /* 输出提示信息 */
   while((ch=getchar())!='\n')                   /* 按回车键时结束 */
   {  if(ch>='0'&&ch<='9')                       /* 只对数字字符的个数进行统计 */
      {  putchar(ch);                            /* 输出数字字符 */
         num=num+1;                              /* 对数字字符的个数进行累加统计 */
      }
   }
   printf("\nnum=%d\n",num);                     /* 输出数字字符的个数 */
}
```

程序运行结果：

```
Press enter to end input <Enter>
5!a66bc7↙
5667
num=4
```

4.3 do...while 循环

do...while 用来实现“直到型”循环，其一般形式为：

```
do
   循环体语句
while(循环条件表达式);
```

执行过程是，先执行循环体语句，然后对循环条件表达式进行计算，若其值为真（非 0），则重复上述过程，直到循环条件表达式的值为假（0）时，循环结束，程序控制转至该结构的下一条语句。其执行过程如图 4-5 所示。

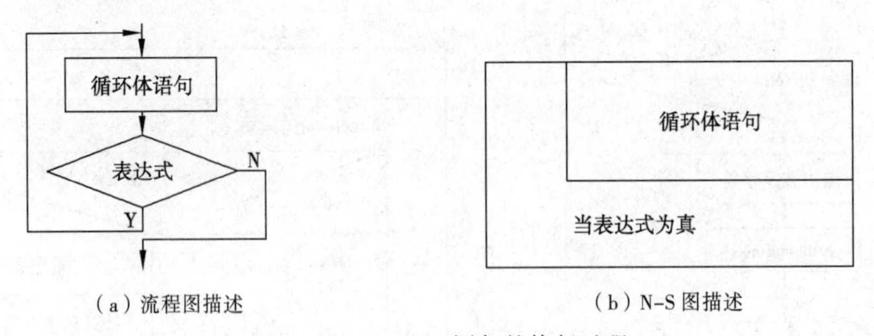

（a）流程图描述　　（b）N-S 图描述

图 4-5　do...while 语句的执行过程

使用 do...while 语句时，应注意以下几个问题：

① 当循环体是一组语句时，则必须用花括号括起来，组成复合语句。

② 循环体内一定要有使表达式的值变为 0（假）的操作，否则循环将无限进行。

③ do...while 循环是先执行，后判断，因此循环体至少被执行一次。

④ do 和 while 都是关键字，配合起来使用，while()后面的“;”不可缺少。

【例 4.3】用 do...while 循环编写计算 sum=1+2+3+⋯+100 的程序。

算法可以用如图 4-6 所示的流程图和 N-S 图描述。

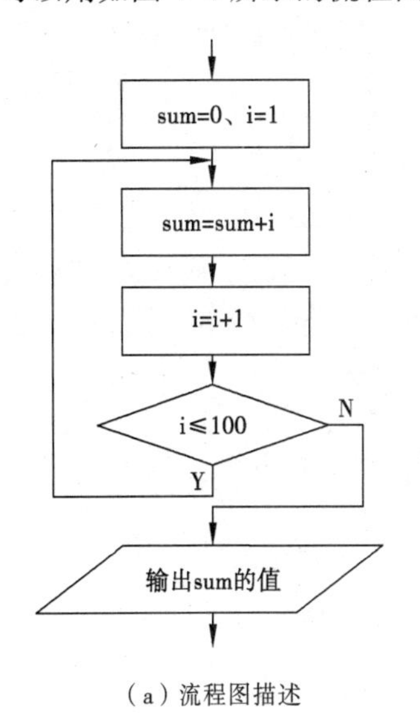

（a）流程图描述

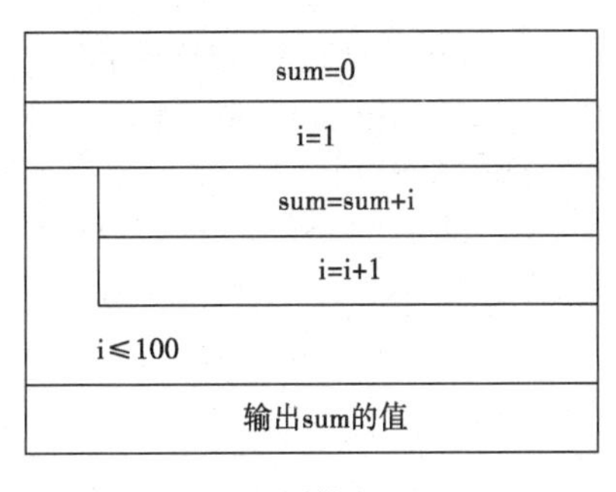

（b）N-S 图描述

图 4-6 例 4.3 的流程图和 N-S 图描述

基于图 4-6 所描述的算法编写的程序如下：

```
#include <stdio.h>
void main()
{  int sum=0,i=1;
   do                          /* 开始执行循环 */
   {  sum=sum+i;               /* 计算累加和 */
      i++;                     /* i 自加 1 */
   }while(i<=100);             /* 如果 i≤100，则循环继续执行 */
   printf("sum=%d\n",sum);     /* 输出累加和 */
}
```

程序运行结果：

```
5050
```

【例 4.4】输入若干名学生的某门课程的成绩，以负数作为结束输入的标志，计算该门课程的平均成绩。

首先输入一个成绩，若输入负数，直接结束；否则使用循环结构计算总成绩 sum=sum+score，同时统计学生人数 num=num+1，最后计算平均成绩 ave=sum/num。

根据上述分析编写的程序如下：

```
#include <stdio.h>
void main()
{  int num=0;                  /* 定义整型变量 num，并对其赋初值 */
```

```
    float score,sum=0,ave;
                      /* 定义单精度实型变量 score、sum、ave，并对 sum 赋初值 */
    printf("input score of student:\n");  /* 输出提示信息 */
    scanf("%f",&score);            /* 从键盘输入 score 的值 */
    if(score<0)                    /* 若输入负数，则输出非成绩信息直接结束 */
        printf("No score\n");
    else
    {  do
       {  sum=sum+score;           /* 对学生的成绩进行累加 */
          num++;                   /* 统计学生数 */
          scanf("%f",&score);      /* 从键盘输入 score 的值 */
       }while(score>=0);           /* 若输入负数，则结束循环 */
       ave=sum/num;                /* 计算平均成绩 */
       printf("average=%6.2f\n",ave); /* 输出平均成绩 */
    }
}
```

程序运行结果：

```
input score of student:
80↙
67↙
-1↙
average=␣73.50
```

4.4　for 循环

C 语言的 for 循环使用最为灵活，功能很强。不仅可以用于计数型循环，而且可以用于条件型循环。完全可以代替 while 和 do...while 循环。for 循环语句的一般形式为：

```
for(表达式 1;表达式 2;表达式 3)
    循环体语句
```

其中，for 是 C 语言的关键字，其后圆括号通常有 3 个表达式。表达式之间用分号隔开，表达式可以是 C 语言中任何合法的表达式。表达式 1 给循环变量赋初值；表达式 2 是循环条件；表达式 3 修改循环变量值。for 后面的语句为循环体。循环体多于一条语句时，要用复合语句表示。

for 循环语句的作用是：首先求解表达式 1 的值，然后求解表达式 2 的值，若表达式的值非 0（真）时，就执行循环体，执行一次循环体后求解表达式 3 的值，再求解表达式 2 的值，若表达式 2 仍不为 0 再执行循环体，再求解表达式 3 的值。如此反复，直到表达式 2 的值为 0 时，整个循环结束。其执行过程如图 4-7 所示。

for 语句最简单的应用形式，也就是最易理解的形式如下：

```
for(循环变量赋初值;循环条件;循环变量增值)
    循环体语句
```

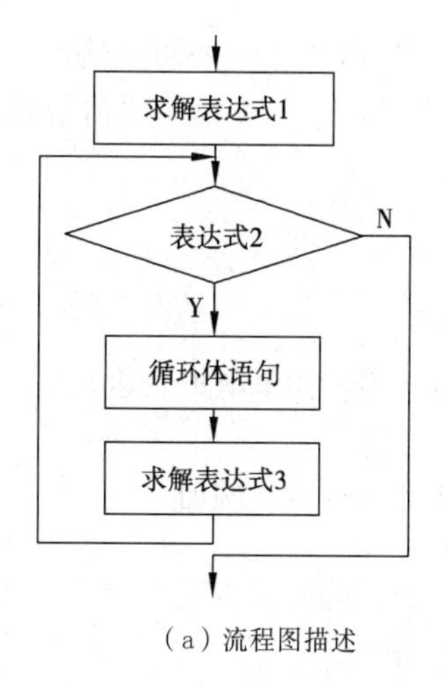

（a）流程图描述

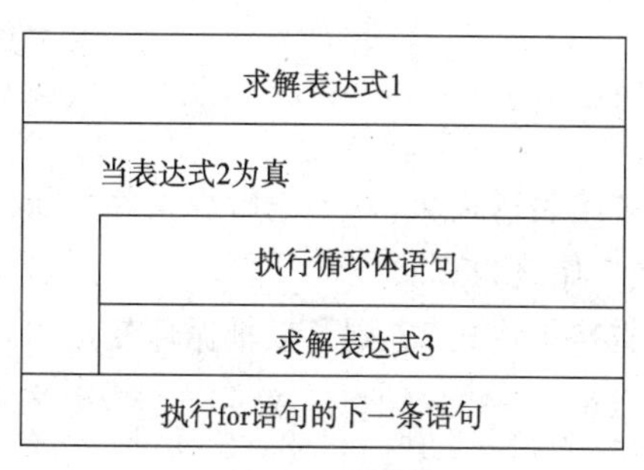

（b）N-S 图描述

图 4-7　for 语句的执行过程

【例 4.5】用 for 循环编写计算 sum=1+2+3+…+100 的程序。

算法可以用如图 4-8 所示的流程图和 N-S 图描述。

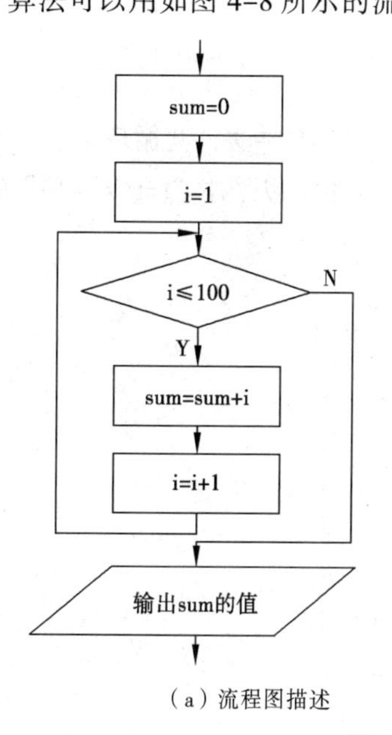

（a）流程图描述

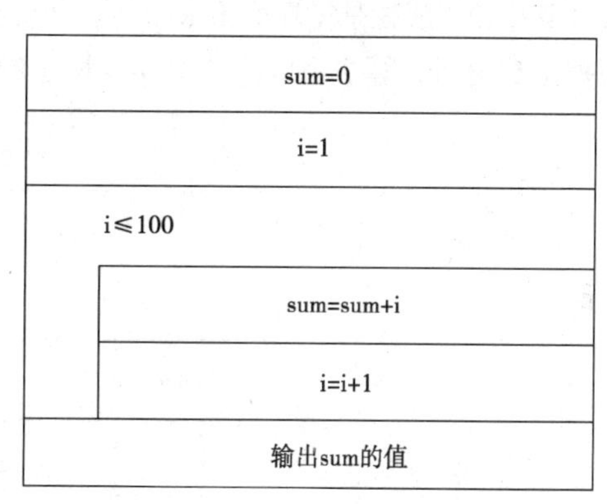

（b）N-S 图描述

图 4-8　例 4.5 的流程图和 N-S 图描述

基于图 4-8 所描述的算法编写的程序如下：

```
#include <stdio.h>
void main()
{  int sum=0,i;                      /* 定义整型变量 sum、i 并对 sum 赋初值 */
   for(i=1;i<=100;i++)
      sum=sum+i;                     /* 通过 for 循环对 i 进行累加 */
   printf("sum=%d\n",sum);           /* 输出累加和 */
}
```

使用 for 循环时，for 语句中的表达式可以部分或全部省略，但两个“;”不可省略。

① 省略表达式 1，这时没有了给循环变量赋初值的操作，则应该在 for 语句之前给循环变量赋初值。例如：

```
i=1;                          /* 对循环变量 i 赋初值 */
for( ;i<=100;i++)             /* 省略了表达式 1 */
   sum=sum+i;
```

② 省略表达式 2，相当于缺少条件判断，循环将无限进行，因此如果缺少表达式 2，可以认为表达式 2 始终为真。

③ 省略表达式 3，则可以把循环变量的修改部分放到循环体中进行。例如：

```
for(i=1;i<=100; )             /* 省略了表达式 3 */
{  sum=sum+i;
   i++;                       /* 在循环体内改变循环变量 i 的值 */
}
```

④ 省略表达式 1 和表达式 3，相当于在循环中只有表达式 2，即只给出循环结束的条件。这时可以采用上述①和③中的方法，保证循环正常结束。

⑤ 3 个表达式全部省略，则 for(; ;)相当于 while(1)。

【例 4.6】 用 for 循环编写计算 $n!$ 的程序。

由于 $n!=1\times2\times3\times\cdots\times n$ 是个连乘的重复过程，每次循环完成一次乘法，共循环 n 次。在前面计算累加和采用了“sum=sum+第 i 项”的循环算式，类似对于连乘可以采用“t=t*第 i 项”的循环算式，其中第 i 项就是循环变量 i。

根据上述分析，算法可以用如图 4-9 所示的 N-S 图描述。

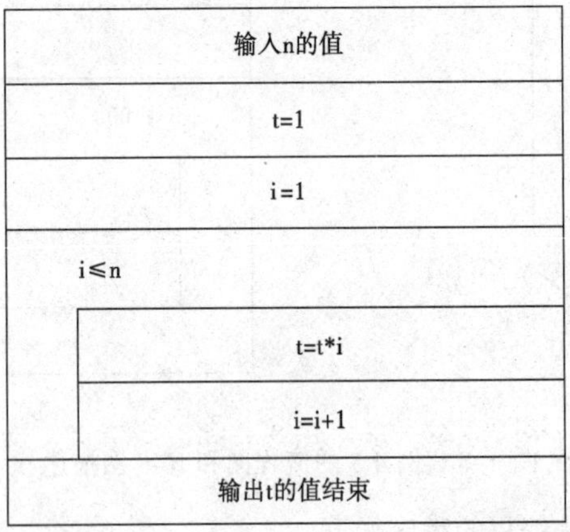

输入n的值
t=1
i=1
i≤n
t=t*i
i=i+1
输出t的值结束

图 4-9　例 4.6 的 N-S 图描述

基于图 4-9 所描述的算法编写的程序如下：

```
#include <stdio.h>
void main()
{  int n,i,t=1;                      /* 定义整型变量 i、t，并对阶乘 t 赋初值 1 */
   printf("input n:");               /* 输出提示信息 */
   scanf("%d",&n);                   /* 从键盘输入 n 的值 */
   for(i=1;i<=n;i++)
```

```
        t=t*i;                       /* 循环重复n次,计算n! */
      printf("t=%d\n",t);            /* 输出n的阶乘 */
   }
```

程序运行结果：

```
input n:5↙
t=120
```

【例 4.7】编写一个程序，输入 10 个学生的成绩，输出最高成绩和最低成绩。

算法可以用如图 4-10 所示的 N-S 图描述。

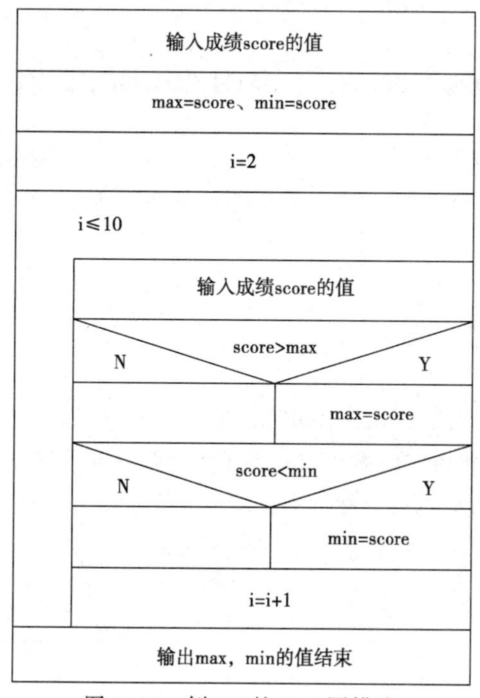

图 4-10　例 4.7 的 N-S 图描述

基于图 4-10 所描述的算法编写的程序如下：

```
#include <stdio.h>
void main()
{  int i;                         /* 定义整型变量i */
   float score,max,min;           /* 定义单精度实型变量score、max、min */
   printf("input 10 score:\n");   /* 输出提示信息 */
   scanf("%f",&score);            /* 从键盘输入成绩 */
   max=score;                     /* 将输入的第一个学生的成绩赋给max */
   min=score;                     /* 将输入的第一个学生的成绩赋给min */
   for(i=2;i<=10;i++)
   {  scanf("%f",&score);          /* 通过for循环输入其他学生的成绩 */
      if(score>max)       /* 如果输入的成绩大于max，则将输入的成绩值赋给max */
         max=score;
      if(score<min)       /* 如果输入的成绩小于min，则将输入的成绩值赋给min */
```

```
        min=score;
    }
    printf("\nmax=%6.2f  min=%6.2f\n",max,min);
                                        /* 输出最高成绩和最低成绩 */

}
```

程序运行结果：

```
input 10 score:
75  89  66  48  98  100  79  85  90  68↙
max=100.00  min=␣48.00
```

4.5 break 语句和 continue 语句

为了使循环控制更加灵活，C 语言允许在特定条件成立时，使用 break 语句强行结束循环，或使用 continue 语句跳过循环体其余语句，转向循环条件的判定语句。

4.5.1 break 语句

break 语句的一般形式为：

```
break;
```

break 语句有两个作用：用于 switch 语句时，退出 switch 语句，程序转至 switch 语句下面的语句；用于循环语句时，退出包含它的循环体，程序转至循环体下面的语句。

【例 4.8】找出在 n～100 以内的自然数中，能被 9 整除的第一个数。

算法可以用如图 4-11 所示的流程图和 N-S 图描述。

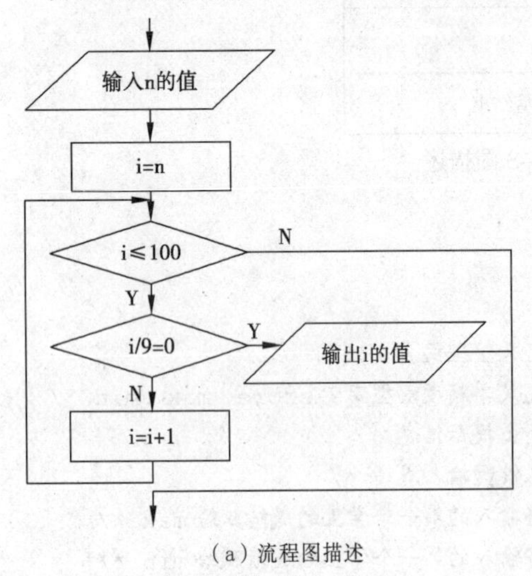

（a）流程图描述

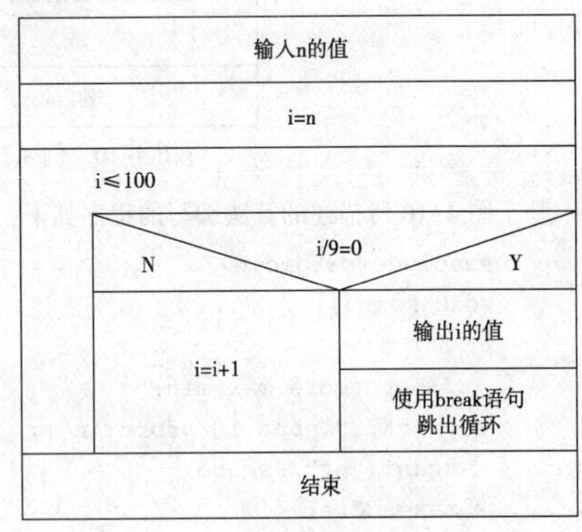

（b）N-S 图描述

图 4-11　例 4.8 的流程图和 N-S 图描述

基于图 4-11 所描述的算法编写的程序如下：

```
#include <stdio.h>
void main()
{  int i,n;                                       /* 定义整型变量 i、n */
```

```
    printf("input n:");                    /* 输出提示信息 */
    scanf("%d",&n);                        /* 从键盘输入 n 的值 */
    for(i=n;i<=100;i++)
    {  if(i%9==0)                          /* 判别 i 能否被 9 整除 */
       {  printf("the first number is %d.\n",i);
                                           /* i 能被 9 整除，则输出 i 的值 */
          break;                           /* 提前退出循环 */
       }
    }
}
```

程序运行结果：

```
input n:1↙
the first number is 9.
input n:65↙
the first number is 72.
```

4.5.2　continue 语句

continue 语句的一般形式为：

```
continue;
```

continue 语句作用是：结束本次循环，跳过循环体中尚未执行的语句，接着进行下一次是否执行循环的判断。在 while 和 do...while 语句中，continue 语句把程序控制转到 while 后面的表达式处，在 for 语句中，continue 语句把程序控制转到表达式 3 处。

【例 4.9】找出在 n～100 以内的自然数中，能被 9 整除的所有数。

算法可以用如图 4-12 所示的 N-S 图描述。

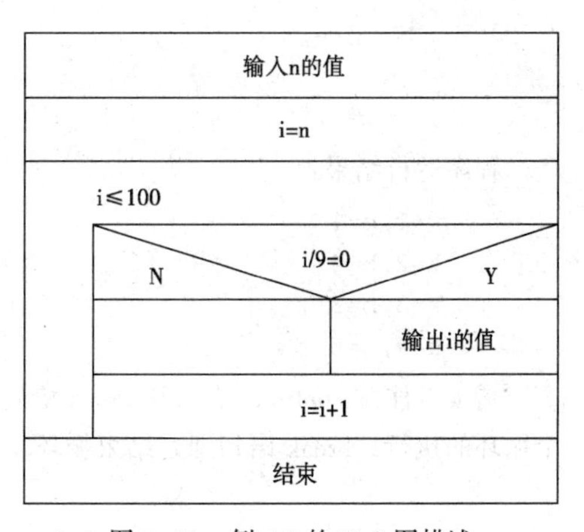

图 4-12　例 4.9 的 N-S 图描述

基于图 4-12 所描述的算法编写的程序如下：

```
#include <stdio.h>
void main()
{  int i,n;                            /* 定义整型变量 i、n */
   printf("input n:");                 /* 输出提示信息 */
   scanf("%d",&n);                     /* 从键盘输入 n 的值 */
   printf("the number is:");
   for(i=n;i<=100;i++)
   {  if(i%9==0)                       /* 判别 i 能否被 9 整除 */
      {  printf("%4d",i);              /* i 能被 9 整除，则输出 i 的值 */
         continue;                     /* 结束本次循环，转至 i++处 */
      }
   }
}
```

程序运行结果：

```
input n:1↙
the number is:␣␣␣9␣␣18␣␣27␣␣36␣␣45␣␣54␣␣63␣␣72␣␣81␣␣90
␣␣99
input n:65↙
the number is:␣␣72␣␣81␣␣90␣␣99
```

【例 4.10】分析下面程序的执行结果。

```
#include <stdio.h>
void main()
{  int k,b=1;
   for(k=1;k<100;k++)
   {  printf("k=%d, b=%d\n",k,b);      /* 输出 k、b 的值 */
      if(b>5)                          /* 若 b>5，则结束整个循环 */
         break;
      if(b%2==1)                       /* 若 b/2 余 1，则 b=b+3 并结束本次循环 */
      {  b+=3;
         continue;                     /* 转至 k++处 */
      }
      b--;
   }
}
```

程序运行结果：

```
k=1,b=1
k=2,b=4
k=3,b=3
k=4,b=6
```

请读者注意 continue 语句和 break 语句的区别：continue 语句只结束本次循环，而不是终止整个循环的执行；break 语句则是结束循环，不再进行条件判断。

4.6 多 重 循 环

一个循环体内又包含另一个完整的循环结构，称为循环的嵌套。while、do…while 和 for 这 3 种循环语句可以互相嵌套，内嵌的循环体内还可以嵌套循环，这就是多重循环。

【例 4.11】以下面的形式输出九九乘法表。

```
1×1= 1
2×1= 2  2×2= 4
3×1= 3  3×2= 6  3×3= 9
4×1= 4  4×2= 8  4×3=12  4×4=16
5×1= 5  5×2=10  5×3=15  5×4=20  5×5=25
6×1= 6  6×2=12  6×3=18  6×4=24  6×5=30  6×6=36
7×1= 7  7×2=14  7×3=21  7×4=28  7×5=35  7×6=42  7×7=49
8×1= 8  8×2=16  8×3=24  8×4=32  8×5=40  8×6=48  8×7=56  8×8=64
9×1= 9  9×2=18  9×3=27  9×4=36  9×5=45  9×6=54  9×7=63  9×8=72  9×9=81
```

分析：求积可以用两层 for 循环结构实现：

```
for(i=1;i<=9;i++)        /* i 表示被乘数 */
  for(j=1;j<=i;j++)      /* j 表示乘数 */
    t=i*j;
```

第一个 for 语句，称为外循环，i 表示被乘数。第二个 for 语句，称为内循环，j 表示乘数。嵌套重复循环结构总是先完整地执行内循环一次，外循环再执行一次。例如：

在外循环 i=1 时，内循环 j 从 1 变化到 1，执行 1 次，求出第一行的积：

```
1×1=1
```

执行内循环 1 次后，i 增加 1。在外循环 i=2 时，内循环 j 从 1 变化到 2，执行 2 次，求出第二行的积：

```
2×1=2   2×2=4
```

执行内循环 2 次后，i 增加 1。在外循环 i=3 时，内循环 j 从 1 变化到 3，执行 3 次，求出第三行的积：

```
3×1=3   3×2=6   3×3=9
```

外循环如此重复 9 次，就可算出 9 行数据。

根据上述分析，算法可以用如图 4-13 所示的流程图和 N-S 图描述。

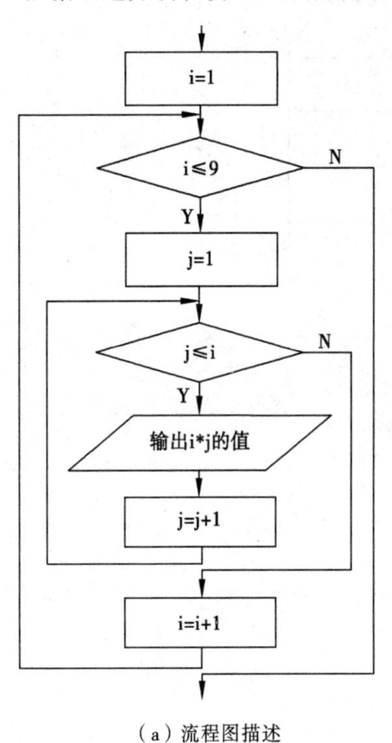

（a）流程图描述

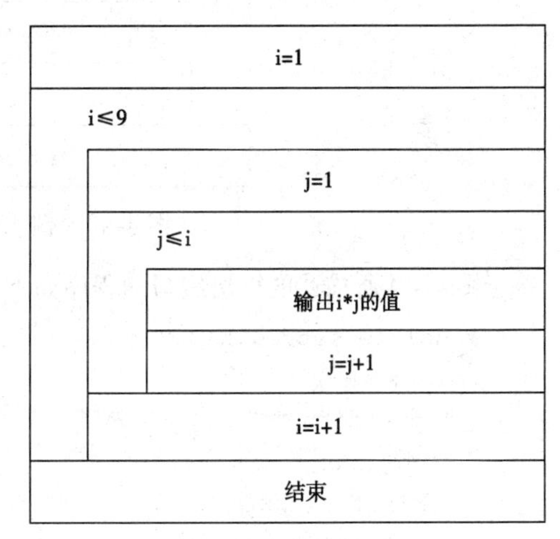

（b）N-S 图描述

图 4-13　例 4.11 的流程图和 N-S 图描述

基于图 4-13 所描述的算法编写的程序如下：

```
#include <stdio.h>
void main()
{  int i,j,t;                          /* 定义整型变量 i,j,t */
```

```
    for(i=1;i<=9;i++)                        /* 外循环用于控制行数 */
    {  for(j=1;j<=i;j++)                     /* 内循环用于控制列数 */
       {  t=i*j;                             /* 计算 i*j，并赋值给变量 t */
          printf("%3d*%d=%2d",i,j,t);        /* 输出 t，即 i*j 的值 */
       }
       printf("\n");                         /* 输出 1 行后换行 */
    }
}
```

【例 4.12】用嵌套循环计算 1!+2!+3!+…+*n*!的值

算法可以用如图 4-14 所示的 N-S 图描述。

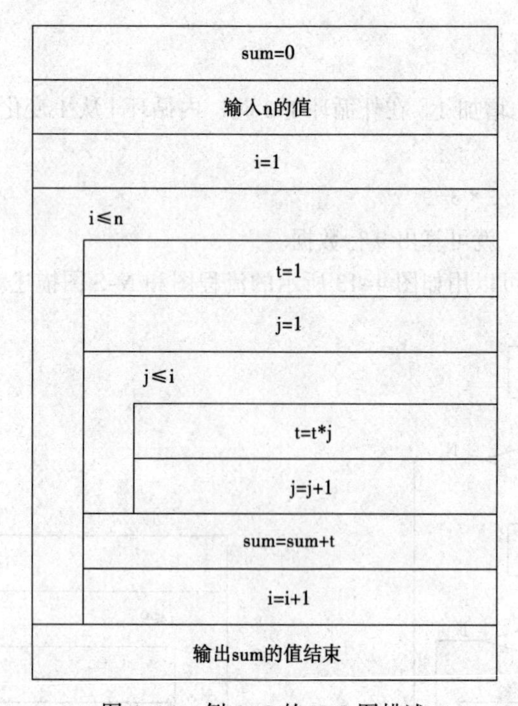

图 4-14　例 4.12 的 N-S 图描述

基于图 4-14 所描述的算法编写的程序如下：

```
#include <stdio.h>
void main()
{  int i,j,n;
   long int t,sum=0;
   printf("input n:");
   scanf("%d",&n);
   for(i=1;i<=n;i++)           /* 外层循环重复 n 次，求累加和 */
   {  t=1;                     /* 置 t 的初值为 1,以保证每次求阶乘都从 1 开始连乘 */
      for(j=1;j<=i;j++)        /* 内层循环重复 i 次，计算 t=i! */
         t=t*j;
      sum=sum+t;               /* 把 i!累加到 sum 中 */
   }
```

```
    printf("sum=%ld\n",sum);
}
```

程序运行结果：

```
input n:4↙
sum=33
```

在程序中，在求累加和的 for 循环体语句中，每次计算 *n*!之前，都重新设置 t 的初值为 1，以保证每次计算阶乘，都从 1 开始连乘。

【例 4.13】输出一个任意行的等腰三角形图形。

把三角形顶点放在屏幕第 40 列的位置，每行的输出开始位置比上一行提前一列，每行输出星号的个数是行数的 2 倍减去 1。输入 n 的值来确定所需要的行数。程序的外循环控制输出的行数，内循环是两个并列的循环，前面一个循环输出每行前面的空格，后面一个循环输出该行的星号，星号输出结束后换行，接着输出下一行。

根据上述分析编写的程序如下：

```
#include <stdio.h>
void main()
{  int n,j,k;                    /* 定义整型变量n、j、k */
   printf("input n=");           /* 输出提示信息 */
   scanf("%d",&n);               /* 从键盘上输入等腰三角形所占的行数 */
   for(k=1;k<=n;k++)             /* 此循环用于控制行数 */
   {  for(j=1;j<40-k;j++)        /* 此循环用于控制星号前的空格 */
          printf(" ");
      for(j=1;j<=2*k-1;j++)      /* 此循环用于控制一行内打印星号的个数 */
          printf("*");
      printf("\n");              /* 输出一行后换行 */
   }
}
```

程序运行结果：

```
input n=4↙
                                       *
                                      ***
                                     *****
                                    *******
```

编写循环程序时要注意：内外循环必须层次分明，内循环必须完整地嵌套在外循环的里面，可以几个循环嵌套、并列，但不允许交叉。

4.7　程 序 举 例

【例 4.14】编写程序求斐波那契（Fibonacci）数列的前 20 项，要求每行输出 5 个斐波那契数。

斐波那契数列源自一个有趣的问题：一对小兔（雌雄各一），一个月后长成中兔，第 3 个月长成大兔，长成大兔以后每个月生一对小兔。问第 20 个月有多少对兔子？

斐波那契数列的规律是：每个数等于前两个数之和。其可以用数学上的递推公式来表示：

$$f_n = \begin{cases} 1 & (n=1) \\ 1 & (n=2) \\ f_{n-1} + f_{n-2} & (n>2) \end{cases}$$

根据上述分析，算法可以用如图 4-15 所示的 N-S 图描述。

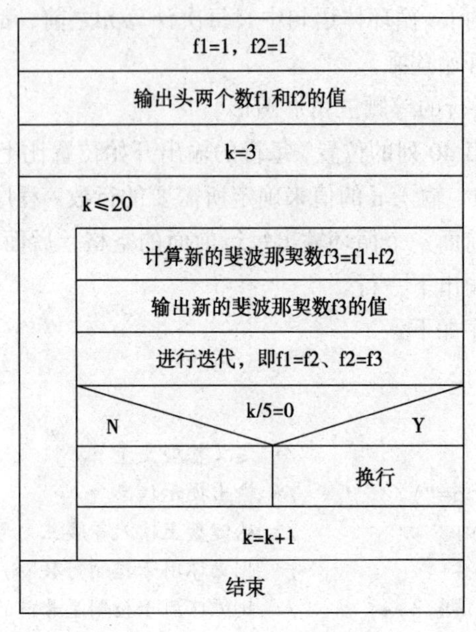

图 4-15　例 4.14 的 N-S 图描述

基于图 4-15 所描述的算法编写的程序如下：

```
#include <stdio.h>
void main()
{  long f1,f2,f3;
   int k;
   f1=1,f2=1;                      /* 斐波那契数列的头两个数 */
   printf("%10ld%10ld",f1,f2);     /* 输出斐波那契数列的头两个数 */
   for(k=3;k<=20;k++)              /* 循环 18 次求斐波那契数列的后 18 项 */
   {  f3=f1+f2;                    /* 新的斐波那契数的一个数等于前两个数之和 */
      printf("%10ld",f3);
      f1=f2;                       /* 迭代，用新的数覆盖旧的数 */
      f2=f3;
      if(k%5==0)
         printf("\n");             /* 每输出 5 个斐波那契数换行 */
   }
}
```

程序运行结果：

```
         1         1         2         3         5
         8        13        21        34        55
        89       144       233       377       610
       987      1597      2584      4181      6765
```

【例 4.15】利用下面级数求正弦函数的值（要求算到最后一项的绝对值小于 10^{-6} 为止）。

$$\sin x = x - \frac{x^3}{3!} + \frac{x^5}{5!} - \frac{x^7}{7!} + \frac{x^9}{9!} - \cdots$$

这是一个多项式累加和，每一项的符号和分子、分母都是有规律性地变化：符号依次做正负变化；分子是 x 的奇数次幂；分母则是从 1 开始的奇数阶乘。可以用循环结构实现，当循环计算到某一项 $|temp| \leqslant 10^{-6}$ 时循环结束，输出 $\sin x$ 的值。

根据上述分析，算法可以用如图 4-16 所示的 N-S 图描述。

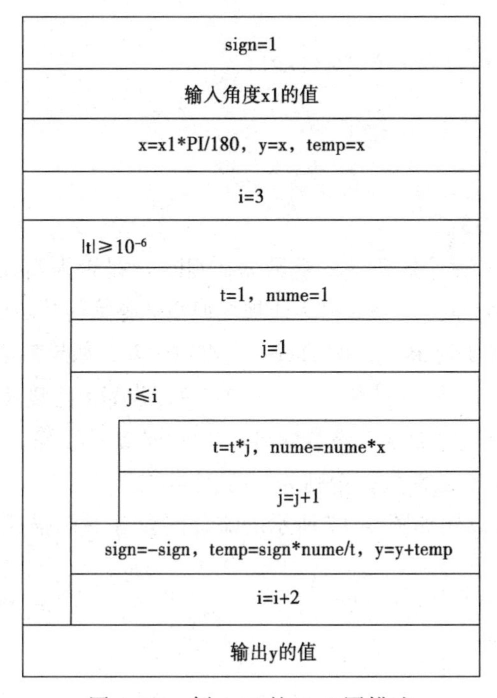

图 4-16　例 4.15 的 N-S 图描述

基于图 4-16 所描述的算法编写的程序如下：

```
#include <stdio.h>
#include <math.h>
#define PI 3.14159
void main()
{  float x,x1,y;
   float t,temp,nume;
   int i,j,sign=1;
   printf("input x=");              /* 输出提示信息 */
   scanf("%f",&x1);                 /* 从键盘输入角度 x1 的值 */
   x=x1*PI/180;                     /* 将角度 x1 换算成弧度 */
   y=x;                             /* 把级数的第一项 x 作为累加和的初值 */
   temp=x;                          /* 将 x 赋值给 temp */
   for(i=3;fabs(temp)>=1e-6;i+=2)
                      /* 若当前项|temp|≤10^-6，则执行 for 循环 */
```

```
    {  t=1;  nume=1;
       for(j=1;j<=i;j++)
       {  t=t*j;                        /* 通过 for 循环计算当前项的阶乘 t  */
          nume=nume*x;                  /* 通过 for 循环计算当前项的分子 nume  */
       }
       sign=-sign;                      /* 将 sign 值的符号取反 */
       temp=sign*nume/t;                /* 计算新的当前项值 temp  */
       y=y+temp;                        /* 对 temp 进行累加 */
    }
    printf("sin(%.2f)=%f\n",x1,y);
  }
```

程序运行结果：

```
input x=2↙
sin(2.0)=0.034899
```

【例 4.16】从键盘上输入一个大于 2 的整数 m，判断 m 是否为素数。

所谓素数是指除了 1 和它本身以外，再不能被任何整数整除的数。根据这一定义，判断一个整数 m 是否素数，只需把 m 被 2 到 m-1 之间的每一个整数去除，如果都不能被整除，则 m 就是一个素数。例如判断 19 是否素数，将 19 被 2，3，···，18 除，若都不能整除 19，则 19 就是一个素数。

实际上，除数只要为 2～$\sqrt{m}$ 的全部整数即可。让 m 被 2～$\sqrt{m}$ 除，如果 m 能被 2～$\sqrt{m}$ 之中任何一个整数整除，则说明 m 不是素数，否则 m 一定是素数。

根据上述分析，算法可以用如图 4-17 所示的流程图和 N-S 图描述。

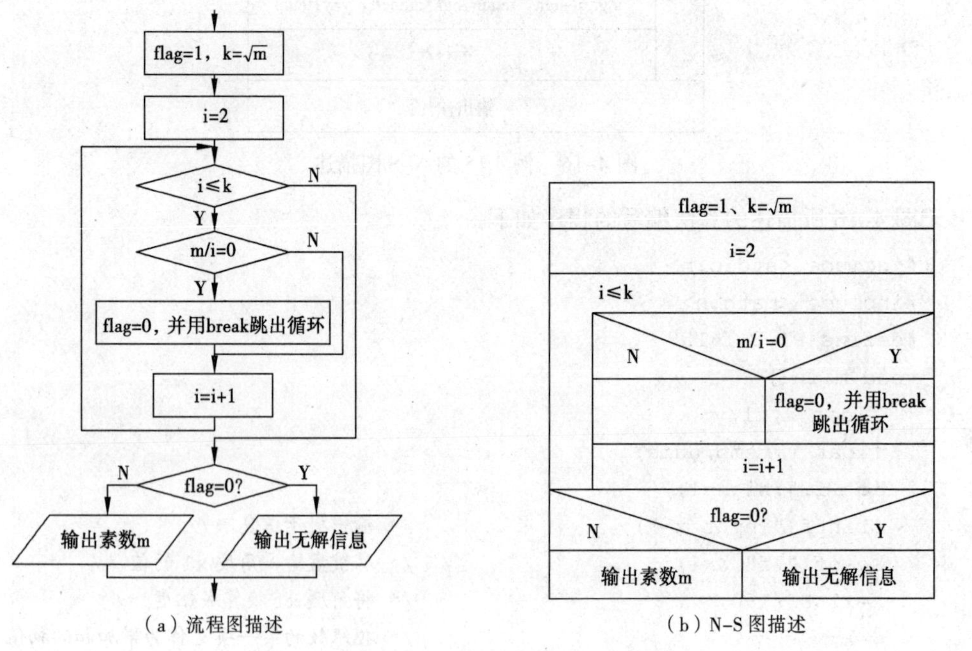

图 4-17　例 4.16 的流程图和 N-S 图描述

基于图 4-17 所描述的算法编写的程序如下：

```
#include <stdio.h>
#include <math.h>
void main()
{  int m,i,k,flag;
   flag=1;                        /* 将素数标志 flag 设置为 1 */
   do
   {  printf("input a integer:"); /* 输出提示信息 */
      scanf("%ld",&m);            /* 从键盘输入变量 m 的值 */
   }while(m<=2);                  /* 若 m<=2，则结束 do…while 循环 */
   k=(int)sqrt(m);                /* 将 sqrt(m)取整后赋值给变量 k */
   for(i=2;i<=k;i++)
     if(m%i==0)          /* 若 m 不是素数，则将素数标志 flag 置为 0 并结束循环 */
     {  flag=0;
        break;
     }
   if(flag)              /* 若素数标志 flag=1，则输出该数是素数 */
      printf("%d is a prime mumber.\n",m);
   else                  /* 若素数标志 flag=0，则输出该数不是素数 */
      printf("%d is not a prime mumber.\n",m);
}
```

程序运行结果：

```
input a integer:35↙
35 is not a prime mumber.
input a integer:19↙
19 is a prime mumber.
```

【例 4.17】 把一元钱换成 5 分、2 分、1 分的零钱，统计共有多少种换法。

用 a、b、c 分别表示换的 5 分、2 分、1 分的张数，则 a、b、c 的值应该满足 5×a+2×b+c=100。根据上述分析，算法可以用如图 4-18 所示的 N-S 图描述。

基于图 4-18 所描述的算法编写的程序如下：

```
#include <stdio.h>
void main()
{  int a,b,c,cnt=0;
   for(a=0;a<=20;a++)                 /* 本循环表示 5 分的有多少种换法 */
     for(b=0;b<=50;b++)               /* 本循环表示 2 分的有多少种换法 */
       for(c=0;c<=100;c++)            /* 本循环表示 1 分的有多少种换法 */
         if(5*a+2*b+c==100)
            cnt++;                    /* 经过三重循环后，统计出有多少种换法 */
   printf("count=%d\n",cnt);          /* 输出结果 */
}
```

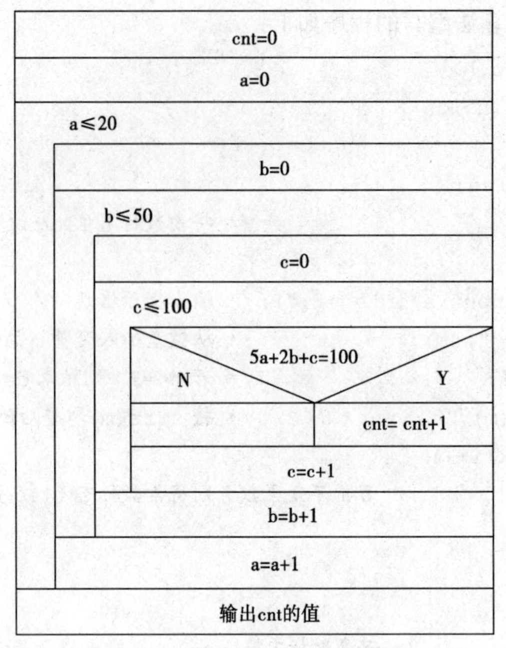

图 4-18　例 4.17 的 N-S 图描述

程序运行结果：

```
count=541
```

【例 4.18】计算用户输入的两个正整数之间的所有整数中 0,1,2,…,9 数码的个数。例如，101～104 之间总共包含 4 个整数 101、102、103、104，其中 0 的个数为 4，1 的个数为 5，2、3、4 的个数为 1，其余数码没有出现都为 0。

要计算某整数中包含的各个数码的个数，必须对该整数进行分解，求得所包含的各个数码，其方法可以通过每次除以 10 取余数得到，然后再对商进行同样的处理，直到商为 0 时为止。对所得到的数码进行计数，可采用 switch 语句实现。

根据上述分析编写的程序如下：

```
#include <stdio.h>
void main()
{  int num1,num2,n,s,r;
   int cnt0=0,cnt1=0,cnt2=0,cnt3=0,cnt4=0;
   int cnt5=0,cnt6=0,cnt7=0,cnt8=0,cnt9=0;
   do                              /* 循环用于从键盘上输入两个正整数 */
   {  printf("input two integer:");
      scanf("%d %d",&num1,&num2);
   }while(num1<0||num2<0||num1>num2);
                                   /* 若 num1<0 或 num2<0 或 num1>num2，则退出循环*/
   for(n=num1;n<=num2;n++)         /* 循环用于控制整数在 num1～num2 之间 */
   {  s=n;
      do
      {  r=s%10;                   /* s 对 10 取余数后赋值给 r */
```

```
            switch(r)             /* 用 r 匹配 case 后的语句 */
            {  case 0: cnt0++; break;
               case 1: cnt1++; break;
               case 2: cnt2++; break;
               case 3: cnt3++; break;
               case 4: cnt4++; break;
               case 5: cnt5++; break;
               case 6: cnt6++; break;
               case 7: cnt7++; break;
               case 8: cnt8++; break;
               case 9: cnt9++; break;
            }
            s=s/10;               /* s 对 10 整除后赋值给 s */
         }while(s!=0);            /* 若 s=0，则结束循环 */
      }
      printf("0 :=%5d  1 :=%5d  2 :=%5d  3 :=%5d  4 :=%5d\n",cnt0,
       cnt1,cnt2,cnt3,cnt4);
      printf("5 :=%5d  6 :=%5d  7 :=%5d  8 :=%5d  9 :=%5d\n",cnt5,
       cnt6,cnt7,cnt8,cnt9);
   }
```

程序运行结果：

```
input two integer:101 104
0 :=    4  1 :=    5  2 :=    1  3 :=    1  4 :=    1
5 :=    0  6 :=    0  7 :=    0  8 :=    0  9 :=    0
```

4.8　3 种循环语句的比较

C 语言提供的 while、do...while 以及 for 这 3 种循环结构各有其特点，应根据不同的情况选择不同的循环，以便更好地实现程序的功能。现对 3 种循环结构加以比较如下：

① 3 种循环都可以用来处理同一个重复的问题，一般情况下可以互相代替。

② while 和 do...while 循环，都在 while 后面指定循环条件，在循环体中还应包含修改循环条件，使循环趋于结束的语句（如 i++，j--）。而 for 循环可以在表达式 3 中包含使循环趋于结束的操作，甚至可以将循环体中的操作全部放到表达式 3 中。因此，for 循环的功能更强，凡用 while 循环能完成的，用 for 循环都能实现。

③ 在 while 和 do...while 循环中，循环变量赋初值的操作要放在循环语句之前。而 for 循环可以在表达式 1 中实现循环变量赋初值，也可以省略表达式 1，在循环语句之前完成。

④ 3 种循环都可以用 break 语句结束循环，用 continue 语句开始下一次循环。

⑤ 3 种循环之间的不同之处是 while、for 循环是先判断表达式的值，后执行循环体语句，而 do...while 循环则是先执行一次循环体语句，后判断表达式的值。

本章小结

C语言提供了重复操作的while、do…while以及for这3种循环语句，这3种语句一般情况下可以互相代替。要重点掌握这3种循环语句的一般形式，了解它们开始和终止的条件，尤其要注意while语句和do…while语句的异同。注意多重循环时循环的嵌套，内外循环必须层次分明。注意break和continue语句的区别。

习　题

一、单选题

1. 语句while (!y)中的!y等价于（　　）。

A. y==0　　B. y!=0　　C. y!=1　　D. y==1

2. 以下程序段正确的执行结果是last=（　　）。

```
int k=0;
while(k++<=2)
  ;
printf("last=%d\n",k);
```

A. 2　　B. 3　　C. 4　　D. 无结果

3. 下面程序的输出结果是（　　）。

```
#include <stdio.h>
void main()
{  int n=0;
   while(n++<=1)
      printf("%d\t",n);
   printf("%d\n",n);
}
```

A. 1 2 3　　B. 0 1 2　　C. 1 1 2　　D. 1 2 2

4. 执行下面的程序后，a的值为（　　）。

```
#include <stdio.h>
void main()
{  int a,b;
   for(a=1,b=1;a<=100;a++)
   {  if(b>=20)
        break;
      if(b%3==1)
      {  b+=3;
         continue;
      }
      b-=5;
   }
```

```
    printf("%d",a);
  }
```

A. 7　　B. 8　　C. 9　　D. 10

5. 下面程序的输出结果是（　　）。

```
#include <stdio.h>
void main()
{  int m=5,n=3,k=1;
   do
   {  if(k%m==0)
        if(k%n==0)
        {  printf("%d\n",k);
           break;
        }
      k++;
   }while(k!=0);
}
```

A. 5　　B. 3　　C. 30　　D. 15

6. 下面程序的输出结果是（　　）。

```
#include <stdio.h>
void main()
{  int k,s=0;
   for(k=7;k>0;k--)
   {  switch(k)
      {  case 1:
         case 4:
         case 7: s+=1; break;
         case 2:
         case 3:
         case 6: break;
         case 0:
         case 5: s+=2; break;
      }
   }
   printf("s=%d\n",s);
}
```

A. s=7　　B. s=5　　C. s=6　　D. s=8

7. 下面程序的输出结果是（　　）。

```
#include <stdio.h>
void main()
{  int i,j=4;
   for(i=j;i<=2*j;i++)
```

```
        switch(i/j)
        {  case 0:
           case 1: printf("*"); break;
           case 2: printf("#");
        }
    }
```

A. ####*　　B. *####　　C. #*#*#*#　　D. ****#

8. 下面程序的输出结果是（　　）。

```
#include <stdio.h>
void main()
{  int i,j,a=0;
   for(i=0;i<2;i++)
   {  for(j=0;j<4;j++)
      {  if(j%2)
            break;
         a++;
      }
      a++;
   }
   printf("%d\n",a);
}
```

A. 4　　B. 5　　C. 6　　D. 7

9. 下面程序的输出结果是（　　）。

```
#include <stdio.h>
void main()
{  int n=10;
   while(n>7)
   {  n--;
      printf("%d,",n);
   }
}
```

A. 9,8,7,　　B. 10,9,8,　　C. 10,9,7,　　D. 9,8,7,6,

二、填空题

1. break 语句只能用于________语句和________语句中。
2. continue 语句的作用是________，即跳过循环体中下面尚未执行的语句，接着进行下一次是否执行循环的判定。
3. 下面程序的输出结果是________。

```
#include <stdio.h>
void main()
{  int n=0;
```

```
    while(n++<=1);
    printf("%d,",n);
    printf("%d\n",n);
}
```

4. 下面程序的输出结果是________。

```
#include <stdio.h>
void main()
{  int m=7,n=5,j=1;
   do
   {  if(j%m==0)
         if(j%n==0)
         {  printf("%d\n",n);
            break;
         }
      j++;
   }while(1);
}
```

5. 下面程序的输出结果是________。

```
#include <stdio.h>
void main()
{  int j;
   for(j=1;j<=5;j++)
   {  if(j%2==0)
         putchar('<');
      else
         continue;
      putchar('>');
   }
   putchar('#');
   printf("\n");
}
```

6. 下面程序的输出结果是________。

```
#include <stdio.h>
void main()
{  int a,b;
   for(a=1,b=1;a<100;a++)
   {  if(b>=20)
         break;
      if(b%3==1)
      {  b+=3;
         continue;
      }
```

```
        b-=5;
    }
    printf("b=%d\n",b);
}
```

7. 下面程序的输出结果是________。

```
#include <stdio.h>
void main()
{  int i=20,n=0;
   do
   {  n++;
      switch(i%4)
      {  case 0: i=i-7;break;
         case 1:
         case 2:
         case 3: i++;break;
      }
   }while(i>=0);
   printf("n=%d\n",n);
}
```

8. 若 k 为整型变量，则下面 while 循环执行的次数是________。

```
int k=10;
while(k==0) k=k-1;
```

三、编程题

1. 计算 1～100 之间的所有奇数之和以及所有偶数之和。
2. 每个苹果 0.8 元，第一天买 2 个苹果，从第二天开始，每天买前一天的 2 倍，直至购买的苹果个数为不超过 100 的最大值的那天为止。编写程序求每天平均花多少钱。
3. 求满足 $1^2+2^2+3^2+\cdots+n^2<10\,000$ 的 n 的最大值。
4. 编写程序，计算 $s=1+(1+2!)+(1+2!+3!)+\cdots+(1+2!+3!+\cdots+n!)$。
5. 编写程序，利用公式 $e=1+\frac{1}{1!}+\frac{1}{2!}+\frac{1}{3!}+\cdots+\frac{1}{n!}$，求出 e 的近似值，其中 n 由用户输入。

第 5 章 数　组

在前面章节中所用到的数据类型都是简单类型，每个变量只能取一个值。然而，在处理实际问题时，经常需要处理大量成批的数据，并且这些数据具有相同的类型。针对这样的问题，引进了数组这一数据类型。

5.1　数组及数组元素的概念

在前面章节中，介绍了 C 语言中的基本数据类型，即整型、实型和字符型的数据，使用的变量都是单个定义的，每一个变量都有一个名字，每一个变量存储一个基本数据类型。但是仅有这些基本类型，有时很难满足编程的需要。例如，要输入全年级 500 名学生的成绩，然后排出名次，显然对每一个学生的成绩定义一个变量是不现实的。

在 C 语言中，当遇到处理类型相同的批量数据这样的问题时，通常用数组来解决。由若干个类型相同的相关数据按顺序存储在一起形成的一组同类型有序数据的集合，称为数组。如果用一个统一的名称标识这组数据，那么，这个名字就称为数组名，构成数组的每一个数据项称为数组的元素，数组元素不仅具有相同的数据类型，而且在内存中将占用一段连续的存储单元。每一个数组元素可通过数组名及其在数组中的位置（即下标）来确定，即数组元素是用数组名后跟方括号[]括起来的下标来表示，例如，a[5]、name[50]、list[5][15]等。数组按下标个数分类，有一维数组、二维数组……依此类推，二维数组以上的数组称为多维数组。

根据数组元素类型的不同，数组可分为数值数组、字符数组、指针数组、结构体类型数组等多种类型。数组同其他类型的变量一样，也遵循“先定义，后使用”的原则。

5.2　一维数组的定义和引用

在 C 语言中，一维数组可以看成同一类型变量的一个线性排列，它具有数组最基本的特性。因此，本节将重点介绍一维数组，即只有一个下标的数组。

5.2.1　一维数组的定义

一维数组是指只有一个下标的数组，定义一个一维数组的一般形式为：

```
存储类型说明符 类型说明符  数组名[常量表达式];
```

例如：

```
int a[5];                /* 说明整型数组 a 有 5 个元素 */
float x[10],y[50];       /* 说明实型数组 x 有 10 个元素，实型数组 y 有 50 个元素 */
static char c[8];        /* 说明静态字符整型数组有 8 个元素 */
```

定义一维数组要注意以下几点：

① 数组名命名规则和变量名相同，遵循标识符的规则。

② 常量表达式的值确定了数组元素的个数，称为数组的长度。常量表达式中可以包括常量或符号常量，不能包括变量。

③ C 语言中，数组元素的下标值从 0 开始，因此，最大下标值=常量表达式值-1。例如，有如下定义：

```
int a[5];
```

说明数组 a 有 5 个整型元素，a[0]是它的第 0 号元素（第 1 个元素），a[1]是它的第 1 号元素（第 2 个元素）……依此类推，a[4]是它的第 4 号元素（第 5 个元素）。注意，该数组不存在数组元素 a[5]。数组 a 在内存中的形式如图 5-1 所示。

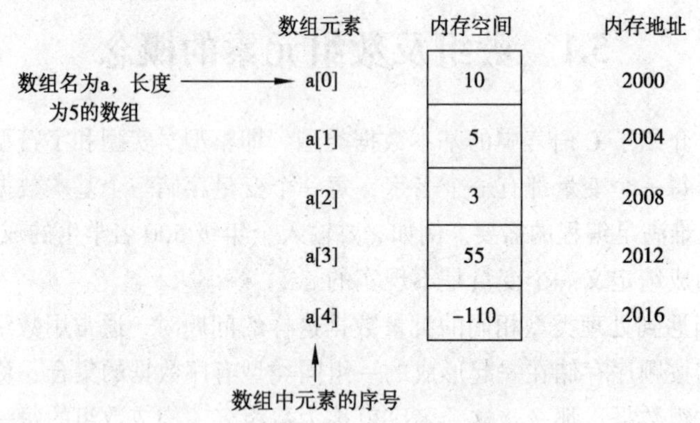

图 5-1　数组在内存中的存储形式

④ C 语言中不允许定义动态数组，即数组的长度不能依赖运行过程中变化着的变量。例如，下面这样的定义数组是不允许的。

```
int i;
scanf("%d",i);
int name[i];
```

5.2.2　一维数组元素的引用

数组一经定义后，数组元素即可被引用。C 语言中规定，对数组的使用不能将数组作为整体引用，而只能通过逐个引用数组元素来实现。事实上数组名指首地址，是一个常量。引用一个一维数组元素的一般形式为：

数组名[下标表达式]

例如，以下都是对 a 数组元素的合法引用：

```
a[2]=5;                      /* 对第 2 个元素赋值 */
a[1]=a[2]+3;                 /* 对第 1 个元素赋值 */
scanf("%d",&a[0]);           /* 对第 0 个元素输入数据 */
printf("%d\n",a[1]);         /* 输出第 1 个元素数据 */
```

引用数组元素时，下标可以是整型常数、变量和表达式。同时注意下标不要越界。例如，int a[5];，使用 a[5]，就越界了。

【例 5.1】 建立数组名为 a 的一个一维数组，数组元素 a[0]～a[9]的值为 0～9，然后逆序输出。

```
#include <stdio.h>
void main()
{  int a[10],j;                    /* 定义一维整型数组 a 及整型变量 j */
   for(j=0;j<10;j++)
      a[j]=j;                      /* 通过 for 循环对一维整型数组 a 的 10 个元素赋值 */
   for(j=9;j>=0;j--)
      printf("%2d",a[j]);          /* 通过 for 循环输出一维整型数组 a 的 10 个元素 */
   printf("\n");
}
```

程序运行结果：

```
9 8 7 6 5 4 3 2 1 0
```

5.2.3　一维数组的初始化

C 语言允许在定义变量的同时给变量赋初值，同样也允许在定义数组的同时给数组元素赋初值，称为初始化。对数组元素初始化可以用以下方法实现：

① 给所有元素赋初值。例如：

```
int a[5]={1,3,5,7,9};
```

经定义和初始化后，a[0]=1、a[1]=3、a[2]=5、a[3]=7、a[4]=9。

② 在给所有元素赋初值时可以不指定数组的长度。例如：

```
int a[ ]={1,3,5,7,9};
```

省略下标，系统将根据花括号内数据的个数来确定数组的长度。

③ 给部分元素赋初值。例如：

```
int a[10]={1,1};
```

经定义和初始化后，只有 a[0]=1、a[1]=1。其余 8 个元素的值赋为 0。

④ 如果想使一个一维数组中全部元素值为 0，可以写成：

```
int a[10]={0,0,0,0,0,0,0,0,0,0};
```

或

```
int a[10]={0};
```

【例 5.2】 一维数组的初始化程序举例。

```
#include <stdio.h>
void main()
{  int i;                          /* 定义整型变量 i */
   int a[3]={0,1,2};               /* 定义一维整型数组 a，并对其初始化 */
   int ch[3]={'a','b','c'};        /* 定义一维字符型数组 ch，并对其初始化 */
   for(i=0;i<3;i++)                /* 通过 for 循环输出数组 a 及数组 ch 的元素 */
      printf("a[%d]=%d ch[%d]=%c\n",i,a[i],i,ch[i]);
}
```

程序运行结果：

```
a[0]=0  ch[0]=a
a[1]=1  ch[1]=b
a[2]=2  ch[2]=c
```

5.2.4 一维数组程序举例

【例 5.3】用一维数组求斐波那契（Fibonacci）数列的前 20 项。

定义一个一维数组 a[20]，则 a[0]=1，a[1]=1，a[2]=a[0]+a[1]，a[3]=a[1]+a[2]，…，a[19]=a[17]+a[18]。

根据上述分析编写的程序如下：

```
#include <stdio.h>
void main()
{  long int f[20]={1,1};      /* 初始化斐波那契数列的前两个数 */
   int j;                     /* 定义整型变量 j */
   for(j=2;j<20;j++)
      f[j]=f[j-1]+f[j-2];     /* 通过 for 循环计算出下一项的值，并保存在数组中 */
   for(j=0;j<20;j++)          /* 通过 for 循环输出斐波那契数列的前 20 项 */
     {  printf("%15ld",f[j]);
        if((j+1)%5==0)        /* 每行输出 5 个数值后换行 */
            printf("\n");
     }
}
```

程序运行结果：

```
   1       1       2       3       5
   8      13      21      34      55
  89     144     233     377     610
 987    1597    2584    4181    6765
```

程序说明：用数组的初始化方法，将斐波那契数列的头两个数 1、1 分别存入到数组 a[0]、a[1]，从第三项开始，使用循环语句求出每一项，并存入数组元素中。最后赋值结束后，通过循环语句输出数组元素的值，且每一行输出 5 个斐波那契数。

【例 5.4】某汽车厂一月份生产汽车 4 辆，从 2 月份开始每个月生产的汽车是前一个月的产量减去 1 辆再翻一番。求每个月的产量和全年的总产量。

定义一个一维数组 a[n]，则 a[1]=4，a[2]=2(a[1]−1)，a[3]=2(a[2]−1)，…，a[n]=2(a[n−1]−1)。

根据上述分析编写的程序如下：

```
#include <stdio.h>
void main()
{  int a[12],y,sum;           /* 定义一维整型数组 a 及整型变量 y、sum */
   a[0]=4;                    /* 对数组 a 的第一个元素赋值 */
   sum=a[0];                  /* 将数组 a 的第一个元素赋值给变量 sum */
   printf("%d",a[0]);         /* 输出数组 a 的第一个元素的值 */
   for(y=1; y<12; y++)
   {  a[y]=2*(a[y-1]-1);      /* 通过 for 循环给数组 a 的其他元素赋值 */
```

```
        sum=sum+a[y];              /* 通过 for 循环计算出总产量 */
        printf("%5d",a[y]);        /* 输出每个月的产量 */
    }
    printf("\ntotal=%d\n",sum);    /* 输出全年的总产量 */
}
```

程序运行结果：

```
4   6   10   18   34   66  130  258  514 1026 2050 4098
total=8214
```

【例 5.5】 编写一个程序，输入 *N* 个学生的学号和成绩，求平均成绩，并输出其中最高分和最低分学生的学号及成绩。

用一维数组 no[N]存放学生学号，一维数组 score[N]存放学生成绩，如第 i(0≤i<N)个学生的学号和成绩分别存储在 no[i]和 score[i]元素中。通过一次循环扫描数组 score[]并进行比较，求出最高分学生的下标 max 和最低分学生的下标 min。

根据上述分析编写的程序如下：

```
#include <stdio.h>
#define N 5
void main()
{  float score[N],ave,sum=0.0;  /* 定义一维实型数组 score 及实型变量 ave、sum */
   int no[N],i,max,min;         /* 定义一维整型数组 no 及整型变量 i、max、min */
   max=0,min=0;                 /* 给整型变量 max 和 min 赋值 */
   printf("input no and score of student:\n");
   for(i=0;i<N;i++)     /* 从键盘上获取学号和成绩存放在数组 no 和数组 score 中 */
   {  scanf("%d %f",&no[i],&score[i]);
      sum+=score[i];            /* 计算 N 个学生的成绩之和 */
   }
   ave=sum/N;                   /* 计算平均成绩 */
   for(i=0;i<N;i++)
   {  if(score[i]>score[max])   /* 通过 for 循环求出最高分学生的数组下标 */
        max=i;
      if(score[i]<score[min])   /* 通过 for 循环求出最低分学生的数组下标 */
        min=i;
   }
   printf("average:%6.2f\n",ave); /* 输出平均成绩 */
   printf("the maximum score: %d %6.2f\n",no[max],score[max]);
                                /* 输出最高分及学号 */
   printf("the minimum score: %d %6.2f\n",no[min],score[min]);
                                /* 输出最低分及学号 */
}
```

程序运行结果：

```
input no and score of student:
1  75↙
2  88↙
3  55↙
```

```
4  96↙
5  67↙
average: 76.20
the maximum score: 4   96.00
the minimum score: 3   55.00
```

【例 5.6】将含有 10 个元素（1～10 的自然数）的 a 数组中的元素按逆序重新存放，操作时只能借助一个临时的存储单元不允许开辟另外的数组。

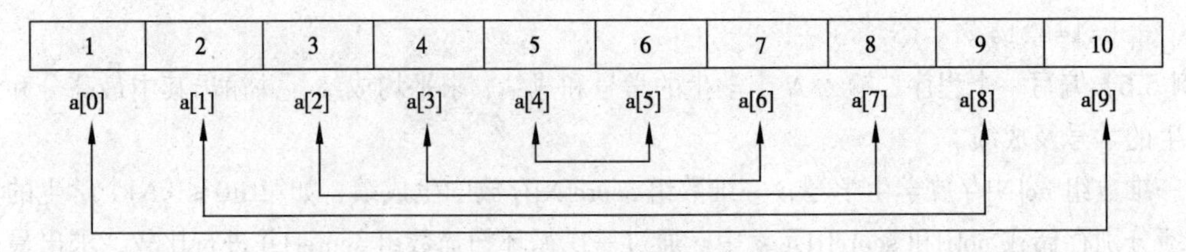

要完成以上操作，先将 10 个自然数输入到一个一维数组 a，然后将 a[0]与 a[n–1]对换，再将 a[1]与 a[n–2]对换……直到将 a[4]与 a[n/2]对换。若分别用 i、j 代表两个进行对调元素的下标，当 i=0 时，j 应该指向第 n–1 个元素；当 i=1 时，j 应该指向第 n–2 个元素……当 i=4 时，j 应该指向第 n/2 个元素。i 与 j 的关系为：i 从 1 循环到 n/2，j=n–i–1。

根据上述分析编写的程序如下：

```
#include <stdio.h>
#define N 10
void main()
{  int i,j,t;                          /* 定义整型变量 i、j、t */
   int a[N]={1,2,3,4,5,6,7,8,9,10};  /* 定义一维整型数组 a，并进行初始化 */
      for(i=0;i<N;i++)
         printf("%3d",a[i]);           /* 通过 for 循环输出原数组 a 的元素值 */
   printf("\n");
   for(i=0;i<N/2;i++)                  /* 通过 for 循环将数组 a 中的元素值逆序存放 */
   {  j=N-i-1;
      t=a[i];
      a[i]=a[j];
      a[j]=t;
   }
   for(i=0;i<N;i++)
      printf("%3d",a[i]);              /* 通过 for 循环输出逆序存放后数组 a 的元素值 */
   printf("\n");
}
```

程序运行结果：

```
input array a:
 1  2  3  4  5  6  7  8  9 10
10  9  8  7  6  5  4  3  2  1
```

【例 5.7】将 N 个数从小到大排序。

排序是将一个无序的数据序列按照某种顺序（升序或降序）重新排列。下面介绍两种排序方法。

（1）冒泡排序法

冒泡排序法的基本思想：将需要排序的数据存放到一个一维数组 a 中，将 a 数组 a[0]～a[n]垂直竖立，然后相邻的两个元素进行比较，a[0]与 a[1]比，a[1]与 a[2]比……a[n−2]与 a[n−1]比。每次比较过程中，若前一个数比后一个数大，则对调这两个数（大的往下沉，小的往上浮）所以称为冒泡排序法。这样比较一轮就可将最大的一个数放到数组的最后一个元素 a[n−1]中，再进行第二轮比较，a[0]与 a[1]比，a[1]与 a[2]比……a[n−3]与 a[n−2]比。经过第二轮比较，就会把第二大的数放到 a[n−2]中。如此反复，经过 n−1 轮比较，就会把 n−1 个大的数依次放到 a[n−1]、a[n−2]、a[n−3]……a[1]中，最后剩下一个最小的数，放在 a[0]中。例如，对于数据 7、5、4、8、1，排序过程如下。

	原顺序	第一轮	第二轮	第三轮	第四轮
a[0]	7	5	4	4	1
a[1]	5	4	5	1	4
a[2]	4	7	1	5	5
a[3]	8	1	7	7	7
a[4]	1	8	8	8	8

根据上述分析，算法可以用如图 5-2 所示的 N-S 图描述。

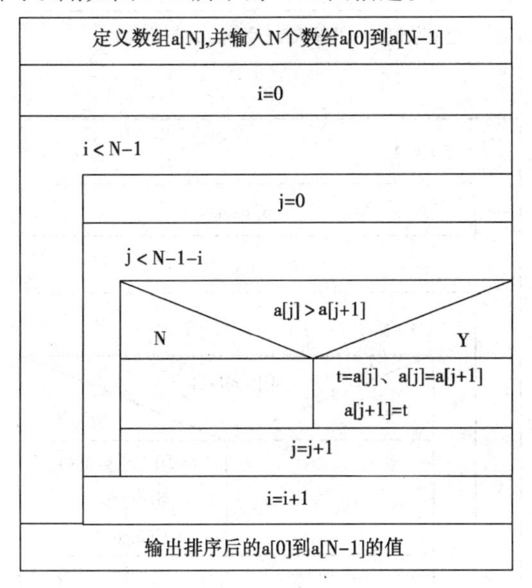

图 5-2　例 5.7 的 N-S 图描述

基于图 5-2 所描述的算法编写的程序如下：

```
#include <stdio.h>
#define N 10
void main()
{  int a[N],i,j,t;                 /* 定义一维整型数组 a 及整型变量 i、j、t */
   printf("input %d numbers:\n", N);
   for(i=0;i<N;i++)                /* 通过 for 循环给数组 a 的元素赋值 */
      scanf("%d",&a[i]);
```

```
    for(i=0;i<N-1;i++)                    /* 此循环控制比较的轮数 */
      for(j=0;j<N-1-i;j++)                /* 此循环控制每一轮的比较和交换次数 */
        if(a[j]>a[j+1])  /* 相邻的两个元素进行比较,若条件成立则交换这两个元素 */
        {  t=a[j];a[j]=a[j+1];a[j+1]=t;  }
    printf("the sorted numbers:\n");
    for(i=0;i<N;i++)                      /* 通过 for 循环输出排序后的数组 a 的元素值 */
      printf("%4d",a[i]);
    printf("\n");
  }
```

程序运行结果：

```
input 10 numbers:
55  88  45  25  75  65  35  15  85  95↙
the sorted numbers:
␣␣15  25  35  45  55  65  75  85  88  95
```

程序还可以进一步改进，以提高效率。如果在一轮比较中没有数据的交换，说明所有的数据都已经从小到大排好了序，因此可以提前退出循环。程序中设置 exchange 为交换标志，在一轮比较中数据进行了交换，exchange 置为 1，没有进行数据交换，exchange 置为 0，即可退出循环。根据上述分析，改进后的算法可以用如图 5-3 所示的 N-S 图描述。

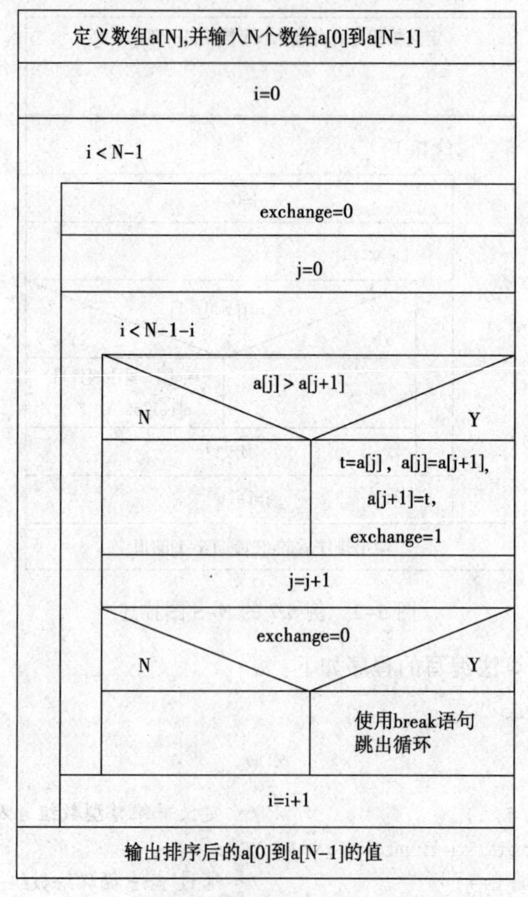

图 5-3　改进的冒泡排序法的 N-S 图描述

基于图 5-3 所描述的算法编写的程序如下：

```
#include <stdio.h>
#define N 10
void main()
{  int a[N],i,j,t,exchange;
   printf("input %d numbers:\n",N);
   for(i=0;i<N;i++)
      scanf("%d",&a[i]);
   for(i=0;i<N-1;i++)
   {  exchange=0;                    /* 若数组元素值没有交换，则 exchange 置为 0 */
      for(j=0;j<N-1-i;j++)
         if(a[j]>a[j+1])
         {  t=a[j];
            a[j]=a[j+1];
            a[j+1]=t;
            exchange=1;              /* 若数组元素值有交换，则 exchange 置为 1 */
         }
      if(!exchange)                  /* 若数组元素值没有交换，则退出循环 */
         break;
   }
   printf("the sorted numbers:\n");
   for(i=0;i<N;i++)                  /* 通过 for 循环输出排序后的数组 a 的元素值 */
      printf("%4d",a[i]);
   printf("\n");
}
```

（2）枚举排序法

枚举排序法基本思想：将需要排序的数据，存放到一个一维数组 a 中，a[0]与它后面的每一个元素进行比较，a[0]与 a[1]比，a[0]与 a[2]比……a[0]与 a[n–1]比。每次比较过程中，若 a[0]的值大于某个元素的值，则交换 a[0]与该元素的值。这样比较一轮就可将最小的一个数放到数组的第一个元素 a[0]中，再进行第二轮比较，a[1]与它后面的每一个元素进行比较，a[1]与 a[2]比，a[1]与 a[3]比……a[1]与 a[n–1]比。经过第二轮比较，就会把第二小的数放到 a[1]中。如此反复，经过 n–1 轮比较，就会把 n–1 个小的数依次放到 a[0]、a[1]、a[2]……a[n–2]中，最后剩下一个最大的数，放在 a[n–1]中。

根据上述分析编写的程序如下：

```
#include <stdio.h>
#define N 10
void main()
{  int a[N],i,j,t;                   /* 定义一维整型数组 a 及整型变量 i、j、t */
   printf("input %d numbers:\n", N);
   for(i=0;i<N;i++)
      scanf("%d",&a[i]);             /* 通过 for 循环给数组 a 的元素赋值 */
   for(i=0;i<N-1;i++)
      for(j=i+1;j<N;j++)
```

```
        if(a[i]>a[j])      /* 对数组元素进行比较，若条件成立，则交换这两个元素 */
        {  t=a[i];a[i]=a[j];a[j]=t;  }
    printf("the sorted numbers:\n");
    for(i=0;i<N;i++)
      printf("%4d",a[i]); /* 通过 for 循环输出数组 a 的元素值 */
    printf("\n");
  }
```

【例 5.8】在 N 个数中查找一个数 x。

将 N 个数存入一个一维数组 a 中，然后输入要查找的数 x，再利用循环顺序查找，当找到该数就打印该数并停止循环。

根据上述分析，算法可以用如图 5-4 所示的 N-S 图描述。

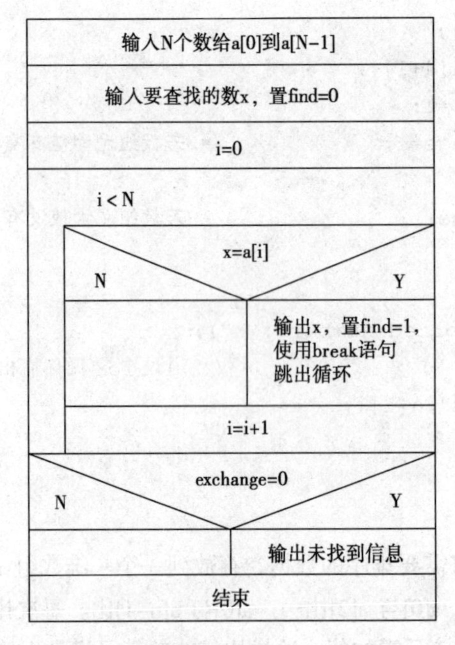

图 5-4　顺序查找法的 N-S 图描述

基于图 5-4 所描述的算法编写的程序如下：

```
#include <stdio.h>
#define N 5
void main()
{  int a[N],x,i,find;
   printf("input %d numbers:\n",N);
   for(i=0;i<N;i++)            /* 通过 for 循环给数组 a 的元素赋值 */
     scanf("%d",&a[i]);
   printf("input x:\n");
   scanf("%d",&x);             /* 输入要查找的数 */
   find=0;                     /* 将没有找到标志 flag 置为 0 */
   for(i=0;i<N;i++)
```

```
        if(x==a[i])              /* 若找到,则输出并将 find 置为 1，然后跳出循环 */
        {  printf("find %d its position is:a[%d]\n",x,i);
           find=1;
           break;
        }
     if(find==0)
        printf("\n%d not been found.\n",x);
   }
```

程序运行结果：

```
input 5 numbers:
4  8  9  3  2↙
input x:
9↙
find 9 its position is:a[2]
```

本程序是在任意存放的 N 个数中查找一个数 x，如果在已排好序（如从小到大排好序）的任意 N 个数中查找一个数 x，可采用折半查找法。折半查找法的基本思想是：先将中间的数与待查找的数比较，如果找到就结束查找，否则，若待查找数小于中间数，应在前半部继续查找；若待查找数大于中间数，应在后半部继续查找；在一半范围内查找使用新的中间数与待查数比较，直到待查范围缩小到没有数为止。这样每查找一次，下次查找的范围就会缩小一半。具体操作步骤如下：

① 设置 3 个变量 mid，top 和 bot，分别表示查找范围的中间、最小下标 0 和最大下标 N-1。

② mid=(top+bot)/2。

③ 如果 x=a[mid]，则找到，输出找到的信息，退出循环。

④ 如果 x>a[mid]，top=mid+1，否则 bot=mid-1。

⑤ 转到步骤②。

⑥ 直到找到或 bot<top 为止。

根据上述分析和步骤，算法可以用如图 5-5 所示的 N-S 图描述。

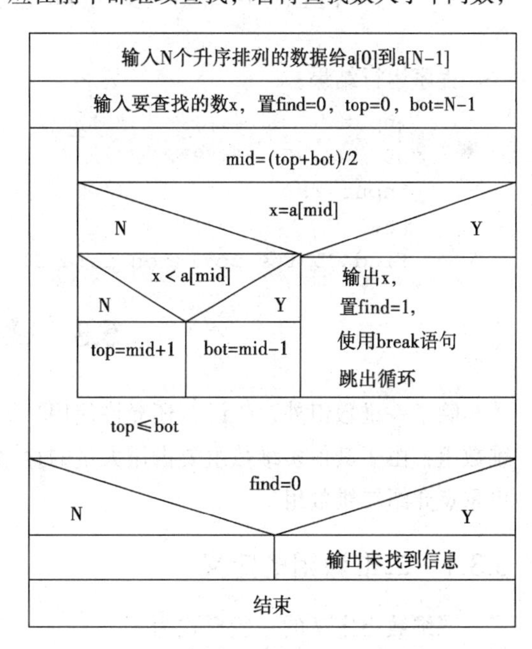

图 5-5　折半查找法的 N-S 图描述

基于图 5-5 所描述的算法编写的程序如下：

```
#include <stdio.h>
#define N 5
void main()
{  int a[N],x,i,mid,top,bot,find;
   printf("input %d numbers:\n",N);
   for(i=0;i<N;i++)             /* 应按从小到大的顺序输入数 */
      scanf("%d",&a[i]);
   printf("input x:\n");
   scanf("%d",&x);              /* 输入要查找的数 */
```

```
    top=0;
    bot=N-1;
    find=0;
    do
    {  mid=(top+bot)/2;          /* mid 指向数组的中间位置 */
       if(x==a[mid])             /* 若找到，则输出并将 find 置为 1，然后跳出循环 */
       {  printf("find %d its position is:a[%d]\n",x,mid);
          find=1;
          break;
       }
       else
       {  if(x<a[mid])
             bot=mid-1;          /* 若要找的数据小于中间数据，则在数组的前半部查找 */
          else
             top=mid+1;          /* 若要找的数据大于中间数据，则在数组的后半部查找 */
       }
    }while(top<=bot);
    if(find==0)                  /* 若标志 find 为 0，则输出该数据没有被找到 */
       printf("\n%d not been found.\n",x);
}
```

程序运行结果：

```
input 5 numbers:
55  65  75  85  95↙
input x:
85↙
find 85 its position is:a[3]
```

5.3 多维数组

除了一维数组外，C 语言还允许使用二维、三维等多维数组，数组的维数没有限制。除了二维数组，由于其他多维数组要占用大量的存储空间，因而三维以上的数组一般很少用，所以本节也重点介绍二维数组。

5.3.1 二维数组的定义

二维数组定义的一般形式为：

```
存储类型说明符  类型说明符  数组名[常量表达式 1][常量表达式 2];
```

例如：

```
int a[3][4];
```

定义了一个 3 行 4 列的数组，数组名为 a，其数组元素的类型为整型。该数组的元素共有 3×4 个，其元素为：

```
a[0][0] a[0][1] a[0][2] a[0][3]
a[1][0] a[1][1] a[1][2] a[1][3]
a[2][0] a[2][1] a[2][2] a[2][3]
```

C 语言中，对二维数组的存储是按行存放，即按行的顺序依次存放在连续的内存单元中。如二维数组 a 的存储顺序如图 5-6 所示。

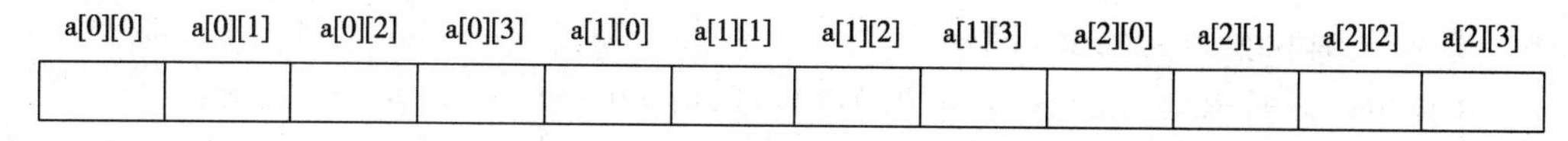

图 5-6　二维数组 a 的存储顺序

C 语言对二维数组的处理方式是将其分解成多个一维数组。如对二维数组 a 的处理方式是把 a 看成是一个一维数组，数组 a 包含 a[0]、a[1]、a[2]这 3 个元素。而每一个元素又是一个一维数组，各包含 4 个元素，如 a[0]所代表的一维数组又包含 a[0][0]、a[0][1]、a[0][2]、a[0][3]这 4 个元素。

由于系统并不为数组名分配内存，所以由 a[0]、a[1]、a[2]组成的一维数组在内存中并不存在，它们只是表示相应行的首地址。

5.3.2　二维数组元素的引用

二维数组元素引用的一般形式为：

```
数组名[下标1][下标2];
```

其中，下标可以是整型常量，也可以是整型表达式。

例如，合法的引用如下：

```
scanf("%d",&a[1][2]);
a[0][0]=3*a[1][2]-3;
printf("%d\n",a[0][0]);
```

需要注意的是，在引用二维数组时其下标不可越界，即超过维数的行列宽度。若有以下说明：

```
int name[3][4];
```

则下面的赋值语句将会出错：

```
name[3][4]=55;
```

因为二维数组 name 的第 1 维下标的界限是 0～2，第 2 维下标的界限是 0～3。

5.3.3　二维数组的初始化

1. 全部元素初始化

全部元素初始化时，第一维的大小可以省略，但第二维的大小不能省略。可以用花括号分行赋初值，也可以整体赋初值。

例如，下列初始化是等价的：

```
int a[3][4]={{1,3,5,9},{11,13,15,17},{19,21,23,25}};
int a[][4]={{1,3,5,9},{11,13,15,17},{19,21,23,25}};
int a[][4]={1,3,5,9,11,13,15,17,19,21,23,25};
```

2. 分行对部分元素初始化

没有初始化的元素，数值型数组时自动初始化为 0，字符型数组时自动初始化为'\0'。

例如，下列初始化是等价的：

```
int a[3][4]={{1,2,3},{4,5}};
```

```
int a[3][4]={{1,2,3,0},{4,5,0,0},{0,0,0,0}};
```

但是，如果初值不分行，则下列初始化是等价的：

```
int a[3][4]={{1,2,3,4,5};
int a[3][4]={{1,2,3,4},{5,0,0,0},{0,0,0,0}};
```

又例如，下列初始化是等价的：

```
int a[][4]={{1,2},{3},{4,5}};
int a[][4]={{1,2,0,0},{3,0,0,0},{4,5,0,0}};
```

3．按存储顺序对部分元素初始化

省略第一维的大小，系统将自动计算第一维的大小。

例如，下列初始化是等价的：

```
int a[][3]={1,2,3,4};                /* 因每行 3 个元素，系统计算应该有 2 行 */
int a[][3]={{1,2,3},{4,0,0}};
```

5.3.4 多维数组的定义

多维数组定义的一般形式为：

```
存储类型说明符  类型说明符  数组名[常量表达式 1][常量表达式 2][常量表达式 3]...;
```

例如：

```
int a[2][3][2],b[2][3][2][4];    /* 定义三维和四维整型数组 a、b */
```

多维数组的内存存储顺序是根据元素的最右边一个下标的顺序，然后是右数第二个下标的顺序，依此类推，最后是最左边下标的顺序。例如，三维数组 a[1][3][2]的存储顺序为：

```
a[0][0][0]  a[0][0][1]  a[0][1][0]  a[0][1][1]  a[0][2][0]  a[0][2][1]
a[1][0][0]  a[1][0][1]
```

多维数组的使用方法与二维数组类似。例如，三维数组可以看成是由一维数组的嵌套构成的，即一维数组的每个元素又是一个类型相同的二维数组。依此类推，n 维数组可以看成由一维数组和(n–1)维数组的嵌套而成，即一维数组的每个元素又是一个类型相同的(n–1)维数组。

对多维数组，同样不能对其进行整体引用，只能对具体元素进行引用。引用格式与一维数组和二维数组类似。在定义的同时进行初始化，初始化的方式与二维数组类似。

5.3.5 多维数组程序举例

【例 5.9】输入二维数组各元素的值，以矩阵的形式输出各元素的值。

二维数组元素有两个下标，若从键盘输入数据且按行输入的话，则可以用双重 for 循环，外层循环控制行下标的变化，内层循环控制列下标的变化。这是二维数组输入/输出的基本方法。

根据上述分析编写的程序如下：

```
#include <stdio.h>
#define M 3
#define N 4
void main()
{  int a[M][N],i,j;                    /* 定义二维整型数组 a 及整型变量 i、j */
   printf("input a %d×%d matrix:\n",M,N);    /* 提示输入 M×N 矩阵 a */
```

```
  for(i=0;i<M;i++)                         /* 通过双重循环输入矩阵 a 各元素的值 */
     for(j=0;j<N;j++)
        scanf("%d",&a[i][j]);
  printf("output matrix a:\n");            /* 提示输出矩阵 a */
  for(i=0;i<M;i++)
  {  for(j=0;j<N;j++)
        printf("%4d",a[i][j]);             /* 通过双重循环输出矩阵各元素的值 */
     printf("\n");
  }
}
```

程序运行结果：

```
input a 3×4 matrix:
55 36 99 33↙
66 5 77 22↙
78 99 5 10↙
output matrix a:
55  36  99  33
66   5  77  22
78  99   5  10
```

【例 5.10】找出二维数组的最大元素及它所在的行与列。

首先将输入的 $M \times N$ 矩阵存放在 a 数组中，将 a[0][0]的值赋给存放最大元素的变量 max，然后使矩阵中的每一个数 a[i][j]与 max 的值比较，若 a[i][j]大于 max 的值，就将 a[i][j]的值赋给 max，同时将其所在的行 i 和列 j 的值保存在变量 r 和 c 中。根据上述分析编写的程序如下：

```
#include <stdio.h>
#define M 3
#define N 4
void main()
{  int a[M][N],i,j,max,c,r;  /* 定义二维整型数组 a 及整型变量 i、j、max、c、r */
   printf("input a %d×%d matrix:\n",M,N);    /* 提示输入 M×N 矩阵 a */
   for(i=0;i<M;i++)
      for(j=0;j<N;j++)
         scanf("%d",&a[i][j]);          /* 通过双重循环输入矩阵 a 各元素的值 */
   max=a[0][0];
   for(i=0;i<M;i++)  /* 通过双重循环找出二维数组的最大元素及它所在的行与列 */
      for(j=0;j<N;j++)
         if(a[i][j]>max)
         {  max=a[i][j];
            r=i;
            c=j;
         }
   printf("output matrix a:\n");         /* 提示输出矩阵 a */
   for(i=0;i<M;i++)                      /* 通过双重循环输出矩阵 a 各元素的值 */
```

```
    {   for(j=0;j<N;j++)
           printf("%4d",a[i][j]);
        printf("\n");
    }
    printf("\na[%d][%d]=%d\n",r,c,max);   /* 输出二维数组的最大元素 */
}
```

程序运行结果：

```
input a 3×4 matrix:
6 8 9 1↙
5 88 91 32↙
51 75 11 85↙
output matrix a:
   6   8   9   1
   5  88  91  32
  51  75  11  85
a[1][2]=91
```

【例 5.11】将一个 $M\times N$ 矩阵 a 进行转置，存放在另一个 $N\times M$ 矩阵 b 中。

矩阵的转置也就是将矩阵的行和列进行互换，使其行成为列，列成为行，程序如下：

```
#include <stdio.h>
#define M 4                                 /* 宏定义矩阵的行M为 4 */
#define N 4                                 /* 宏定义矩阵的列 N 为 4 */
void main()
{  int a[M][N],b[N][M],i,j;
   printf("input a %d×%d matrix:\n",M,N);   /* 提示输入 M×N 矩阵 a */
   for(i=0;i<M;i++)                        /* 通过双重循环输入矩阵 a 各元素的值 */
      for(j=0;j<N;j++)
         scanf("%d",&a[i][j]);
   for(i=0;i<M;i++)                        /* 通过双重循环实现矩阵的转置 */
      for(j=0;j<N;j++)
         b[i][j]=a[j][i];
   printf("output matrix a:\n");            /* 提示输出矩阵 a */
   for(i=0;i<M;i++)                        /* 通过双重循环输出矩阵 a 各元素的值 */
   {  for(j=0;j<N;j++)
         printf("%4d",a[i][j]);
      printf("\n");
   }
   printf("output matrix b:\n");            /* 提示输出矩阵 b */
   for(i=0; i<N;i++)                       /* 通过双重循环输出矩阵 b 各元素的值 */
   {  for(j=0;j<M;j++)
         printf("%4d",b[i][j]);
      printf("\n");
   }
}
```

程序运行结果：

```
input a 4×4 matrix:
55 66 77 88↙
44 99 22 33↙
11 98 58 38↙
48 28 68 18↙
output matrix a:
55  66  77  88
44  99  22  33
11  98  58  38
48  28  68  18
output matrix b:
55  44  11  48
66  99  98  28
77  22  58  68
88  33  38  18
```

【例 5.12】输入几个学生的学号和几门功课的成绩，计算每个学生的总分、平均分，输出成绩表。

可使用一个一维数组 xh[n]存放 N 个学生的学号，一个二维数组 cj[N][M]存放 N 个学生 M 门课程的成绩，再使用一个一维数组 aver[N]存放 N 个学生的平均成绩。程序可以使用双重循环，在内循环中依次读入某一门课程的各个学生的成绩，并把每个学生的各科成绩累加起来，退出内循环后再把该累加成绩除以 M，即求得平均成绩存放在 aver[N]中。外循环共循环 N 次，分别求出 N 个学生的平均成绩并存放在 aver[N]中。

根据上述分析，算法可以用如图 5-7 所示的 N-S 图描述。

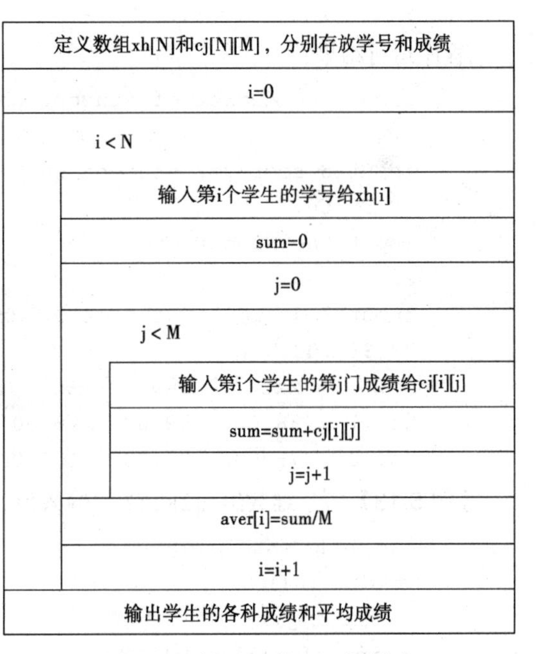

图 5-7　例 5.12 的 N-S 图描述

基于图 5-7 所描述的算法编写的程序如下：

```
#include <stdio.h>
#define N 2                                  /* 宏定义学生数 N 为 2 */
#define M 3                                  /* 宏定义课程数 M 为 3 */
void main()
{  int i,j,xh[N];
   float sum,cj[N][M],aver[N];
   for(i=0;i<N;i++)                          /* 此循环用于控制输入的学生数 */
   {  printf("input the number of student which is %d:\n",i+1);
      scanf("%d",&xh[i]);                    /* 从键盘输入学生的学号 */
      sum=0.0;
```

```
        printf("input %d score of student which is %d:\n",M,i+1);
        for(j=0;j<M;j++)                          /* 此循环用于控制输入的课程数 */
        {  scanf("%f",&cj[i][j]);                 /* 从键盘输入学生成绩 */
           sum=sum+cj[i][j];                      /* 对学生成绩进行累加 */
        }
        aver[i]=sum/M;                            /* 计算学生的平均成绩 */
      }
      printf("\nNo.    Math    Phy     En      Aver\n");   /* 输出标题 */
      for(i=0;i<N;i++)
      {  printf("No.%2d",xh[i]);
         for(j=0;j<M;j++)
            printf("%8.2f",cj[i][j]);             /* 输出学生的各科成绩 */
         printf("%8.2f\n",aver[i]);               /* 输出学生的平均成绩 */
      }
    }
```

程序运行结果：

```
input the number of student which is 1:
1↙
input 3 score of student which is 1:
88 99 66↙
input the number of student which is 2:
2↙
input 3 score of student which is 2:
78 98 100↙
No.   Math    Phy     En      Aver
No. 1   88.00   99.00   66.00   84.33
No. 2   78.00   98.00   100.00  92.00
```

【例 5.13】向三维数组 a[2][3][2]中输入值，并输出全部元素。

```
#include <stdio.h>
void main()
{  int i,j,k;
   int a[2][3][2]={1,2,3,4,5,6,7,8,9,11,22,33};
   for(i=0;i<2;i++)
   {  for(j=0;j<3;j++)
      {  for(k=0;k<2;k++)
            printf("a[%d][%d][%d]=%2d  ",i,j,k,a[i][j][k]);
         printf("\n");
      }
      printf("\n");
   }
}
```

程序运行结果：

```
a[0][0][0]= 1  a[0][0][1]= 2
```

```
a[0][1][0]= 3  a[0][1][1]= 4
a[0][2][0]= 5  a[0][2][1]= 6

a[1][0][0]= 7   a[1][0][1]= 8
a[1][1][0]= 9   a[1][1][1]=11
a[1][2][0]=22   a[1][2][1]=33
```

5.4　字符数组

从前面的知识点读者已经了解到，由于 C 语言没有字符串类型，所以通常用字符类型的数组来代替字符串类型。

5.4.1　字符数组的定义

字符数组就是存放字符数据的数组，其中每一个元素存放的值都是单个字符。

字符数组定义的一般形式为：

```
char 数组名[常量表达式];                    /* 一维字符数组 */
char 数组名[常量表达式1][常量表达式2];       /* 二维字符数组 */
```

例如：

```
char c[6];
```

表示定义了一个一维字符型数组，数组名为 c，可以存放 6 个字符。例如，c[0]='a'，c[1]='b'，c[2]='c'，c[3]='d'，c[4]='e'，c[5]='f'。

可以引用字符数组中的一个元素，得到一个字符。

5.4.2　字符数组的初始化

可以用下面的方法对字符数组进行初始化。

① 逐个为数组中的元素赋初值。如果提供的初值个数与数组的长度相同，在定义数组时可以省略数组的长度，系统根据初值的个数自动确定数组的长度。例如，下列两种写法等价：

```
char a[5]={'C','h','i','n','a'};
char a[]={'C','h','i','n','a'};
```

把 5 个字符分别赋值给 a[0]到 a[4]，即 a[0]='C'，a[1]='h'，a[2]='i'，a[3]='n'，a[4]='a'。

② 如果花括号内的字符个数大于数组的长度，则按语法错误处理。如果字符的个数小于数组的长度，则只将这些字符赋值给前面的元素，其余的元素自动赋值为空字符（即'\0'）。例如：

```
char a[8]={'P','r','o','g','r','a','m'};
```

字符数组存储状态如图 5-8 所示。

a[0]	a[1]	a[2]	a[3]	a[4]	a[5]	a[6]	a[7]
P	r	o	g	r	a	m	\0

图 5-8　a[8]的存储状态

③ 二维字符数组初始化的基本方法和二维数值数组初始化类似。例如：

```
char s[4][8]={'F','r','i','S','a','t','S','u','n'};
```

【例 5.14】一维字符数组存放字符应用举例。

```
#include <stdio.h>
void main()
{  char a[11]={'T','h','i','s',' ','a',' ','b','o','o','k'};
/* 定义一个一维字符数组并初始化 */
   int i;
   for(i=0;i<11;i++)                    /* 输出字符数组各元素的值 */
     printf("%c",a[i]);
   printf("\n");
}
```

程序运行结果：

```
This a book
```

【例 5.15】二维字符数组存放字符应用举例。

```
#include <stdio.h>
void main()
{  char a[][9]={{'E','n','g','l','i','s','h'},{'C',' ','p','r','o','g',
'r','a','m'}};                          /* 定义二维字符数组并初始化*/
   int i,j;
   for(i=0;i<2;i++)                     /* 通过二重循环输出字符数组各元素的值 */
   {  for(j=0;j<9;j++)
        printf("%c",a[i][j]);
      printf("\n");
   }
}
```

程序运行结果：

```
English
C program
```

【例 5.16】输出下面的图形。

```
  *
 * *
*   *
 * *
  *
```

程序如下：

```
#include <stdio.h>
void main()
{  char s[5][5]={{' ',' ','*'},{' ','*',' ','*'},{'*',' ',' ',' ','*'},
{' ','*',' ','*'},{' ',' ','*'}};
   int i,j;
   for(i=0;i<5;i++)
   {  for(j=0;j<5;j++)
        printf("%c",s[i][j]);
      printf("\n");
   }
}
```

5.4.3 字符串及其字符串的结束标志

在 C 语言中，字符串没有专门的字符串变量，通常用一个字符数组来存放一个字符串，字符串总是以'\0'作为字符串的结束符。因此，当把一个字符串存入一个数组时，也把结束符'\0'存入数组，并以此作为该字符串是否结束的标志。因而，将一个字符串存入一个字符数组后，该字符数组的长度是字符串的实际字符数加 1。

可以利用以下形式完成字符串数组的初始化。例如：

```
char a[]={"C program."};
```

或去掉花括号，写成：

```
char a[]="C program.";
```

上述初始化语句等价于下面的语句。

```
char a[]={'C',' ','p','r','o','g','r','a','m','.','\0'};
```

再进一步，如果要初始化多个字符串，则可以使用二维数组。

```
char s[3][4]={"123","ab","W"};
```

表示 s[0][0]=1，s[0][1]=2，s[0][2]=3，s[0][3]='\0'，s[1][0]=a，s[1][1]=b，s[1][2]= '\0'，s[2][0]=W，s[2][1]='\0'。

【例 5.17】 检测某一给定字符串的长度（字符数），不包括结束标志'\0'。

```
#include <stdio.h>
void main()
{  int i;
   char c[]={"How do you do?"};       /* 定义一个一维字符数组并初始化 */
   i=0;
   while(c[i]!='\0')                   /* 通过 while 循环统计字符串的长度 */
      i++;
   printf("the length of string is:%d\n",i);/* 输出字符串的长度，不包括结束标志 */
}
```

程序运行结果：

```
the length of string is:14
```

5.4.4 字符数组的输入/输出

字符串的输入/输出实际上用到的是字符数组的输入/输出上。其方法有两种：

① 对字符数组按字符逐个输入/输出，用“%c”输入或输出一个字符。

【例 5.18】 将字符串“C program.”显示在屏幕上。

```
#include <stdio.h>
void main()
{  int i;
   char a[]="C program.";
   for(i=0;i<9;i++)                    /* 通过 for 循环输出字符数组各元素的值 */
      printf("%c",a[i]);
}
```

程序运行结果：

```
C program.
```

② 对字符数组按整个字符串输入/输出，用“%s”输入或输出一个字符串。

【例 5.19】从键盘上输入字符串“Computer”，并将其显示在屏幕上。

```
#include <stdio.h>
void main()
{  char s[20];                    /* 定义一维字符数组 s */
   scanf("%s",s);                 /* 从键盘输入字符串 s */
   printf("%s",s);                /* 输出字符串 s */
}
```

程序运行结果：

```
Computer↙
Computer
```

使用字符数组的输入/输出时应注意以下几点：

① 用“%s”格式输入/输出时，输入/输出的对象是数组名，而不是数组元素（即地址）。并且输入时数组名前面不要再加地址运算符“&”（数组名代表数组的起始地址）。

不能写成：

```
scanf("%s",&a);
printf("%s",s[2]);
```

② 输出时不输出字符串结束标志'\0'，而且若字符串包含一个以上'\0'，则遇到第一个'\0'时，输出就结束。例如：

```
char a[8]="program";
a[3]='\0';
printf("%s",a);
```

经过第一、二语句的赋值后，a 数组的存储状态如图 5-9 所示。

a[0]	a[1]	a[2]	a[3]	a[4]	a[5]	a[6]	a[7]
p	r	o	\0	r	a	m	\0

图 5-9　a 数组的存储状态

输出结果为：

```
pro
```

③ 当 scanf 函数用格式符“%s”输入整个字符串时，终止输入用按空格键和【Enter】键。

在例 5.19 中，如果输入“C program”，则程序运行结果为“C”。这是因为 scanf()函数只将字符串中遇到的第一个空格前的“C”输入到字符数组中，所以输出字符串时只输出了“C”。

5.4.5　常用的字符串处理函数

为了简化程序设计，C 语言提供了一些用来处理字符串的函数，需要时可以直接从库函数中调用这些函数，从而大大减轻了编程的负担。下面介绍 8 种常用的字符串处理函数。

1. 字符串输出函数 puts()

调用格式：puts(字符数组名)

功能：将一个以'\0'结束的字符串（字符串中可以包含转义字符）输出到显示器上，输出时将'\0'置换成'\n'，即输出字符串后换行。例如：

```
char s[]="Computer\nProgram";
puts(s);
```

输出结果为：

```
Computer
Program
```

输出过程中遇到'\n'换行，同时输出完字符串后又自动换行。

2. 字符串输入函数 gets()

调用格式：gets(字符数组)

功能：从键盘上输入一个字符串到字符数组中，以按【Enter】键结束字符串输入，并将其转换为'\0'存入字符串尾部。函数的返回值是字符数组的首地址。

【例 5.20】从键盘上输入字符串"How are you?"，并将其显示在显示屏上。

```
#include <stdio.h>
void main()
{  char st[20];                        /* 定义一维字符数组 st */
   printf("input string :\n");
   gets(st);                           /* 从键盘输入字符串，并赋值给 st */
   puts(st);                           /* 输出字符串 st */
}
```

程序运行结果：

```
input string :
How are you? ↙
How are you?
```

3. 字符串连接函数 strcat()

调用格式：strcat(字符数组 1，字符数组 2 或字符串常量)

功能：将字符数组 2 或字符串常量连接到字符数组 1 的后面，函数的返回值是字符数组 1 的首地址。

注意：连接的结果放在字符数组 1 中，因此，字符数组 1 的长度必须足够大。在连接时，字符数组 1 原来的结束标志'\0'会被删除，只在连接后的新字符串最后保留一个'\0'。

【例 5.21】连接两个字符串"Beijing and "和"Shanghai."，并输出。

```
#include <stdio.h>
#include <string.h>
void main()
{  char s1[40]="Beijing and ";          /* 定义一维字符数组 s1，并初始化 */
   char s2[20]="Shanghai.";             /* 定义一维字符数组 s2，并初始化 */
   printf("%s\n",strcat(s1,s2));        /* 连接两个字符串，并输出连接后的字符串 s1 */
}
```

程序运行结果：

```
Beijing and Shanghai.
```

4．字符串复制函数 strcpy()

调用格式：strcpy(字符数组 1，字符数组 2 或字符串常量)

功能：将字符数组 2 或字符串常量中的字符串复制到字符数组 1 中，连同结束标志'\0'也一起复制，字符数组 1 中原来的内容被覆盖。函数的返回值是字符数组 1 的首地址。

【例 5.22】字符串复制函数的使用举例。

```
#include <stdio.h>
#include <string.h>
void main()
{  char s1[20]="Beijing",s2[20]="Shanghai"; /* 定义一维字符数组s1、s2,并初始化 */
   strcpy(s1,s2);                          /* 将字符数组 s2 复制到 s1 中 */
   strcpy(s2,"Hangzhou");                  /* 将字符串常量"Hangzhou"复制到 s2 中 */
   puts(s1);                               /* 输出 s1 的值 */
   puts(s2);                               /* 输出 s2 的值 */
}
```

程序运行结果：

```
Shanghai
Hangzhou
```

注意：复制的结果放在字符数组 1 中，因此，字符数组 1 的长度必须足够大。另外不能用赋值语句给字符数组赋值，要将一个字符串赋值到一个字符数组中，必须使用字符串复制函数。例如：

```
char a[10];
char b="book";
a="book";
a=b;
```

上面两个赋值语句都是错误的。

5．字符串比较函数 strcmp()

调用格式：strcmp(字符串 1,字符串 2)

功能：比较两个字符串的大小。

字符串的比较规则是，对两个字符串中的字符从左向右逐个比较其 ASCII 码值，直到出现第一个不同的字符或遇到'\0'为止。若两个字符串全部字符相同，则认为相等；若出现不相同的字符，则以第一个不相同的字符的比较结果为准。函数的返回值是第一个不同 ASCII 码值的差值，有以下 3 种取值：

① 字符串 1=字符串 2，则函数值为 0；

② 字符串 1>字符串 2，则函数值为大于 0 的整数；

③ 字符串 1<字符串 2，则函数值为小于 0 的整数。

例如："abc"<"abda"，"ABCD">"12345"，"ABCD"<"ABCD0"。

注意：在 C 语言中不能直接用关系运算符对两个字符串进行比较，必须使用字符串比较函数。例如：

```
if(s1>=s2)
  …
```

应该写成：

```
if(strcmp(s1,s2)>=0)
  …
```

【例 5.23】比较两个字符串"uvw"和"uVwxyz"的大小。

```
#include <stdio.h>
#include <string.h>
void main()
{  char s1[]="uvw",s2[]="uVwxyz";  /* 定义一维字符数组 s1、s2，并对其初始化 */
   if(strcmp(s1,s2)==0)       /* 若字符串 s1、s2 相等，则输出 s1=s2 */
     printf("s1=s2");
   else if(strcmp(s1,s2)>0)  /* 若字符串 s1 大于字符串 s2，则输出 s1>s2 */
     printf("s1>s2");
   else
     printf("s1<s2");         /* 若字符串 s1 小于字符串 s2，则输出 s1<s2 */
}
```

程序运行结果：

```
s1>s2
```

6．字符串长度测试函数 strlen()

调用格式：strlen(字符数组或字符串常量)

功能：测试字符数组或字符串常量的实际长度（不含结束标志'\0'），并返回字符数组或字符串常量的长度。

注意：计算长度时，只需要计算结束标志'\0'之前的字符，而不管结束标志'\0'之后是什么字符。例如，调用 strlen("abcd\0ef\0g")的返回值是 4。

【例 5.24】字符串长度测试函数的使用举例。

```
#include <stdio.h>
#include <string.h>
void main()
{  char s[]="Hello human";    /* 定义一维字符数组 s，并对其初始化 */
   int n1,n2,n3;
   n1=strlen(s);               /* 计算字符数组 s 的长度，并将其赋值给 n1 */
   n2=strlen("123");           /* 计算字符串常量"123"的长度，并将其赋值给 n2 */
   n3=strlen("");              /* 计算字符串常量""的长度，并将其赋值给 n3 */
   printf("n1=%d, n2=%d, n3=%d",n1,n2,n3);   /* 输出 n1、n2、n3 的值 */
}
```

程序运行结果：

```
n1=11, n2=3, n3=0
```

7．大写字母转小写字母函数 strlwr()

调用格式：strlwr(字符串)

功能：将字符串中的大写字母转换成小写字母。

8. 小写字母转大写字母函数 strupr()

调用格式：strupr(字符串)

功能：将字符串中的小写字母转换成大写字母。

【例 5.25】大小写字母转换函数的使用举例。

```
#include <stdio.h>
#include <string.h>
void main()
{  char s1[]="CHinA";
   char s2[]="JiaXiang";
   printf("%s, %s\n",strlwr(s1),strupr(s2));
}
```

程序运行结果：

```
china, JIAXIANG
```

以上介绍了 C 库函数中提供的几种常用的字符串处理函数，当然，库函数中还有很多其他的函数，不同类型的库函数声明在不同的头文件中，在使用时要把库函数对应的头文件包含进来（guts、gets 包含在“stdio.h”中，strcat、strcpy、strcmp、strlen、strlwr、strupr 包含在“string.h”中）。应该说明的是，每个系统提供的函数的数量，函数的功能都不尽相同，所以，使用时最好查一下函数手册。

5.4.6 字符数组程序举例

【例 5.26】任意输入 3 个字符串，并找出其中最大的一个。

设有 3 个一维数组 s1[N]、s2[N]、s3[N]，将输入的 3 个字符串分别存放在这 3 个一维数组中。用 strcmp()函数比较字符串的大小。首先比较前两个，把较大者使用 strcpy()函数复制到一维字符数组变量 str 中，再比较 str 和第三个字符串。

根据上述分析，算法可以用如图 5-10 所示的 N-S 图描述。

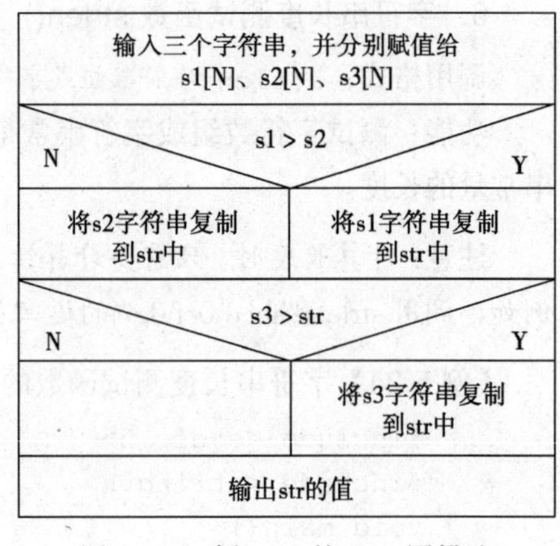

图 5-10　例 5.26 的 N-S 图描述

基于图 5-10 所描述的算法编写的程序如下：

```
#include <stdio.h>
#include <string.h>
#define N 30                          /* 宏定义字符串的最大长度 N 为 30 */
void main()
{  char s1[N],s2[N],s3[N];            /* 定义一维字符数组 s1、s2、s3 */
   char str[N];                       /* 定义一维字符数组 str 用于存放最大的一个字符串 */
   gets(s1);gets(s2);gets(s3);        /* 从键盘分别输入字符串给 s1、s2、s3 */
   if(strcmp(s1,s2)>0)                /* 若字符串 s1>s2，则将 s1 字符串复制到 str */
     strcpy(str,s1);
   else                               /* 若字符串 s1≤s2，则将 s2 字符串复制到 str */
     strcpy(str,s2);
```

```
    if(strcmp(s3,str)>0)            /* 若字符串s3大于str,则将s3字符串复制到str */
      strcpy(str,s3);
    printf("The largest string is:\n%s\n",str);  /* 输出最大的字符串 str */
}
```

程序运行结果：

```
China↙
Brazil↙
America↙
The largest string is:
China
```

程序也可以用二维字符数组来处理。设有一个二维数组 s[3][15]，根据前面的介绍，可以把一个二维数组 s[3][15]看成 3 个一维数组 s[0]、s[1]、s[2]，它们各有 15 个元素。将输入的 3 个字符串分别存放在这 3 个一维数组中。

根据上述分析编写的程序如下：

```
#include <stdio.h>
#include <string.h>
#define N 3                          /* 宏定义字符串个数 N 为 3 */
void main()
{  char str[15],s[N][15];             /* 定义一维和二维字符数组 s、str */
   int i;
   for(i=0;i<N;i++)                  /* 此循环用于输入 N 个字符串 */
     gets(s[i]);
   strcpy(str,s[0]);                 /* 把第一个字符串复制到字符数组 str 中 */
   for(i=1;i<N;i++)                  /* 此循环用字符串之间的比较 */
     if(strcmp(s[i],str)>0)
       strcpy(str,s[i]);             /* 把最大的字符串复制到字符数组 str 中 */
   printf("The largest string is:\n%s\n",str);      /* 输出最大的字符串 */
}
```

【例 5.27】编写一个程序，输入若干个学生的姓名，然后在其中查找指定的姓名。

定义二维字符数组 name，将该班学生的姓名存入 name 数组。输入要查找学生的姓名，与 name 数组中每个学生的姓名进行比较。找到相同的字符串打印“Yes”，否则打印“No”。

根据上述分析编写的程序如下：

```
#include <stdio.h>
#include <string.h>
#define N 3                          /* 宏定义学生人数 N 为 3 */
void main()
{  char name[N][20],s[20];
   int i;
   printf("input name of student:\n");
   for(i=0;i<N;i++)                  /* 通过 for 循环输入 N 个学生的姓名 */
     scanf("%s",name[i]);
   printf("input name:\n");
   scanf("%s",s);                    /* 从键盘输入要查找的学生姓名 */
```

```
   for(i=0;i<N;i++)                /* 此循环用于查找学生姓名是否存在 */
     if(strcmp(s,name[i])==0)
       break;
   if(i<N)                         /* 若查找成功，则输出 Yes */
     printf("Yes\n");
   else                            /* 若查找不成功，则输出 No */
     printf("No\n");
}
```

程序运行结果：

```
input name of student:
wangming↙
zhangwen↙
chenhong↙
input name:
chenhong↙
Yes
```

【例 5.28】将 N 个国家名按字母顺序排序后输出。

本问题属于多个字符串的排序问题。定义一个二维字符数组 s[N][M]，把此二维数组看成 *N* 个一维数组 s[0]，s[1]，…，s[N]，从键盘上输入 N 个国家名分别存放在这 N 个一维数组中（M 表示国家名的最大长度），然后用选择法对这 N 个字符串排序。

根据上述分析编写的程序如下：

```
#include <stdio.h>
#include <string.h>
#define N 5                        /* 宏定义国家数量 N 为 5 */
#define M 15                       /* 宏定义国家名 M 的最大长度为 15 */
void main()
{  char s[N][M],str[M];            /* 定义 s[N][M]存放国家名，str[M]临时存放国家名 */
   int i,j;
   printf("input %d of string:\n",N);
   for(i=0;i<N;i++)                /* 通过 for 循环输入 N 个国家名 */
     gets(s[i]);
   printf("\n");
   for(i=0;i<N-1;i++)              /* 通过二重循环实现国家名按字母顺序排列 */
     for(j=i+1;j<N;j++)
       if(strcmp(s[i],s[j])>0)
       {  strcpy(str,s[i]);
          strcpy(s[i],s[j]);
          strcpy(s[j],str);
       }
   for(i=0;i<N;i++)
     printf("%s  ",s[i]);
}
```

程序运行结果：

```
China↙
Brazil↙
```

```
America↙
Japan↙
France↙
America  Brazil  China  France  Japan
```

5.5　程 序 举 例

【例 5.29】从键盘输入 5 个学生的姓名，要求找出姓名中字符最长的一个。

对输入的 5 个学生的姓名，通过 for 循环利用 strlen()函数逐次对 5 个学生的姓名进行比较，取出字符数最多者。

根据上述分析编写的程序如下：

```
#include <stdio.h>
#include <string.h>
void main()
{  static char name[5][40];
   char max[40]="Max name:";
   int i,maxlen=0,count=0;
   printf("input name:\n");
   for(i=0;i<5;i++)                    /* 通过for循环从键盘输入5个学生的姓名 */
     gets(name[i]);
   for(i=0;i<5;i++)                    /* 通过 for 循环比较 5 个学生的姓名长度 */
   {  if(maxlen<strlen(name[i]))
      {  maxlen=strlen(name[i]);
         count=i;
      }
   }
   strcat(max,name[count]);            /* 通过strcat()函数连接两个字符串 */
   puts(max);                          /* 输出连接后的字符串 */
}
```

程序运行结果：

```
Zhang↙
Li↙
Wang↙
Chen↙
Wei↙
Max name: Zhang
```

【例 5.30】删除字符串中指定的一个字符。

我们把字符串存放在一个一维字符数组 s[]中，而把指定的一个字符赋值给字符变量 c，按照题意，假设 s[]="123*4**56789"，c='*'，那么执行结果 s[]="123456789"。

根据上述分析编写的程序如下：

```
#include <stdio.h>
void main()
```

```
{  char s[]="123*4**56789";
   char c='*';
   int j=0, k=0;
   while(s[j]!='\0')                         /* 此循环用于删除字符串中指定的字符 */
   {  if(s[j]!=c)
      {  s[k]=s[j];
         k++;
      }
      j++;
   }
   s[k]='\0';                                /* 对处理过的字符串加上结束标志'\0' */
   printf("%s\n",s);                         /* 输出字符串 */
}
```

程序运行结果：

```
123456789
```

【例 5.31】从键盘输入两个字符串 str1 和 str2，要求各字符串中无重复的字符，求两者的交集。若交集非空，则输出。

在求交集的过程中，要使用两层循环，外层循环逐一列举 str1 中的字符，内层循环针对外层循环列举的每一个字符在 str2 中搜索，若找到相同字符，则认为此字符在 str1 和 str2 的交集中而将其记录下来，否则将它丢弃。

根据上述分析，算法可以用如图 5-11 所示的 N-S 图描述。

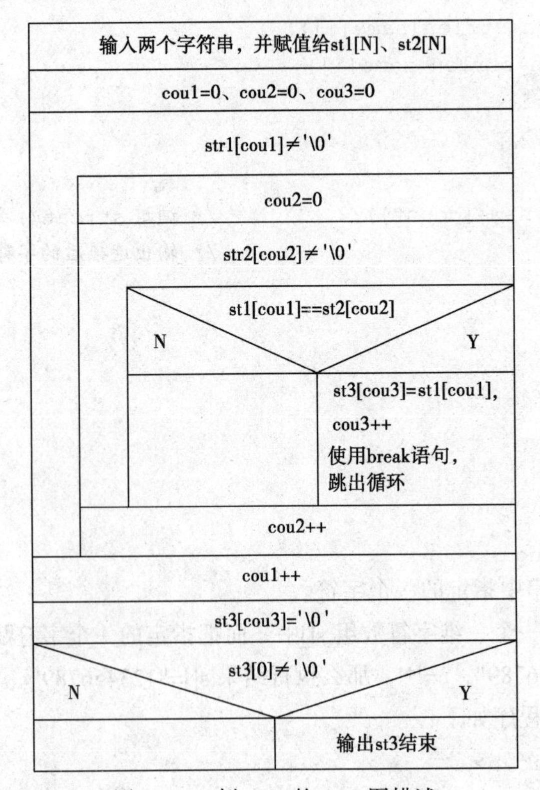

图 5-11　例 5.31 的 N-S 图描述

基于图 5-11 所描述的算法编写的程序如下：

```
#include <stdio.h>
#define N 10
void main()
{  char st1[N],st2[N],st3[N];       /* 定义一维字符数组 st1、st2、st3 */
   int cou1=0,cou2=0,cou3=0;        /* 定义整型变量 cou1、cou2、cou3 并对其赋值 */
   scanf("%s",st1);
   scanf("%s",st2);
   while(st1[cou1]!='\0')           /* 通过循环嵌套求出两个字符串的交集 */
   {  cou2=0;
      while(st2[cou2]!='\0')
      {  if(st1[cou1]==st2[cou2])   /* 将 st1 中的字符在 st2 中搜索 */
         {  st3[cou3]=st1[cou1];    /* 将交集存放在数组 st3 中 */
            cou3++;
            break;
         }
         cou2++;
      }
      cou1++;
   }
   st3[cou3]='\0';                  /* 将字符串交集加上结束标志'\0' */
   if(st3[0]!='\0')                 /* 若 st3 非空，则有交集字符串输出*/
      printf("%s\n",st3);
}
```

程序运行结果：

```
abcdefg↙
xyuvcde↙
cde
```

本 章 小 结

本章主要介绍了数组的基本概念，包括数组的定义、数组的存储、数组的初始化方法、数组元素的引用、数组元素的输入和输出方法。使用一维数组和多维数组时应注意：数组名是一个标识符，要符合标识符的命名规则。

注意 C 语言数组的下标是从 0 开始的，所以在实际引用数组元素时下标要减 1。另外对于字符型的数组元素，最后一个字符是字符串结束标志'\0'，所以在定义数组时要预先留出结束标志的位置。另外数组名本身可以表示数组的起始地址。

注意字符串比较不能直接使用关系运算符，而是使用 strcmp()函数。不能用赋值语句将一个字符数组直接赋给另一个数组，而应该使用 strcpy()函数实现将字符串赋给另一个字符数组。

习 题

一、单选题

1. 若有定义 int a[10];，则对 a 数组元素的正确应用是（　　）。

A. a[10];　　B. a(10)　　C. a[10-10];　　D. a[10.0]

2. 以下能对一维数组 a 进行正确初始化的语句是（　　）。

A. int a[10]=(0,0,0,0,0);　　B. int a[10]={ };

C. int a[ ]={0};　　D. int a[10]=(10*1);

3. 若有说明 int a[ ][3]={1,2,3,4,5,6,7};，则 a 数组第一维的大小是（　　）。

A. 2　　B. 3　　C. 4　　D. 不正确

4. 下列定义正确的是（　　）。

A. static int a[ ]={1,2,3,4,5};　　B. int b[ ]={2,5};

C. int a(10);　　D. int 4e[ ];

5. 假设 array 是一个有 10 个元素的整型数组，则下列写法中正确的是（　　）。

A. array[0]=10　　B. array=0　　C. array[10]=0　　D. array[-1]=0

6. 设有 char str1[10],str2[10],c1;，则下列语句正确的是（　　）。

A. str1={"china"};str2=str1;　　B. c1="ab";

C. str1={"china"};str2={"people"}; strcpy(str1,str2);　　D. c1='a';

7. 下面程序段的输出结果是（　　）。

```
static char str[10]={"china"};
printf("%d",strlen(str));
```

A. 10　　B. 6　　C. 5　　D. 0

8. 以下程序段的输出结果是（　　）。

```
char str[ ]="ab\n\012\\\"";
printf("%d",strlen(str));
```

A. 3　　B. 4　　C. 6　　D. 12

二、填空题

1. 在 C 语言中，二维数组元素在内存中的存放顺序是按________存放的。

2. 对于数组 a[m][n]来说，使用某个元素时，行下标最大值是________，列下标最大值是________。

3. 若有定义 int a[3][5]={{0,1,2,3,4},{3,2,1,0},{0}};，则初始化后 a[1][2]的值是________，a[2][1]的值是________。

4. 下面程序的输出结果是________。

```
#include <stdio.h>
void main()
{  int i,j,k,n[3];
   for(i=0;i<3;i++)
      n[i]=0;
   k=2;
```

```
   for(i=0;i<k;i++)
      for(j=0;j<k;j++)
         n[j]=n[i]+1;
   printf("%d\n ",n[1]);
}
```

5. 下面程序的输出结果是________。

```
#include <stdio.h>
void main()
{  int i,j,n=1,a[2][3];
   for(i=0;i<2;i++)
      for(j=0;j<3;j++)
         a[i][j]=n++;
   for(i=0;i<2;i++)
      for(j=0;j<3;j++)
   printf("%4d ",a[i][j]);
   printf("\n");
}
```

6. 下面程序的功能是将字符串 s 中的所有字符 c 删除。补足所缺语句。

```
#include <stdio.h>
void main()
{  char s[80];
   int i,j;
   gets(s);
   for(i=j=0;s[i]!='\0';i++)
      if(s[i]!='c')________;
   s[j]='\0';
   puts(s);
}
```

7. 下面程序的输出结果是________。

```
#include <stdio.h>
void main()
{  char ch[8]={"652ab31"};
   int i,s=0;
   for(i=0;ch[i]>'0'&&ch[i]<='9';i+=2)
      s=10*s+ch[i]-'0';
   printf("%d\n ",s);
}
```

8. 下面程序的功能是删除字符串 s 中的数字字符，请填空。

```
#include <stdio.h>
void main()
{  char s[]="1ds34e3jfjjjr233";
   int j,k;
```

```
    for(j=0,k=0;s[j];j++)
      if(s[j]>='0'_______s[j]<='9')
      {  s[k]=s[j];
         _______;
      }
    s[k]=_______;
}
```

三、编程题

1. 定义含有 10 个元素的数组，并将数组中的元素按逆序重新存放后输出。
2. 在一维数组中找出值最小的元素，并将其值与第一个元素的值对调。
3. 假设 10 个整数用一个一维数组存放，编写一个程序求其最大值和次大值。
4. 有一个 $n×n$ 的矩阵，求两个对角线元素的和。
5. 输入几个学生的成绩，在第一行输出成绩，在第二行成绩的下面输出该成绩的名次。
6. 编写程序，将两个字符串连接起来，不要用 strcat()函数。
7. 输入一串字符，以'？'结束，统计其中每个数字 0，1，2，…，9 出现的次数。

第 6 章 函数与编译预处理

函数是C语言程序的基本模块，由于采用了函数模块式的结构，C语言易于实现结构化程序设计，使程序的结构清晰、减少重复编写程序的工作量、提高程序的可读性和可维护性。本章主要介绍函数的定义与调用、函数间的数据传递方法、函数的递归调用、变量的作用域和存储类别以及编译预处理命令等相关内容。

6.1 函数概述

在学习C语言函数之前，我们先来介绍一下模块及模块化程序设计方法。

6.1.1 模块化程序设计方法

通常人们在求解一个复杂或较大规模的问题时，一般都采用逐步分解、分而治之的方法，也就是把一个大而复杂的问题分解成若干个比较容易求解的小问题，然后分别求解。人类的认知过程也遵守 Miller 法则，即一个人在任何时候都只能把注意力集中在(7 ± 2)个知识块上。根据这一法则，程序员在设计一个大而复杂的程序时，往往也是首先把整个程序划分为若干个功能较为单一的程序模块，其次分别予以实现，最后再把所有的程序模块像搭积木一样装配起来，完成一个完整的程序，从而达到所要求的目的。这种在程序设计中逐步分解、分而治之的策略，称为模块化程序设计方法。

如果软件可划分为可独立命名和编程的部件，则每个部件称为一个模块。模块化就是把系统划分成若干个模块，每个模块完成一个子功能，把这些模块集中起来组成一个整体，从而完成指定的功能，满足问题的要求。

例如，图书管理系统模块划分如图 6-1 所示。

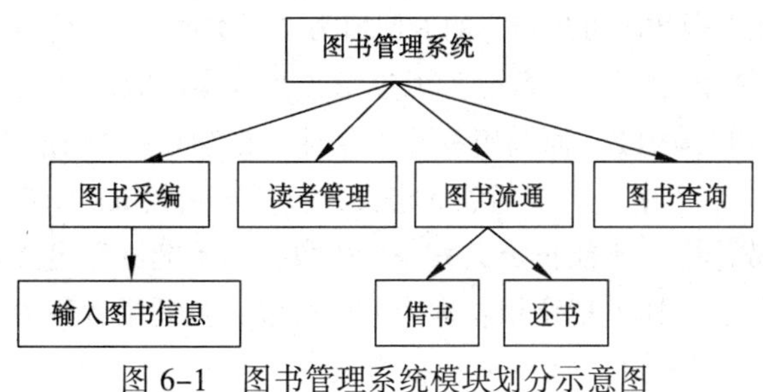

图 6-1 图书管理系统模块划分示意图

在 C 语言中，函数是程序的基本组成单位，因此可以很方便地用函数作为程序模块来实现 C 语言程序。利用函数，不仅可以实现程序的模块化，避免大量的重复工作、简化程序，提高程序的易读性和可维护性，还可以提高效率。例如，以下是使用主函数调用 line()函数输出一个简单的信头程序。

```
#include <stdio.h>
void line()                                              /* 定义函数 */
{  printf("======================================\n");
}
void main()
{  line();                                               /* 调用函数 */
   printf("%s"," Xinjiang Agricultural University\n");
   printf("%s"," No.42 Nanchang Rd,Urumqi,Xinjiang,P.R.China\n");
   line();                                               /* 调用函数 */
}
```

程序运行结果：

```
======================================
  Xinjiang Agricultural University
  No.42 Nanchang Rd,Urumqi,Xinjiang,P.R.China
======================================
```

在上述程序中引进 line()函数，可以避免当需要重复打印信头时，重复编写打印信头的语句。

6.1.2 函数的分类

C 语言不仅提供了极为丰富的库函数，还允许用户建立自己定义的函数。我们可以从不同的角度对 C 语言的函数进行分类。

① 从函数定义的角度，函数可分为库函数（又称标准函数）和用户自定义函数两种。库函数包括了常用的数学函数、字符和字符串处理函数、输入/输出函数等。对每一类库函数，系统都提供了相应的头文件，该头文件中包含了这一类库函数的声明，如数学函数的说明包含在“math.h”文件中，所以程序中如果要用到库函数时，在程序文件的开头应使用#include 命令包含相应的头文件。用户自定义函数是用户根据自身需要编写的函数，以解决用户的专门需要。

② 从函数是否具有返回值的角度，函数分为有返回值函数和无返回值函数两种。有返回值函数被调用执行完后将向调用者返回一个执行结果，即函数返回值。如数学函数 sin()等即属于此类函数。无返回值函数用于完成某项特定的处理任务，执行完成后不向调用者返回函数值。由于函数无须返回值，用户在定义此类函数时可指定它的返回值为“空类型”，空类型的说明符为“void”。

③ 从函数是否带有参数角度，函数分为无参函数和有参函数两种。无参函数在调用时，主调函数并不将数据传送给被调函数。而调用有参函数时，在主调函数和被调函数之间有数据传送。

值得注意的是，在 C 语言中，所有函数的定义，包括主函数 main()在内，都是平行的。也就是说，在一个函数的函数体内，不能再定义另一个函数，即不能嵌套定义。但是函数之间允许相互调用，也允许嵌套调用。习惯上把调用者称为主调函数，被调用者称为被调函数。例如，在上述程序中，main()函数为主调函数，而 line()函数为被调函数。

6.1.3　函数的定义

函数是 C 语言程序的模块结构，除了标准库函数以外，要在 C 语言程序中使用用户自定义函数，必须遵循函数的先定义、后声明、再使用的步骤，即首先应定义好函数的数据类型、存储类型和函数体，然后才能进行使用。C 语言函数的定义形式如下：

```
数据类型说明符 函数名([形参定义表])
{
   内部资料的说明
   执行语句
}
```

例如：

数据类型说明符　函数名　形参类型　形参

```
float  max( float  x,  float  y )
{  float z;
   if(x>y)
      z=x;
   else
      z=y;
   return(z);
}
```

说明：

① 数据类型确定该函数返回值的数据类型，省略时系统认为是整型或字符型。

② 函数名由用户自己确定，必须符合 C 语言标识符的规则。

③ 形参之间用逗号隔开。函数可以没有形参，但函数名后面的一对圆括号不能缺少。

【例 6.1】 编写一个函数，输出由指定数量的指定字符组成的分隔条。

```
#include <stdio.h>                   /* 程序需要使用 C 语言提供的标准函数库 */
#include <string.h>                  /* 程序需要使用 C 语言提供的标准函数库 */
void line(char c,int n)              /* 此函数用于输出由指定字符组成的分隔条 */
{  int i;
   for(i=1;i<=n;i++)                 /* 循环 n 次 */
      putchar(c);                    /* 循环输出 n 个字符 */
   printf("\n");
}
void main()                          /* 主函数 */
{  line('*',47);                     /* 传送'*'字符以及输出的字符个数 47 */
   printf("%s","  Xinjiang Agricultural University\n");
   printf("%s","  No.42 Nanchang Rd,Urumqi,Xinjiang,P.R.China\n");
   line('*',47);                     /* 传送'*'字符以及输出的字符个数 47 */
}
```

程序运行结果：

```
*****************************************
   Xinjiang Agricultural University
   No.42 Nanchang Rd,Urumqi,Xinjiang,P.R.China
*****************************************
```

6.2　函数的调用

在 C 语言中，用户可以根据需要调用任何函数来完成某种处理。一个函数调用另一个函数称为函数调用。其调用者称为调用函数，被调用的函数称为被调用函数。

6.2.1　函数的调用方式

函数调用的一般形式为：

函数名(实参表)

实参可以是常量、变量、表达式及函数，各实参之间用逗号隔开，如果函数没有参数，则“实参表”为空。

函数的调用有 3 种方式：

① 函数表达式。函数调用出现在表达式中。例如：

```
s=area(3,4,5);
```

是一个赋值表达式，把 area()函数的返回值赋予变量 s。

② 函数语句。函数的调用是一个单独的语句。例如：

```
printf("I love China.\n");
scanf("%d",&a);
```

都是以函数语句的方式调用函数。

③ 函数参数。函数的调用出现在参数的位置。例如：

```
printf("%d",min(x,y));
max(max(a,b),c);
```

前者把 min()函数的返回值作为 printf()函数的实参来使用，而后者把 max()函数的返回值又作为 max()函数的实参来使用。

在函数调用中还应该注意的一个问题是，求值顺序的问题，所谓求值顺序是指对实参表中各变量是自左至右使用，还是自右至左使用。对此，各系统的规定不一定相同。

【例 6.2】求 m 个元素中取出 n 个元素的组合数。

求组合的公式为：$C_m^n = \dfrac{m!}{n!(m-n)!}$

这个问题要求计算 3 次阶乘，因此编写一个函数计算阶乘，主函数 3 次调用计算阶乘的函数，即可完成组合的计算。

根据上述分析编写的程序如下：

```
#include <stdio.h>
```

```
long fac(int n)                       /* 此函数用于计算阶乘 */
{  long t=1;
   int k;
   for(k=2;k<=n;k++)
      t=t*k;
   return(t);
}
void main()
{  long cmn;
   int m,n,t;
   printf("input m,n=");
   scanf("%d,%d",&m,&n);
   if(m<n)                            /* 若m<n，则交换m、n的值 */
   {  t=m;m=n;n=t;  }
   cmn=fac(m);                        /* 调用 fac()函数计算m! */
   cmn=cmn/fac(n);                    /* 调用 fac()函数计算n!，并且计算m!/n!*/
   cmn=cmn/fac(m-n);  /* 调用 fac()函数计算(m-n)!，并且计算m!/(n!(m-n)!) */
   printf("cmn=%ld\n",cmn);           /* 输出计算结果 */
}
```

程序运行结果：

```
input m,n=10,3↙
cmn=120
```

6.2.2 对被调函数原型的声明

C 语言程序中一个函数调用另一个函数需要具备的条件是：

① 被调用的函数必须是已经存在的函数，是库函数或用户自定义函数。

② 如果调用库函数，必须要在程序文件的开头用#include 命令将与被调用函数有关的库函数所在的头文件包含到文件中来。如在前面几章已经用过的文件包含宏命令（具体分析见 6.7 节内容）：

```
#include <math.h>                     /* 说明被调用函数将要用到数学函数*/
```

③ 如果调用用户自定义函数，并且该函数与调用它的函数（即主调函数）在同一个程序文件中，一般还应该在主调函数中对被调函数进行声明。即向编译系统声明将要调用此函数，并将有关信息通知编译。与函数定义的格式对应，函数的声明格式如下：

```
存储类型 类型标识符 函数名(形参的定义表);
```

例如，要对例 6.1 和例 6.2 中被调用函数 void line(char c,int n)进行函数原型的声明，只在其最后再加一个分号即可，即如下：

```
void line(char c,int n);
long fac(int n);
```

以下几种情况可以不在主调函数中对被调函数原型进行声明：

① 如果被调用函数的定义出现在主调函数之前，可以不必加声明。

例如，在例 6.1 和例 6.2 中，函数 line()和 fac()均被写在主函数 main()之前，在主函数 main()的前面可以不必对被调函数 line()、fac()进行声明。如果函数 line()和 fac()均被写在主函数 main()之后，则在主函数 main()之前必须对被调函数 line()、fac()进行声明。例如，例 6.1 将其写在#include <string.h>和 void line(char c,int n)之间，例 6.2 写在#include <stdio.h>和 long fac(int n)之间。

② 如果一个函数只被另一个函数所调用，在主调函数中声明和在函数外声明是等价的。如果一个函数被多个函数所调用，可以在所有函数的定义之前对被调函数进行声明，这样，在所有主调函数中就不必再对被调函数进行声明了。

函数的定义和函数原型的声明不是一回事。函数的定义是对函数功能的确定，包括指定函数名、函数值的类型、形式参数及其类型、函数体等，它是一个完整的、独立的程序函数单位。函数原型的声明的作用是把函数的名字、函数的类型及参数的类型、个数、顺序通知编译系统，以便在调用该函数时系统按此进行对照检查（函数名是否正确，实参和形参的个数、类型、顺序是否一致）。另外，对被调函数原型的声明，仅仅是在已定义的函数的首部最后再加一个分号即可。

另外，是否只要把所有函数的定义都放在前面，就不需要对函数原型进行声明了呢？这种想法是不可取的。为了提高程序的可读性和可维护性，一个好的程序员总是在程序的开头声明所有用到的函数和变量。一般来说，比较好的程序书写顺序是，先写函数原型的声明，然后写主函数，最后再写用户自定义的函数。

6.3 函数的参数传递方式与函数的返回值

6.3.1 函数的参数传递方式

函数的参数主要用于在主调函数和被调函数之间进行数据传递。在定义函数时，函数名后面圆括号中的变量名称为形式参数，简称形参。在主调函数中调用一个函数时，函数名后面圆括号中的参数称为实际参数，简称实参。在函数调用时，主调函数把实参的值（实参都必须具有确定的值）传送给被调函数的形参，从而实现主调函数向被调函数的数据传送，达到被调函数从主调函数接收数据的目的。在 C 语言中，参数的类型不同，其传递方式也不同，下面给出 C 语言中的参数传递方式。

1. 简单变量作为函数参数

简单变量作为函数参数时，主调函数把实参的值传送给被调函数的形参，从而实现主调函数向被调函数的数据传送。进行数据传送时，形参和实参具有以下特点：

① 形参与实参各占独立的存储单元。但是值得注意的是，形参变量只有在被调用时才分配临时内存单元，在调用结束时，立即释放所分配的内存单元。因此，形参只有在函数内部使用，函数调用结束返回主调函数后，则不能再使用该形参变量。

② 函数调用中发生的数据传送是单向的（也被称为“值传递”方式），即只能把实参的值传送给形参，而不能把形参的值反向地传送给实参，因此在函数调用过程中，形参的值发生改变，而实参中的值不会变化。

【例 6.3】编写一个程序，将主函数中的两个变量的值传送给 swap()函数中的两个形参，交换两个形参的值。

```
#include <stdio.h>
void swap(int x,int y)           /* 简单变量x、y作被调函数的形参 */
{  int t;
   t=x; x=y; y=t;                /* 通过中间变量t，进行数据交换 */
   printf("x=%d, y=%d\n",x,y);
}
void main()
{  int a=10,b=20;
   swap(a,b);                    /* 调用swap()函数时，简单变量a,b作实参 */
   printf("a=%d, b=%d\n",a,b);
}
```

程序运行结果：

```
x=20, y=10
a=10, b=20
```

在主函数中调用swap()函数，将实参a的值10传送给形参x，将实参b的值20传送给形参y，在swap()函数中将x和y的值交换，然后返回调用它的主函数。由于形参的值不会回传给实参，因此，在主函数中输出a的值仍然为10，b的值仍然为20。

2. 数组作为函数的参数

（1）数组元素作为函数的参数

数组元素作为函数的参数，与简单变量作为参数一样，遵循单向的“值传递”。即数组元素把它的值传递到系统为形参变量分配的临时存储单元中。

【例 6.4】一个班学生的成绩已存入一个一维数组中，调用函数统计及格的人数。

```
#include <stdio.h>
#define N 10
int fun(int x)                   /* 简单变量作为被调函数的形参 */
{  if(x>=60)
      return(1);                 /* 若学生成绩及格返回1 */
   else
      return(0);                 /* 若学生成绩不及格返回0 */
}
void main()
{  int cj[N]={76,80,65,60,58,91,47,63,70,85};
   int count=0,k;
   for(k=0;k<N;k++)
      if(fun(cj[k]))             /* 调用fun()函数时，数组元素cj[k]作实参 */
         count++;                /* 若fun(cj[k])的值为1,则学生及格人数加1 */
   printf("count=%d\n",count);   /* 输出及格的人数 */
}
```

程序运行结果：

```
count=8
```

（2）数组名作为函数的参数

简单变量和数组元素作为函数的参数，遵循的是“值传递”方式，而数组名作为函数的参数，遵循“地址传递”方式，即在函数调用时，若数组名作为函数的参数，则将数组的起始地址（数组名代表数组的起始地址）作为参数传递给形参。换言之，“地址传递”方式的特点是，形参数组和实参数组共同使用同样的内存单元，被调函数中对形参数组的操作其实就是对实参数组的操作，因此，函数中对形参值的改变也会改变实参的值。

【例 6.5】一个班学生的成绩已存入一个一维数组中，调用函数求平均成绩。

```
#include <stdio.h>
#define N 10
float average(float x[N])          /* 数组作为被调函数的形参 */
{  float sum=0,aver;
   int k;
   for(k=0;k<N;k++)                /* 计算成绩之和 */
      sum+=x[k];
   aver=sum/N;                     /* 计算平均成绩 */
   return(aver);
}
void main()
{  float cj[N],aver;
   int k;
   printf("input %d scores:\n",N);
   for(k=0;k<N;k++)                /* 通过键盘输入 N 个学生的成绩 */
      scanf("%f",&cj[k]);
   aver=average(cj);               /* 调用 average()函数时，数组名 cj 作为实参 */
   printf("average score is:%6.2f\n",aver);
}
```

程序运行结果：

```
input 10 scores:
78 67 60 58 90 88 71 54 62 80↙
average score is: 70.80
```

【例 6.6】使用调用函数的方法，将两个字符串连接成一个字符串。

```
#include <stdio.h>
#define M 50                       /* 定义第一个字符串的最大长度 */
#define N 25                       /* 定义第二个字符串的最大长度 */
void cat_str(char str1[M],char str2[N]) /* 字符数组作为被调函数的形参 */
{ int i=0,j=0;
   while(str1[i]!='\0')            /* 测出第一个字符串的长度 */
      i++;
   while(str2[j]!='\0')            /* 将第二个字符串连接到第一个字符串的后面 */
   {  str1[i]=str2[j];
      i++;
      j++;
   }
}
```

```
void main()
{  char str1[M]={'A','B','C'};                    /* 定义并初始化第一个字符串 */
   char str2[N]={'D','E','F','G','H'};            /* 定义并初始化第二个字符串 */
   printf("str1:%s\n",str1);                      /* 输出第一个字符串 */
   printf("str2:%s\n",str2);                      /* 输出第二个字符串 */
   cat_str(str1,str2);                            /* 调用函数进行字符串的连接 */
   printf("strcat string:%s\n",str1);             /* 输出连接后的字符串 */
}
```

程序运行结果：

```
str1:ABC
str2:DEFGH
strcat string:ABCDEFGH
```

注意：在被调函数中可以说明形参数组的大小，也可以不说明形参数组的大小。例如，在例 6.5 和例 6.6 中，可以写成：average(float x[])和 cat_str(char str1[],char str2[])。实际上指定形参数组的大小不起任何作用。因为，C 编译系统对形参数组的大小不做检查，只是将实参数组的起始地址传递给对应的形参数组。有时为了处理的需要，可以设置另一个参数传递需要处理的数组元素的个数。另外，实参数组名和形参数组名可一致，也可以取不同的数组名。

（3）多维数组名作为函数的参数

多维数组名作为函数的参数时，除第一维可以不指定长度外（也可以指定），其余各维都必须指定长度。因此，以下写法都是合法的：

```
int fun(int a[3][4])
```

或

```
int fun(int a[][4])
```

【例 6.7】使用调用函数的方法，求 3×4 矩阵中最大和最小的元素。

```
#include <stdio.h>
#define M 3                                       /* 定义矩阵的行数 */
#define N 4                                       /* 定义矩阵的列数 */
void put_matrix(int a[M][N])                      /* 输出矩阵的函数 */
{  int i,j;
   printf("array is:\n");
   for(i=0;i<M;i++)
   {  for(j=0;j<N;j++)
         printf("%4d",a[i][j]);
      printf("\n");
   }
   printf("\n");
}
void max(int a[][N],int b[])             /* 求矩阵元素中最大值和最小值的函数 */
{  int i,j;
   b[0]=a[0][0];                         /* 假设矩阵的第 1 行第 1 列的元素是最大的 */
```

```
    b[1]=a[0][0];                    /* 假设矩阵的第 1 行第 1 列的元素是最小的 */
    for(i=0;i<M;i++)
    {  for(j=0;j<N;j++)
       {  if(a[i][j]>b[0])           /* 将矩阵中最大的元素存放在b[0]中 */
             b[0]=a[i][j];
          if(a[i][j]<b[1])           /* 将矩阵中最小的元素存放在b[1]中 */
             b[1]=a[i][j];
       }
    }
}
void main()
{  int count,b[2],a[M][N]={{2,-1,6,8},{11,45,-25,0},{55,18,3,-7}};
   put_matrix(a);
   max(a,b);
   printf("max value is:%4d\nmin value is:%4d\n",b[0],b[1]);
}
```

程序运行结果：

```
array is:
 2  -1    6   8
11  45  -25   0
55  18    3  -7
max value is:  55
min value is: -25
```

【例 6.8】使用调用函数，实现 $N \times N$ 矩阵的转置。

```
#include <stdio.h>
#define N 3
void put_matrix(int a[N][N])       /* 输出矩阵的函数 */
{  int i,j;
   for(i=0;i<N;i++)
   {  for(j=0;j<N;j++)
         printf("%4d",a[i][j]);
      printf("\n");
   }
   printf("\n");
}
void fun(int b[][N])               /* 实现矩阵转置函数 */
{  int i,j,t;
   for(i=0;i<N;i++)                /* 将b矩阵i行j列元素和j行i列元素进行交换 */
      for(j=i+1;j<N;j++)
      {  t=b[i][j];
         b[i][j]=b[j][i];
         b[j][i]=t;
      }
}
void main()
```

```
{  int i,j,c[N][N]={{1,55,66},{35,1,75},{25,45,1}};
   printf("original matric:\n");
   put_matrix(c);                        /* 调用输出矩阵函数，输出原始矩阵 */
   fun(c);                               /* 调用矩阵转置函数 */
   printf("transposed matric:\n");
   put_matrix(c);                        /* 调用输出矩阵函数，输出转置矩阵 */
}
```

程序运行结果：

```
original matrix:
 1  55  66
35   1  75
25  45   1
transposed matrix:
 1  35  25
55   1  45
66  75   1
```

6.3.2 函数的返回值

函数的值是指函数被调用后，执行函数体中的语句序列后所取得的值。函数的值只能通过 return 语句返回主调函数。return 语句的一般形式为：

```
return;
return 表达式;
return(表达式);
```

return 语句的作用是，结束函数的执行，并将表达式的值带回给主调函数。

说明：

① 表达式的类型应与函数定义的数据类型一致，如果不一致则以函数定义的数据类型为准。

② 在一个函数中允许有多个 return 语句，流程执行到其中一个 return 时，立即返回主调函数。

③ 如果被调函数中没有 return 语句，函数不是不返回值，而是返回一个不确定的值。为了明确表示函数不带回值，可以定义函数为无类型"void"（或称空类型）。例如：

```
void printline()
{  printf("**********\n");
}
```

【例 6.9】求一个浮点数的绝对值。

```
#include <stdio.h>
float xabs(float x)                     /* 此函数用于求一个浮点数的绝对值 */
{  if(x<0)
      return(-x);
   else
      return(x);
}
```

```
void main()
{  float x,y;
   printf("input x=");
   scanf("%f",&x);
   y=xabs(x);                        /* 调用 xabs()函数，并将其结果赋值给 y */
   printf("y=%f\n",y);
}
```

程序运行结果：

```
input x=-3.5↙
y=3.500000
```

6.4 函数的嵌套调用与递归调用

6.4.1 函数的嵌套调用

函数的定义不能嵌套，但函数的调用可以嵌套，即被调用的函数还可以再调用其他函数。函数的嵌套调用执行过程如图 6-2 所示。其执行过程是：执行 main()函数中调用 f1()函数的语句时，即转去执行 f1()函数，在 f1()函数中又调用 f2()函数时，又转去执行 f2()函数，f2()函数执行完毕返回 f1()函数的断点继续执行，f1()函数执行完毕返回 main()函数的断点继续执行。

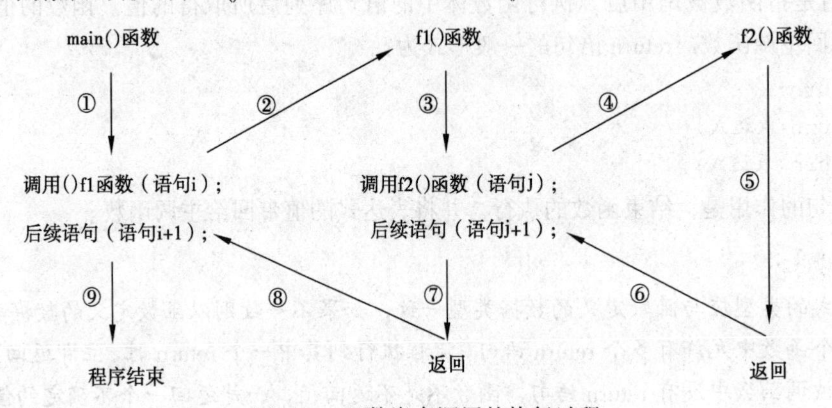

图 6-2 函数嵌套调用的执行过程

【例 6.10】函数的嵌套调用举例。

```
#include <stdio.h>
void f2()                            /* 定义函数 f2() */
{  printf(" BBB\n");
}
void f1()                            /* 定义函数 f1() */
{  printf("  A\n");
   f2();                             /* 调用函数 f2() */
}
void main()                          /* 定义主函数 */
{  f1();                             /* 调用函数 f1() */
   printf("CCCCC\n");
}
```

程序运行结果：

```
  A
 BBB
CCCCC
```

6.4.2　函数的递归调用

递归是在连续执行某一处理过程时，该过程中的某一步要用到它自身的上一步（或上几步）的结果。在一个程序中，若存在程序自己调用自己的现象就构成了递归。

递归又可分为直接递归和间接递归。如果函数 funA()在执行过程又调用函数 funA()自己，则称函数 funA()为直接递归。如果函数 funA()在执行过程中先调用函数 funB()，函数 funB()在执行过程中又调用函数 funA()，则称函数 funA()为间接递归。递归分为两个过程：

① 第一为递推过程：将一个原始问题分解为一个新的问题，而这个新的问题的解决方法仍与原始问题的解决方法相同，逐步从未知向已知推进，最终达到递归结束条件，这时递推过程结束。

② 第二为回归过程：从递归结束条件出发，沿递推的逆过程，逐一求值回归，直至递推的起始处，结束回归过程，完成递归调用。

值得注意的是，为了防止递归调用无终止地进行，必须在递归函数的函数体中给出递归终止条件，当条件满足时则结束递归调用，返回上一层，从而逐层返回，直到返回最上一层而结束整个递归调用。

【例 6.11】用递归方法求 $n!$。

$$n!=\begin{cases}1 & \text{当}\,n=0\,\text{或}\,1\,\text{时}\\ n\times(n-1)! & \text{当}\,n>1\,\text{时}\end{cases}$$

当 $n>1$ 时，$n!=n\times(n-1)!$，因此求 $n!$的问题转化成了求 $n\times(n-1)!$的问题，而求$(n-1)!$的问题与求 $n!$的解决方法相同，只是求阶乘的对象的值减去 1。当 n 的值递减至 1 时，$n!=1$，从而使递归得以结束。如果把求 $n!$写成函数 fact(n)的话，则 fact(n)的实现依赖于 fact(n−1)，同理 fact(n−1) 的实现依赖于 fact(n−2)……最后 fact(2) 的实现依赖于 fact(1)，fact(1)=1。由于已知 fact(1)，就可以向回推，计算出 fact(n)。

根据上述分析编写的程序如下：

```
#include <stdio.h>
float fact(int n)
{  float t;
   if(n==0||n==1)                    /* 当 n=0 或 n=1 时，递归结束 */
      t=1;
   else
      t=n*fact(n-1);                 /* 递归调用 fact()函数，并将值赋给 t */
   return(t);                        /* 返回 t 的值 */
}
void main()
{  int n;
   float f;
   printf("input n=");
   scanf("%d",&n);
```

```
    f=fact(n);                                   /* 调用 fact()函数，并将值赋给 f */
    printf("%d!=%5.0f\n",n,f);
}
```

程序运行结果：

```
input n=5↙
5!=  120
```

递归调用的具体过程如图 6-3 所示。

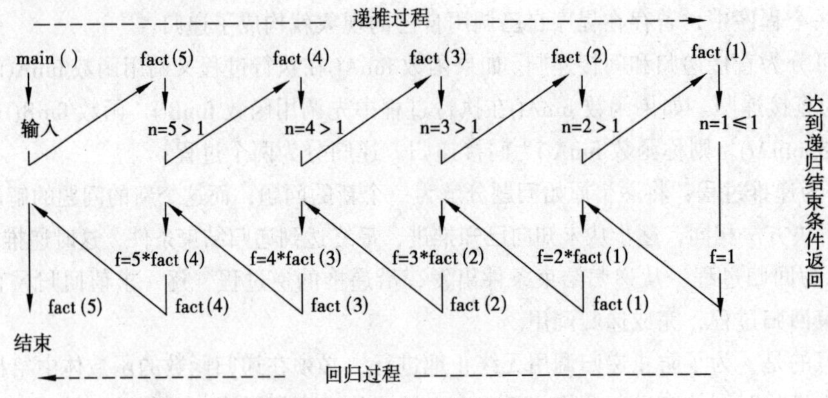

图 6-3　求 $n!$ 的递归调用示意图

【例 6.12】用递归方法求斐波那契（Fibonacci）数列的第 n 项。

斐波那契数列的规律是：每个数等于前两个数之和。即斐波那契数列的第 n 项 fibona(n)= fibona(n−1)+ fibona(n−2)，第 n−1 项 fibona(n−1)= fibona(n−2)+ fibona(n−3)……最后 fibona(3)= fibona(2)+ fibona(1)。即当 n=1、n=2 时，就可以向回推，计算出 fibona(n)。

根据上述分析编写的程序如下：

```
#include <stdio.h>
long fibona(int n)
{  long f;
   if(n==1||n==2)                                /* 当 n=1 或 n=2 时，递归结束 */
      f=1;
   else
      f=fibona(n-1)+fibona(n-2);                 /* 递归调用 */
   return(f);
}
void main()
{  long int n;
   printf("input n=");
   scanf("%ld",&n);
   printf("fibona=%ld\n",fibona(n));             /* 调用 fibona()函数，并输出其值 */
}
```

程序运行结果：

```
input n=20↙
fibona=6765
```

6.5　变量的作用域与存储类别

C 语言程序中的任何变量，系统都会在适当的时间为变量分配内存单元，而且每一个变量都有两个属性：数据类型和数据的存储类别。变量的数据类型决定了变量在内存中所占的字节数以及数据的表示方法。变量的存储类别决定了变量在空间上的作用域和时间上的生存期（变量存在的时间）。例如在前面已介绍，以某种数据类型声明的函数的形参变量只有在函数被调用期间才分配内存单元，调用结束立即释放。这一点表明形参变量只有在函数内才是有效的，离开该函数就不能再使用了。本节将介绍变量的作用域与存储类别。

6.5.1　局部变量和全局变量

在 C 语言中，所有的变量都有自己的作用域。变量的作用域是指变量在 C 程序中的有效范围。变量定义的位置不同，其作用域也不同。C 语言中的变量按照作用域分为局部变量和全局变量，也称为内部变量和外部变量。

如果变量定义在某函数或复合语句内部，则称该变量为局部变量。也就是说，局部变量只在定义它的函数内部或复合语句内有效。

如果变量定义在所有函数外部，则称该变量为全局变量。也就是说，全局变量的作用范围是从定义变量的位置开始到本程序文件结束，即全局变量可以被在其定义位置之后的其他函数所共享。

```
#include <stdio.h>
int u=1,v=2;
float f1(float x,int n)
{  int j,k;
   float y;
   …
}
float w=5.0;
int f2(float a,float b)
{  int j,k;
   float d;
   …
   {
      float c;
      c=a+b;
      …
   }
}
void main()
{  int m,n;
   float a;
   …
}
```

x、n、j、k、y 在此范围内有效

c 在此复合语句范围内有效

a、b、j、k、d 在此范围内有效

m、n、a 在此范围内有效

w 在此范围内有效

u、v 在此范围内有效

u、v、w 虽然都是全局变量，但它们的作用范围不同。即 u、v 在整个程序中都可以使用，而 w 只能在函数 f2()和主函数 main()中可以使用，不能在函数 f1()中使用。另外，可以看出，允许在不同的函数中使用相同的变量名（如局部变量 a、j），它们代表不同的对象，分配不同的存储单元，互不干涉，也不会发生混淆。

【例 6.13】下面的程序中包含有复合语句，分析其运行结果。

```
#include <stdio.h>
void main()
{  int i=2,j=3,k;
   k=i+j;
   {  int k=8;                                /* 复合语句开始 */
      if(i==2)
      {  i=3;
         printf("k1=%d\n",k);
      }
   }                                          /* 复合语句结束 */
   printf("i=%d\nk2=%d\n",i,k);
}
```

程序运行结果：

```
k1=8
i=3
k2=5
```

值得注意的是，程序中第 3 个语句中的 k 和复合语句中的 k 不是同一个变量。在复合语句块外由 main()定义的 k 起作用，而在复合语句块内则由在复合语句块内定义的 k 起作用。

【例 6.14】分析下面程序的运行结果。

```
#include <stdio.h>
void fun();
int n=5;                                      /*  定义全局变量 n */
void main()
{  int n=10;                                  /*  定义局部变量 n */
   fun();                                     /*  调用函数 fun() */
   printf("n=%d\n",n);                        /*  局部变量起作用 */
}
void fun()
{  printf("n=%d\n",n);                        /*  全局变量起作用 */
}
```

程序运行结果：

```
n=5
n=10
```

上述程序中，定义了两个变量 n，值为 5 的 n 是全局变量，其作用域是整个程序范围，值为 10 的 n 是局部变量，其作用域是在 main()函数内，执行主函数时，全局变量被屏蔽不起作用，所以输出 10。fun()函数被调用时，该函数中出现的是全局变量，所以输出 5。

【例 6.15】通过键盘将一个班学生的成绩输入到一个一维数组内，调用函数求最高分、最低分和平均分。

程序中通过函数的返回值求出平均分，通过全局变量 max、min 分别得到最高分和最低分。

```
#include <stdio.h>
#define NUM 10
float max,min;                          /* 定义全局变量 man、min */
float average(float x[])                /* 定义函数 average()用于计算平均分 */
{  float sum;
   int k;
   max=min=sum=x[0];                    /* 将数组的第一个元素赋给 max、min、sum */
   for(k=1;k<NUM;k++)
   {  if(x[k]>max)                      /* 若 x[k]>max，则把较大值赋给 max */
         max=x[k];
      if(x[k]<min)                      /* 若 x[k]<min，则把较小值赋给 min */
         min=x[k];
      sum=sum+x[k];                     /* 计算总成绩 */
   }
   return(sum/NUM);                     /* 返回平均成绩 */
}
void main()
{  float cj[NUM],aver;
   int j;
   printf("input score of student:\n");
   for(j=0;j<NUM;j++)
      scanf("%f",&cj[j]);
   aver=average(cj);                    /* 调用 average()函数 */
   printf("max=%6.2f\nmin=%6.2f\naverage=%6.2f\n",max,min,aver);
}
```

程序运行结果：

```
input score of student:
85 96 74 68 79 100 66 88 57 95↙
max=100.00
min=␣57.00
average=␣80.80
```

全局变量 NUM、max、min 在主函数和 average()函数中起作用，其中，NUM 起到不需要在主函数 main()和 average()函数之间传递参数的作用，而 max、min 起到在 average()函数中求出最高分 max 和最低分 min 后，不需要将求出的 max 和 min 返回到主函数 main()中的作用。因而使用全局变量，可以使函数得到多个执行结果，而不局限于一个返回值。

使用全局变量时要注意以下几个问题：

① 全局变量可以在多个函数中使用，当其中一个函数改变了全局变量的值时，可能会影响其他函数的执行结果。

② 全局变量在整个程序执行过程中始终占用存储单元，因而浪费内存空间。

③ 在一个函数内定义了一个与全局变量名相同的局部变量（或者是形参）时，局部变量有效，而全局变量在该函数内不起作用。

6.5.2 变量的动态和静态存储方式

编译后的 C 语言程序，在内存中占用的存储空间通常分为程序区（存放代码）、静态存储区（存放数据）和动态存储区（存放数据）3 个部分。其中，程序区中存放的是可执行程序的机器指令；静态存储区中存放的是需要占用固定存储单元的变量；动态存储区中存放的是不需要占用固定存储单元的变量。因而，从存储空间的角度，可把变量分为动态存储变量和静态变量。

动态存储变量（也称自动类变量）是指那些当程序的流程转到该函数时才开辟内存单元，执行后又立即释放的变量。静态存储变量则是指在整个程序运行期间分配固定存储空间的变量。

C 语言根据变量的动态和静态存储方式提供了 4 种存储类别，分别是：auto（动态存储类别）、extern（外部存储类别）、register（寄存器型存储类别）和 static（静态存储类别）。一个完整的变量说明的格式如下：

```
存储类别 类型 变量名表
```

例如：

```
static float x,y;    /* 表示定义了静态存储类别的实型变量 x 和 y */
```

6.5.3 局部变量的存储类别

局部变量有 3 种存储类别：auto、static 和 register 型。

1. auto 存储类别

在函数体内或复合语句内定义变量时，如果没有指定存储类型或使用了 auto，系统都认为所定义的变量为 auto 存储类别。auto 存储类别的变量也称为自动变量。例如，以下两种定义方法是等价的：

```
auto int a=2,b;
int a=2,b;
```

函数中的局部变量，如不专门定义类别，都是动态地分配存储空间的。函数中的形参和在函数中定义的变量，都属于此类，在调用该函数时系统会给它们分配临时的存储空间，在函数调用结束时就自动释放这些存储空间。

【例 6.16】分析下面程序的运行结果。

```
#include <stdio.h>
void fun()
{  int n=2;              /* 没有指定 n 的存储类别，因此 n 为 auto 存储类别的局部变量 */
   n++;
   printf("n=%d\n",n);
}
void main()
{  fun();
```

```
    fun();
}
```

程序运行结果：

```
n=3
n=3
```

上述程序中，函数 fun()中定义的 n 为自动变量。第一次调用时，系统为 n 分配临时存储单元，n 的初值为 2，执行 n++后，n 的值为 3，输出 3。第一次调用后分配给 n 的存储单元被释放，第二次调用时，系统为 n 重新分配存储单元，因此输出结果仍然是 3。

2. static 存储类别

对于某些局部变量，如果希望在函数调用结束后仍然保留函数中定义的局部变量的值，则可以使用 static 将该局部变量定义为静态局部变量。例如：

```
static double x;
```

静态局部变量是在静态存储区中分配存储空间，在程序的整个执行过程中不释放，因此函数调用结束后，它的值并不消失，其值能够保持连续性。

使用静态局部变量时特别要注意初始化，静态局部变量是在编译过程中赋初值的，且只赋一次初值，以后调用函数时不再赋初值，而是保留前一次调用函数时的结果。这一点是局部静态变量和自动变量的本质的区别。

例如，在例 6.16 中，如果将第三个语句 int n=2;改为 static int n=2;，即将 auto 存储类别的局部变量改为静态局部变量，则程序运行结果变为如下：

```
n=3
n=4
```

因为第一次调用时，系统为 n 分配临时存储单元，n 的初值为 2，执行 n++后，n 的值为 3，输出 3。第一次调用结束后分配给 n 的存储单元不释放，第二次调用时，n 仍然使用原存储单元，不再执行 static int n=2;语句，n 的值不是 2，而是 3，再执行 n++后，n 的值为 4，因此输出结果是 4。

3. register 存储类别

自动变量和静态局部变量都存放在计算机的内存中。由于计算机从寄存器中读取数据比从内存中读取速度快，所以为了提高程序的运算速度，C 语言允许将一些频繁使用的局部变量定义为寄存器变量，这样程序尽可能地为它分配寄存器存放，而不用内存。例如：

```
register int m;
```

【例 6.17】 编写一个求 m^n 的程序。

```
#include <stdio.h>
int power(int m,register int n)
{  register int p=1;
   for(;n>0;n--)
      p=p*m;
   return(p);
}
```

```
void main()
{  int m,n,k;
   printf("input m,n:");
   scanf("%d,%d",&m,&n);
   k=power(m,n);
   printf("k=%d\n",k);
}
```

程序运行结果：

```
input m,n:5,3↙
k=125
```

在上述程序中，存放乘积的变量 p 和作为循环的变量 n 频繁使用，所以定义为寄存器变量，以便提高运行速度。

使用寄存器变量时要注意以下几点：

① CPU 中寄存器的数目是有限的，因此只能把极少数频繁使用的变量定义为寄存器变量。

② 寄存器变量不是保存在内存中，因此不能进行取地址运算。

③ 只有动态局部变量才能定义成寄存器变量，全局变量和静态局部变量不行。

6.5.4 全局变量的存储类别

全局变量有两种存储类别：extern 和 static 型。

1. extern 存储类别

一个大型的 C 语言程序可以由多个源程序文件组成，这些源程序文件分别被经过编译和连接之后最终生成一个可执行文件。如果其中一个文件要引用另一个文件中定义的外部变量，就应该在需要引用此变量的文件中用关键字 extern 把此变量说明为外部变量即可。这种说明一般应在文件的开头且位于所有函数的外面。例如：

```
extern int n;
```

则说明全局变量 n 在其他源程序文件中已经说明。

【例 6.18】用 extern 将全局变量的作用域扩展到其他源程序文件中举例。

文件 file1.c 的内容如下所示：

```
int n;  /* 定义全局变量 n */
void main()
{  n=1;
   fun();
   printf("main:n=%d\n",n);
}
```

文件 file2.c 的内容如下所示：

```
extern int n;   /* 声明全局变量 n */
void fun()
{  printf("fun:n=%d\n",n);
   n++;
}
```

程序运行结果：

```
fun:n=1
main:n=2
```

在 file1.c 文件中定义了全局变量 n，此时给它分配存储单元，在 file2.c 文件中只是对该变量进行了声明。在 main()函数中先给 n 赋值 1，后调用 fun()函数，fun()函数先输出 n 的值，输出 1，后执行 n++;，n=2，返回 main()函数，再输出 2。

另外，若在同一个源程序文件中，全局变量的定义位于引用它的函数的后面时，也可以在要引用该全局变量的函数中，用 extern 来声明该变量是全局的，然后再引用该变量。即全局变量可以被所定义的同一个源程序文件中的各个函数共同引用。

【例 6.19】举例说明用 extern 声明全局变量，以扩展它在源程序文件中的作用域。

```
#include <stdio.h>
void main()
{  int m;
   int max(int x,int y);
   extern int a,b;                        /* 声明全局变量 */
   m=max(a,b);
   printf("max=%d\n",m);
}
int a=3,b=5;                              /* 声明全局变量 */
int max(int x,int y)
{  return(x>y?x:y);
}
```

程序运行结果：

```
max=5
```

使用 extern 存储类别的全局变量时应十分小心，因为执行一个文件的函数时，可能会改变全局变量的值，它会影响到另一个文件中函数的执行结果。

2．static 存储类别

与 extern 存储类别相反，如果希望一个源程序文件中的全局变量仅限于该文件使用，只要在该全局变量定义时的类型说明前加一个 static 即可。例如：

```
static int m;
```

则说明全局变量 m 只能在该源程序文件内有效，其他文件不能应用。

【例 6.20】举例说明用 static 声明全局变量，以限制它在其他源程序文件中的使用。

文件 file1.c 的内容如下所示：

```
#include <stdio.h>
int a=2;
static int b=3;
void fun()
{  a=a+1;
   b=b+1;
   printf("a=%d,b=%d\n",a,b);
}
```

文件 file2.c 的内容如下所示：

```
#include <stdio.h>
extern int a;
int b;
void main()
{  fun();
   printf("a=%d,b=%d\n",a,b);
}
```

程序运行结果：

```
a=3,b=4
a=3,b=0
```

从上述运行结果可以看出，文件 file1.c 中的全局变量 a 可以在文件 file2.c 中使用，但文件 file1.c 中的静态全局变量 b 不能在文件 file2.c 中使用。

需要注意的是，在其他源程序文件中，即使使用了 extern 说明，也无法使用该变量。另外，对全局变量加 static 说明并不意味着这时才是静态存储，而不加 static 的是动态存储。这两种形式的全局变量都是静态存储方式，只是作用域不同，都是在编译时分配存储空间的。

6.6 内部函数和外部函数

一个 C 语言程序可以由多个函数组成，这些函数既可以在一个文件中，也可以分散在多个不同的文件中，根据函数能否被其他文件中的函数调用，将函数分为内部函数和外部函数。

6.6.1 内部函数

如果在一个文件中定义的函数，只能被本文件中的函数调用，而不能被其他文件中的函数调用，则称它为内部函数。定义内部函数时在函数类型前面加上关键字 static。即：

```
static 类型标识符 函数名([形参列表])
{
    函数体
}
```

【例 6.21】内部函数的说明示例。

文件 file1.c 的内容如下所示：

```
#include <stdio.h>
extern int a;
static void fun()
{ a=a+1;
}
```

文件 file2.c 的内容如下所示：

```
#include <stdio.h>
int a=2;
void main()
{ fun();
    printf("a=%d\n",a);
}
```

在文件 file1.c 中定义了静态函数 fun()，这就限制了函数 fun()的作用域只是在 file1.c 内，所以 file2.c 中函数调用语句 fun();是错误的，编译时会出错。

6.6.2 外部函数

如果在一个源程序文件中定义的函数，除了可以被本文件中的函数调用外，还可以被其他文件中的函数调用，则称它为外部函数。定义外部函数时在函数类型前面加上关键字 extern。即：

```
[extern] 类型标识符 函数名([形参列表])
{
    函数体
}
```

定义外部函数时，关键字 extern 可以省略，本书前面定义的函数都是外部函数。在需要调用外部函数的文件中，需要用 extern 对被调用的外部函数进行如下声明：

```
extern 函数类型 函数名([形参列表]);
```

【例 6.22】外部函数的说明示例。

文件 file1.c 的内容如下所示：

```
#include <stdio.h>
extern void fun(char str1[100])
{
   …
}
```

文件 file2.c 的内容如下所示：

```
#include <stdio.h>
void main()
{  extern void fun(char str1[100]);
   char str2[100];
   …
   fun(str2);
   …
}
```

6.7　编译预处理

编译预处理是在对源程序进行正式编译之前的处理。即编译预处理负责在正式编译之前对源程序的一些特殊行进行预加工，通过编译系统的预处理程序执行源程序中的预处理。预处理命令都是以“#”开头，末尾不加分号，以区别 C 语句与 C 声明和定义。预处理命令可以出现在程序的任何地方，但一般都将预处理命令放在源程序的首部，其作用域从说明的位置开始到所在源程序的末尾。

C 语言提供的预处理功能主要有 3 种：宏定义、文件包含和条件编译，分别用宏定义命令、文件包含命令和条件编译命令来实现。

在 C 语言程序中加入一些预处理命令，可以改善程序设计的环境，有助于编写、易读、易移植、易调试，也是模块化程序设计的一个工具。

6.7.1　宏定义

通过预处理命令#define 指定的预处理就是宏定义。宏定义的作用是用标识符来代表一个字符串，一旦对字符串命名，就可在源程序中使用宏定义标识符，系统编译之前会自动将标识符替换成字符串。通常把被定义为宏的标识符称为宏名，在编译预处理时，对程序中所有出现的宏名，都用宏定义中的字符串去替换，这个过程叫宏代换或宏展开。

宏定义是由源程序中的宏定义命令完成的，宏替换是由预处理源程序自动完成的。根据是否带参数将宏定义分为不带参数的宏定义和带参数的宏定义。

1. 不带参数的宏定义

不带参数的宏定义的一般形式如下：

```
#define 标识符 字符串
```

其中，define 是关键字，它表示宏定义命令。标识符为所定义的宏名，它的写法符合 C 语言标识符的规则。字符串可以是常数、表达式、格式串等。例如：

```
#define PI 3.14159
```

这里，PI 是宏名，3.14159 是被定义的字符串，该宏定义是将 PI 定义为 3.14159。这样源程序中出现 PI 的地方，经预处理后都会替换为 3.14159。

【例 6.23】用宏定义求球的表面积和体积。

```
#include <stdio.h>
#define PI 3.1414926                          /* 宏定义 */
void main()
{  float r,s,v;
   printf("input r=");
   scanf("%f",&r);
   s=4*PI*r*r;
   v=4*PI*r*r*r/3;
   printf("s=%6.2f\nv=%6.2f\n",s,v);
}
```

程序运行结果

```
input r=2↙
s=50.26
v=33.51
```

定义不带参数的宏时，应注意以下几点：

① 宏名一般习惯用大写字母，以便与变量名区别，但并不是规定，也可以用小写字母。

② 宏代换只做简单的字符串的替换，不做任何语法检查。若有错误，也只能在正式编译时才能检查出来。

③ 可用“#undef”终止宏定义的作用，灵活控制宏定义的作用范围。

【例 6.24】分析下面程序的运行结果。

```
#include <stdio.h>
#define A 100                                 /* 宏定义A为100 */
void main()
{  int i=2;
   printf("i+A=%d\n",i+A);                    /* 输出i+A，此时i=2、A=100 */
   #undef A                                   /* 终止宏定义 */
   #define A 10                               /* 宏定义A为10 */
   printf("i+A=%d\n",i+A);                    /* 输出i+A，此时i=2、A=10 */
}
```

程序运行结果：

```
i+A=102
i+A=12
```

可以看出，A在不同的范围内被代换成不同的宏值。在程序中，若将#define A 10去掉，由于使用了#undef A命令，使得该命令后的A无声明，则运行程序会出现报错信息：“undefined symbol 'A' in function main”提示在printf("i+A=%d\n",i+A);这条语句中，A未被定义。

一个函数中定义的宏名只要不被取消命令取消，就仍然可以被它后面定义的函数体使用。该函数体中使用的宏名是作用范围直到文件尾的宏名，而不是在#undef截止范围内的宏名。

④ 宏定义可以嵌套定义，即在进行宏定义时，可以引用已经定义的宏名。

【例 6.25】分析下面程序的运行结果。

```
#include<stdio.h>
#define R 2.0
#define PI 3.1415926
#define H 5.0
#define V PI*R*R*H/3          /* 引用已定义的宏来定义V */
void main()
{  printf("V=%f\n",V);
}
```

程序运行结果：

```
V=20.943951
```

⑤ 程序中出现在用双引号括起来的字符串中的字符，若与宏名同名，不进行替换。例如，例 6.25 中 printf()函数内有两个 V 字符，在双引号内的 V 不被替换，而另一个在双引号外的 V 被替换。

2．带参数的宏定义

带参数的宏定义的一般形式如下：

```
#define  标识符(实参表)  字符串
```

其中括号中的实参表是由一个或多个形参组成的，当形参是一个以上时，形参之间用逗号隔开。对带参数的宏展开也是用字符串代替宏名，其中的形式参数被对应的实际参数所代替。其他的字符仍然保留在字符串内。

带参数宏的一般调用形式如下：

```
宏名(实参表)
```

例如：

```
#define S(a,b) a*b
c=S(x+y,x-y);
```

宏调用时，x+y 代替形参 a，x–y 代替形参 b，“*”号仍然保留在字符串内，经预处理宏展开后的语句为：

```
c=x+y*x-y;
```

再如：

```
#define S(a,b)  (a)*(b)
c=S(x+y,x-y);
```

宏调用时，x+y 代替形参 a，x–y 代替形参 b，“*”和括号仍然保留在字符串内，经预处理宏展开后的语句为：

```
c=(x+y)*(x-y);
```

定义带参数的宏时，应注意以下几点：

① 定义带参数的宏时，宏名与括号之间不得有空格。

例如：

```
#define MAX(x,y)  x>y?x:y
```

不能写成：

```
#define MAX  (x,y)x>y?x:y
```

如果写成这样，就变为定义了不带参数的宏定义，MAX 是宏名，字符串是(x,y)x>y?x:y。如有宏调用：

```
c=MAX(a,b);
```

则宏展开后的语句为：

```
(x,y)x>y?x:y(a,b);
```

这显然是错误的。

② 带参数的宏和函数有相似之处，但它们是不同的，主要有以下几点不同：

- 函数调用时先求实参表达式的值，然后将该值传递给对应的形参。而带参数的宏展开时，只是用实参字符串代替对应的形参。
- 函数调用是在程序运行时进行的（分配存储单元、值传递等），因而占用运行时间。宏展开是在编译时进行的（不分配存储单元，不进行值传递等），因而只占编译时间，不占用运行时间。
- 函数中要求实参和形参都要定义数据类型，二者类型应一致，如不一致，应进行类型转换。而宏没有类型，宏名没有类型，它的参数也没有类型。只是一个符号代表，展开时代入指定的字符即可。宏定义时字符串可以是任何类型的数据。

③ 对于宏声明不仅应在参数两侧加括号，也应在整个字符串外加括号。

宏参数不加括号导致错误情况：

```
#include <stdio.h>
#define SQUA(r) r*r
void main()
{  int a=2,b=4,c;
   c=SQUA(a+b);
   printf("c=%d\n",c);
}
```

程序运行结果：

```
c=14
```

宏调用 SQUA(r) r*r 被扩展为：

```
a+b*a+b
```

由于操作符的优先级，它并不等同于：

```
(a+b)*(a+b)
```

宏参数两侧加括号导致错误情况：

```
#include <stdio.h>
#define SQUA(r) (r)*(r)
void main()
{  int a=2,b=4,c;
   c=10/SQUA(a+b);
   printf("c=%d\n",c);
}
```

程序运行结果：

```
c=6
```

宏调用 SQUA(r) (r)*(r)被扩展为：

```
10/(a+b)*(a+b)
```

由于操作符的优先级，它并不等同于：

```
10/((a+b)*(a+b))
```

要想得到正确的结果，应在宏声明中的整个字符串外也加上括号，程序如下：

```
#include <stdio.h>
#define SQUA(r) ((r)*(r))
void main()
{  int a=2,b=4,c;
   c=SQUA(a+b);
   printf("c=%d\n",c);
}
```

程序运行结果：

```
c=36
```

【例 6.26】用宏定义求圆锥的体积、侧面积和母线长。

```
#include <stdio.h>
#include <math.h>
#define PI 3.1415926
#define VSL(R,H,V,L,S) V=PI*R*R*H/3;L=sqrt(R*R+H*H);S=PI*R*L  /* 宏嵌套 */
void main()
{  float r,h,v,l,s;
   printf("input r,h=");
   scanf("%f,%f",&r,&h);
   VSL(r,h,v,l,s);                                          /* 宏调用 */
   printf("v=%6.2f\ns=%6.2f\nl=%6.2f\n",v,s,l);
}
```

程序运行结果：

```
input r,h=2,5↙
v=␣20.94
s=␣33.84
l=␣ ␣5.39
```

经预处理宏展开后，上述源程序中的 VSL(r,h,v,l,s);语句，实际上变为以下的语句：

```
v=3.1415926*r*r*h/3;l=sqrt(r*r+h*h);s=3.1415926*r*l;
```

【例 6.27】用宏定义的输出格式。

```
#include <stdio.h>
#define PR printf
#define H "\n"
#define D "%d"
#define F "%f"
#define S "%s"
void main()
{  int a=5;
   float b=6.66;
   char str[]="CHINA";
   PR(D,a);
   PR(H);
   PR(F,b);
   PR(H);
   PR(S,str);
   PR(H);
}
```

程序运行结果：

```
5
6.660000
CHINA
```

一般用宏代表简短的表达式比较适合，利用宏定义可以实现程序的简化。有些问题可以用宏定义的方法处理，也可以用函数处理。

6.7.2 文件包含

所谓文件包含，是指在一个文件中将另一个文件的全部内容包含进来。即将另外的文件包含到本文件中。C 语言系统提供了文件包含命令实现文件包含操作。其一般格式为：

```
#include "文件名"
```

或

```
#include  <文件名>
```

功能：预处理时，把“文件名”指定的文件内容复制到本文件，再对合并后的文件进行编译。

例如，在图 6-4 所示的 file1.c 文件中，有文件包含命令#include <file2.c>。预处理时，先把 file2.c 的内容复制到文件 file1.c，再对 file1.c 进行编译。

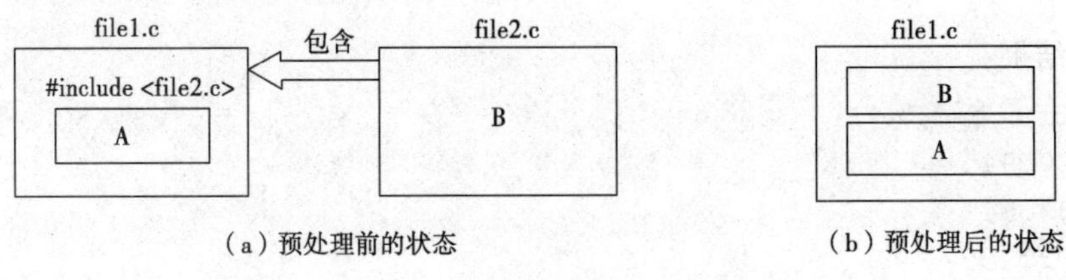

图 6-4　文件包含示意图

文件名是指要包含进来的程序文件的名称，又称头文件。文件名用尖括号括起来，系统直接到存放 C 库函数头文件所在的目录中寻找要包含的文件，称为标准方式。文件名用双引号括起来，系统先在当前目录中寻找要包含的文件，若找不到，再按标准方式查找。如果调用库函数一般用尖括号，可以节省查找时间。如果要包含用户自己编写的文件，这些文件一般都存放在当前目录中，一般用双引号。

说明：

① 一个#include 命令只能包含一个文件。

② 在写#include 命令时，如果文件 1 包含文件 2，而文件 2 要用到文件 3 的内容，可在文件 1 中用两个#include 命令分别包含文件 3 和文件 2，而且文件 3 的包含命令应在文件 2 的包含命令之前。即在文件 file1.c 中书写下面包含命令：

```
#include <file3.c>
#include <file2.c>
```

这样 file1.c 和 file2.c 都可以使用 file3.c 的内容。

③ 文件包含可以嵌套，即在一个被包含的文件中又可以包含另一个文件。

④ 被包含的文件与其所在的文件，经过预处理后成为一个文件，而不是两个文件。因此如果 file2.c 中定义的全局变量，在 file1.c 中有效，不必用 extern 声明。

【例 6.28】多文件包含应用举例。

```
/* file1.c 求 2 个整数中最大数函数 */
int max1(int x,int y)
{  if(x>y)  return(x);
   else    return(y);
}
```

```
/* file2.c 求3个整数中最大数函数 */
int max2(int x,int y,int z)
{  int a,b;
   a=max1(x,y);
   b=max1(a,z);
   return(b);
}
/* file3.c 主函数 */
void main()
{  int a,b,c,max;
   printf("input a,b,c=");
   scanf("%d,%d,%d",&a,&b,&c);
   max=max2(a,b,c);
   printf("min=%d\n",max);
}
```

以上 3 个源程序单独编译无法成功，因为它们都不是一个完整的 C 源程序。现在可利用文件包含命令将分散的 3 个 C 源程序合并成一个完整的 C 源程序，将文件 file3.c 修改如下：

```
/* file3.c 主函数 */
#include "stdio.h"
#include "filel.c"
#include "file2.c"
void main()
{  int a,b,c,max;
   printf("input a,b,c=");
   scanf("%d,%d,%d",&a,&b,&c);
   max=max2(a,b,c);
   printf("min=%d\n",max);
}
```

编译合并后所得到的源程序，能够正确运行。因为在编译预处理时，合并后的源程序已经用包含文件 file1.c 和 file2.c 的内容替代文件包含命令了。

文件包含是非常有用的，可以把一些常用的处理事先编写好，作为文件保存在磁盘上，要用到这些处理时，只要在当前文件中包含有关的文件即可，不必再书写程序，避免重复劳动。这样可以大大节省程序设计人员的精力和时间。

6.7.3　条件编译

C 语言的编译预处理程序还提供了条件编译能力，使得可以对源程序的一部分内容进行编译，即不同的编译条件产生不同的目标代码。条件编译可以有效地提高程序的可移植性，并广泛地应用在商业软件中，为一个程序提供各种不同的版本。在一般情况下，源程序中的所有行都参加编译。但有时希望对其中一部分内容在满足条件时才进行编译，形成目标代码。这种对程序一部分内容进行指定条件的编译称为条件编译。条件编译有 3 种形式：

1．第一种形式

```
#ifdef 标识符
   程序段1
#else
   程序段2
#endif
```

它的作用是，当标识符是已经被#define命令定义过的标识符，则编译程序只编译程序段1，否则编译程序段2。程序可以是语句组或命令行。其中#else部分可以没有。即：

```
#ifdef  标识符
   程序段1
#endif
```

【例6.29】条件编译命令第一种形式应用举例。

```
#include <stdio.h>
#define CHANGE 1           /* 宏定义CHANGE为1 */
#ifdef CHANGE              /* 判定CHANGE是否为定义过的标识符，并进行条件编译 */
   #define STRING "CHANGE is defined!"
#else
   #define STRING "CHANGE is not defined!"
#endif
void main()
{  printf(STRING);
}
```

程序运行结果：

```
CHANGE is defined!
```

在例6.29中，标识符CHANGE在程序的第2行已定义，因此，编译时执行程序段1。如果将第2行删除，则编译时执行程序段2，此时程序的运行结果为：CHANGE is not defined!

2．第二种形式

```
#ifndef 标识符
   程序段1
#else
   程序段2
#endif
```

它的作用是，当标识符是未被#define命令定义过的标识符，则编译程序只编译程序段1，否则编译程序段2。程序可以是语句组或命令行。

或者：

```
#ifndef 标识符
   程序段1
#endif
```

第二种形式与第一种形式的功能恰好相反。

【例 6.30】条件编译命令第二种形式应用举例。

```
#include <stdio.h>
#define CHANGE 1            /* 宏定义 CHANGE 为 1 */
#ifndef CHANGE              /* 判定 CHANGE 是否为定义过的标识符，并进行条件编译 */
  #define STRING "CHANGE is not defined!"
#else
  #define STRING "CHANGE is defined!"
#endif
void main()
{  printf(STRING);
}
```

程序运行结果：

```
CHANGE is defined!
```

3. 第三种形式

```
#if 表达式
  程序段 1
#else
  程序段 2
#endif
```

它的作用是，当表达式的值为真（非 0）时，则编译程序只编译程序段 1，否则编译程序段 2。程序可以是语句组或命令行。

或者：

```
#if 表达式
  程序段 1
#endif
```

【例 6.31】输入一行字母字符，根据需要设置条件编译，使之能将字母全改为大写字母或全改为小写字母。

```
#include <stdio.h>
#define LETTER 0            /* 宏定义 LETTER 为 0 */
void main()
{  int i=0;
   char c,str[50]="C Programming Language";
   while((c=str[i])!='\0')
   {  i++;
      #if LETTER            /* 根据 LETTER 的值进行条件编译 */
        if(c>='a'&&c<='z')
          c=c-32;
      #else
        if(c>='A'&&c<='Z')
          c=c+32;
      #endif
```

```
        printf("%c",c);
    }
    printf("\n");
}
```

程序运行结果：

```
c programming language
```

条件编译当然也可用条件语句（if 语句）来实现，但若用条件语句将会对整个源程序进行编译，造成目标程序长，运行时间长；而采用条件编译，可减少被编译的语句，从而减少了目标程序的长度和运行时间。

总之，编译预处理是 C 语言所特有的，灵活运用它有利于程序的可移植性、增加程序的灵活性，大大减少目标程序的长度和运行时间。

6.8 程序举例

【例 6.32】编写一函数，使其具有记录本身被调用次数的功能。

在函数内部声明的变量一般为 auto 型变量，它是局部变量，只在函数内部有效，当在函数被调用时，系统才为它分配内存，当函数调用完毕，系统将释放内存。所以使用 auto 型变量不能够记录函数被调用次数。在函数体内声明静态变量，可以在调用结束后不消失而保留原值，即其占用的存储单元不释放，借助静态变量的这一特点可以实现记录被调用次数。

根据上述分析编写的程序如下：

```
#include <stdio.h>
int remember()                  /* 此函数用于记录自身被调用的次数 */
{  static int num=0;            /* 定义静态变量 num */
   num++;                       /* 记录函数被调用次数 */
   return(num);                 /* 返回函数被调用次数 */
}
void main()
{  printf("the function has been called %d times\n",remember());
   printf("the function has been called %d times\n",remember());
   printf("the function has been called %d times\n",remember());
}
```

程序运行结果：

```
the function has been called 1 times
the function has been called 2 times
the function has been called 3 times
```

【例 6.33】编写函数 fun()，功能是：求 1 至 m 之间能被 7 或 11 整除的整数，放到 a 数组中，并统计这样的数的个数。例如，如果传给 m 的值为 50，则程序输出：

```
7  11  14  21  22  28  33  35  42  44  49
count=11
```

程序如下：

```
#include <stdio.h>
int fun(int m,int a[])              /* 定义 fun()函数 */
{  int count=0,k;
   for(k=1;k<=m;k++)
      if(k%7==0||k%11==0)           /* 判断 k 能否被 7 或 11 整除 */
      {  a[count]=k;
         count++;                   /* 若 k 能被 7 或 11 整除，则此类数的个数加 1 */
      }
   return(count);                   /* 返回统计数 */
}
void main()
{  int  aa[100],n,j;
   n=fun(50,aa);                    /* 调用 fun()函数 */
   for(j=0;j<n;j++)
      printf("%4d",aa[j]);
   printf("\n   count=%d\n",n);
}
```

程序运行结果：

```
7  11  14  21  22  28  33  35  42  44  49
count=11
```

【例 6.34】编写一个程序完成“菜单”功能。提供 3 种选择途径：

其一是求水仙花数（所谓水仙花数是指 3 位整数的各位上的数字的立方和等于该整数本身。例如，153 就是一个水仙花数：$153=1^3+5^3+3^3$），找出 100～999 之间的所有水仙花数。

其二是找出素数，找出 2～n 之间的所有素数。

其三是求 Fibonacci 数列前 n 项的值。

```
#include <stdio.h>
#include <math.h>
#include <stdlib.h>
void main()
{  int m,xz;
   void narcissus();                /* 声明求水仙花数的函数 */
   void prime();                    /* 声明查找素数的函数 */
   void fibonacci();                /* 声明求 Fibonacci 数列前 n 项的函数 */
   system("cls");
   m=0;
   while(m==0)
   {  printf("\n");
      printf("1  find narcissus number\n");
      printf("2  find prime number\n");
      printf("3  find Fibonacci number\n");
      printf("other number exit!\n");
```

```
      printf("\n");
      printf("input number please!\n");
      scanf("%d",&xz);
      switch(xz)                          /* 用开关语句 switch 进行选择 */
      {  case 1: narcissus(); break;      /* 若选择 1，求水仙花数 */
         case 2: prime();  break;         /* 若选择 2，求素数 */
         case 3: fibonacci(); break;      /* 若选择 3,求 Fibonacci 数列前 n 项的值 */
         default: m=1;                    /* 若选择其他值则将 m 置为 1，循环结束 */
      }
   }
}
void narcissus()                          /* 此函数用于求水仙花数 */
{  int k,a,b,c,d;
   for(k=100; k<1000; k++)
   {  a=k/100;
      b=k%100/10;
      c=k%10;
      d=a*a*a+b*b*b+c*c*c;
      if(d==k)
         printf("%d\n",k);
   }
}
void prime()                              /* 此函数用于查找素数 */
{  int i,j,k,n,m=0;
   printf("input n please!\n");
   scanf("%d",&n);
   for(i=2;i<=n;i++)
   {  j=sqrt(i);
      for(k=2;k<=j;k++)
         if(i%k==0)
            break;
      if(k>j)
      {  m++;
         printf("%3d",i);
         if(m%10==0)
            printf("\n");
      }
   }
}
void fibonacci()                          /* 此函数用于求 Fibonacci 数列前 n 项的值 */
{  long f1,f2;
   int k,n;
```

```
    printf("input n please!\n");
    scanf("%d",&n);
    f1=1; f2=1;
    for(k=1;k<=n/2;k++)
    {  printf("%5ld%5ld",f1,f2);
       if(k%2==0)
          printf("\n");
       f1=f1+f2;
       f2=f1+f2;
    }
}
```

程序运行结果：

```
1  find narcissus number
2  find prime number
3  find Fibonacci number
other number exit!

input number please!
2↙
input n please!
27↙
   2   3   5   7   11   13   17   19   23
input number please!
9↙
```

程序共有 4 个函数，其中主函数提供了主菜单，允许选择 3 种情况之一，否则就退出。方法是：先输入选择，然后通过开关语句 switch 进行选择。为了不断提供菜单，用 while 实现循环。一开始给变量 m 赋值为 0，m=0 就继续循环，一旦选择了不存在的情况，则将 m 置为 1，循环就结束，这是一种较巧妙的程序设计方法。

【例 6.35】用牛顿迭代法求方程$-3x^3+4x^2-5x+6=0$在 1.0 附近的实根，精度要求为$\varepsilon=0.00001$。

牛顿迭代公式如下所示：

$$x_{k+1} = x_k - \frac{f(x_k)}{f'(x_k)}, \quad k = 0,1,2,\cdots$$

只要相邻两次迭代值误差的绝对值小于等于给定的精度要求，即满足$|x_k-x_{k-1}| \leqslant \varepsilon$，我们就认为最后一次的迭代值为方程的近似解。实现牛顿迭代法的基本步骤如下：

① 给出初始近似根x_0及精度ε；

② 计算$x_1 = x_0 - \dfrac{f(x_0)}{f'(x_0)}$；

③ 若$|x_1-x_0| < \varepsilon$，转向步骤④；否则$x_0=x_1$，转向步骤②；

④ 输出满足精度的根x_1，结束。

实现牛顿迭代法的流程图和 N-S 图描述如图 6-5 所示。

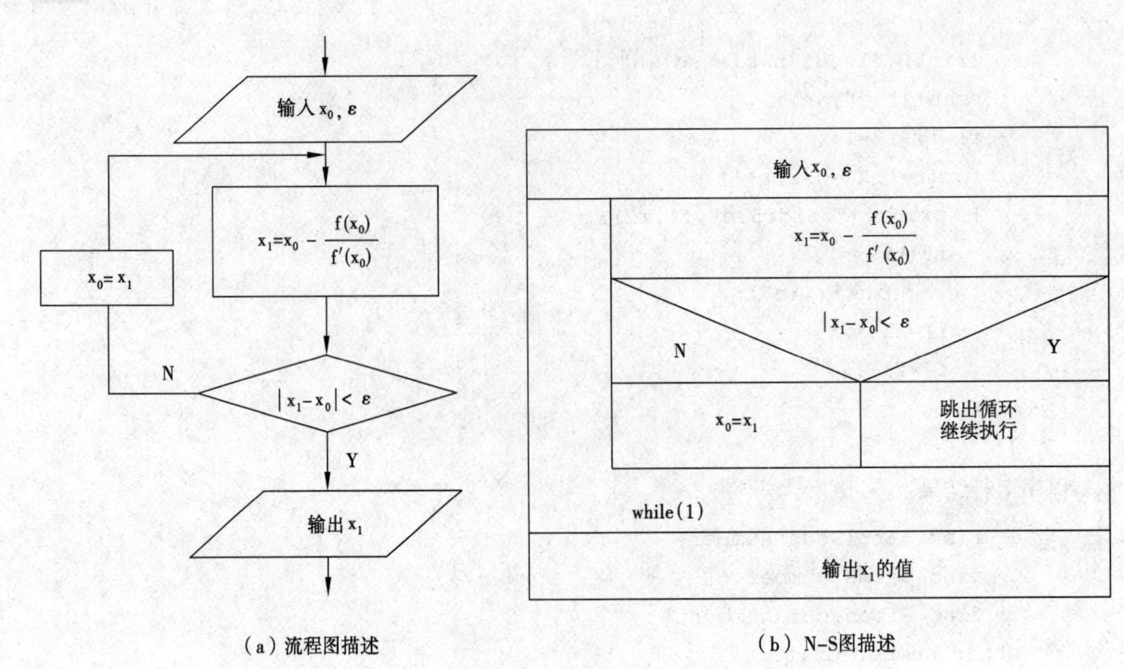

（a）流程图描述　　（b）N-S图描述

图 6-5　牛顿迭代法的流程图和 N-S 图描述

当 $f(x)=-3x^3+4x^2-5x+6$ 时，有 $f'(x)=-9x^2+8x-5$，设初值 $x_0=1.0$。基于图 6-5 所描述的算法编写的程序如下：

```
#include <stdio.h>
#include <math.h>
#define eps 0.00001                          /* 宏定义容许误差 eps 为 0.00001 */
float f(float x)                             /* 定义函数 f(x) */
{  return(((-3*x+4)*x-5)*x+6);
}
float f1(float x)                            /* 定义函数 f(x)的导数 f1(x) */
{  return((-9*x+8)*x-5);
}
void main()
{  float x0,x1=1.0;
   do
   {  x0=x1;                                 /* 准备下一次迭代的初值 */
      x1=x0-f(x0)/f1(x0);                    /* 牛顿迭代 */
   }while(fabs(x1-x0)>eps);                  /* 若满足精度，输出近似根 */
   printf("x=%f\n",x1);
}
```

程序运行结果：

```
x=1.265328
```

【例 6.36】使用梯形求积公式求下列定积分的值：

$$\int_0^1 \frac{4}{1+x^2}\mathrm{d}x$$

梯形积分法的基本思想是，将区间[a, b]分成 n 个相等的小区间，则每个小区间的长度为 $h=(b-a)/n$，对每个小区间均实施如下的梯形求积：

$$\int_{x_k}^{x_{k+1}} f(x)\mathrm{d}x \approx \frac{(x_{k+1}-x_k)}{2}(f(x_k)+f(x_{k+1}))$$

将这些小梯形的求积值加起来，可以得到如下梯形求积公式：

$$\int_a^b f(x)\mathrm{d}x \approx h\left(\frac{f(x_0)+f(x_n)}{2}+\sum_{i=1}^{n-1} f(x_i)\right)=h\left(\frac{f(a)+f(b)}{2}+\sum_{i=1}^{n-1} f(a+i\cdot h)\right)$$

基于上述分析，实现梯形积分法的基本步骤：

① 输入区间[a, b]的端点 a、b 值以及分割数 n；

② 将区间[a, b]等分成 n 个小区间，每一个小区间的长度 $h=(b-a)/n$；

③ 计算每一个等分点的函数值 $y_i=f(a+ih)$ $(i=0,1,2,\cdots,n)$；

④ 计算 $s=h\left(\dfrac{y_0+y_n}{2}+\sum_{i=1}^{n-1} y_i\right)$；

⑤ 输出 s 的值，结束。

实现梯形积分法的 N–S 图如图 6–6 所示。

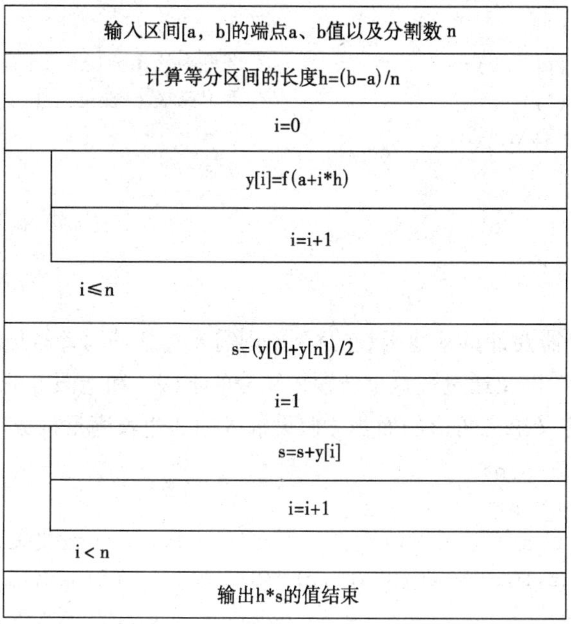

输入区间[a，b]的端点a、b值以及分割数 n
计算等分区间的长度h=(b-a)/n
i=0
y[i]=f(a+i*h)
i=i+1
i≤n
s=(y[0]+y[n])/2
i=1
s=s+y[i]
i=i+1
i<n
输出h*s的值结束

图 6–6　梯形积分法的 N–S 图描述

基于图 6–6 所描述的算法编写的程序如下：

```
#include <stdio.h>
#define N 16                                /* 宏定义等分数 N 为 16 */
float func(float x)                         /* 定义函数 func()，计算被积函数的值 */
{  float y;
   y=4.0/(1+x*x);
   return(y);
}
```

```
void gedianzhi(float y[],float a,float h)
                                        /* 定义函数 gedianzhi(),计算等分点的函数值 */
{  int i;
   for(i=0;i<=N;i++)
      y[i]=func(a+i*h);
}
float trapeze(float y[],float h)  /* 定义函数 trapeze(), 计算梯形面积 */
{  float s;
   int i;
   s=(y[0]+y[N])/2.0;
   for(i=1;i<N;i++)
      s+=y[i];
   return(s*h);
}
void main()
{  float a,b,h,s,f[N+1];
   printf("input a,b=");
   scanf("%f,%f",&a,&b);
   h=(b-a)/N;
   gedianzhi(f,a,h);                    /* 调用函数 gedianzhi(),计算等分点的函数值 */
   s=trapeze(f,h);                      /* 调用函数 trapeze(), 计算梯形面积 */
   printf("s=%f\n",s);
}
```

程序运行结果：

```
input a,b=0,1↙
s=3.140942
```

在上述程序中，如果需要计算其他函数的积分，则需要重新编写计算被积函数值的函数 func()，重新定义等分数 N 的值，以及通过键盘重新输入积分的下限 a 和上限 b 的值。

【例 6.37】利用宏定义求三角形的面积（假设输入的 3 边长满足构成三角形的条件）。

```
#include <stdio.h>
#include <math.h>
#define S(a,b,c) (a+b+c)/2                          /* 宏定义 S(a,b,c) */
#define AREA(a,b,c) sqrt(S(a,b,c)*(S(a,b,c)-a)*(S(a,b,c)-b)*(S(a,b,c)-c))
                                                    /* 宏定义 AREA(a,b,c) */
void main()
{  float a,b,c;
   printf("input a,b,c=");
   scanf("%f,%f,%f",&a,&b,&c);
   printf("AREA=%6.2f\n",AREA(a,b,c));          /* 调用宏 */
}
```

程序运行结果：

```
input a,b,c=3,4,5↙
AREA=␣␣6.00
```

本章小结

在 C 语言中，函数分为标准函数和用户自定义函数。本章主要介绍了用户自定义函数的定义和调用，多个函数构成的程序中变量和函数的存储属性及其影响，同时介绍了 C 语言的编译预处理命令。通过本章的学习，掌握函数的使用和模块化程序设计的一般方法和技巧。本章内容有：

① 介绍了函数定义与声明的基本方法。函数定义的内容包括：存储类别说明、函数类型说明、函数名、函数参数、函数体及函数的返回值。

② 函数的嵌套调用、递归调用。函数的嵌套调用是指在调用一个函数的过程中，该被调函数可以调用另一个函数。函数的递归调用是在调用一个函数的过程中出现了直接或间接地调用该函数自身的一种调用方法。

③ 当一个源程序由多个文件组成时，C 语言又把函数分为两类：内部函数和外部函数。

④ 介绍了 C 语言中编译预处理命令：宏定义、文件包含和条件编译及其用法。

习　　题

一、单选题

1. 设有函数调用语句 func((3,4,5),(55,66));，则函数 func()中含有实参的个数为（　　）。

A. 1　　B. 2　　C. 4　　D. 以上都不对

2. 下面（　　）不是 C 语言所提供的预处理功能。

A. 宏定义　　B. 文件包含　　C. 条件编译　　D. 字符预处理

3. 在宏定义#define MAX 30 中，用宏名代替一个（　　）。

A. 常量　　B. 字符串　　C. 整数　　D. 长整数

4. 下面程序的输出结果是（　　）。

```
#include <stdio.h>
int m=13;
int fun2(int x,int y)
{  int m=3;
   return(x*y-m);
}
void main()
{  int a=7,b=5;
   printf("%d\n",fun2(a,b)/m);
}
```

A. 1　　B. 2　　C. 7　　D. 10

5. 下面程序的输出结果是（　　）。

```
#include <stdio.h>
int b=2;
int func(int *a)
{  b+=*a;
```

```
    return(b);
}
void main()
{  int a=2,res=2;
   res+=func(&a);
   printf("%d\n",res);
}
```

A. 4　　B. 6　　C. 8　　D. 10

6. 下面程序的输出结果是（　　）。

```
#include <stdio.h>
#define MAX(A,B) A>B?A:B
#define MIN(A,B) A<B?A:B
void main()
{  int a,b,c,d,t;
   a=1;b=2;c=3;d=4;
   t=MAX(a,b)+MIN(c,d);
   printf("t=%d\n",t);
}
```

A. t=5　　B. t=3　　C. t=4　　D. t=10

7. 下面程序的输出结果是（　　）。

```
#include <stdio.h>
#define PLUS(A,B) A+B
void main()
{  int a=1,b=2,c=3,sum;
   sum=PLUS(a+b,c)*PLUS(b,c);
   printf("Sum=%d",sum);
}
```

A. Sum=9　　B. Sum=30　　C. Sum=12　　D. Sum=18

8. 下面程序的输出结果是（　　）。

```
#include <stdio.h>
#define M 30+4
void main()
{  printf("M*20=%d\n",M*20);
}
```

A. M*20=110　　B. M*20=680　　C. M*20=604　　D. 以上都不对

二、填空题

1. 下面程序的输出结果是________。

```
#include <stdio.h>
double sub(double x,double y,double z)
{  y-=1.0;
```

```
    z=z+x;
    return(z);
}
void main()
{  double a=2.5,b=9.0;
   printf("%6.1f\n",sub(b-a,a,a));
}
```

2. 下面程序的输出结果是________。

```
#include <stdio.h>
int fun2(int a,int b)
{  int c;
   c=a*b%3;
   return(c);
}
int fun1(int a,int b)
{  int c;
   a+=a; b+=b;
   c=fun2(a,b);
   return(c*c);
}
void main()
{  int x=11,y=19;
   printf("%d\n",fun1(x,y));
}
```

3. 下面程序的输出结果是________。

```
#include <stdio.h>
void fun()
{  static int a;
   a+=2;
   printf("%d",a);
}
void main()
{  int cc;
   for(cc=1;cc<=4;cc++)
      fun();
   printf ("\n");
}
```

4. 下面程序的输出结果是________。

```
#include <stdio.h>
int func(int n)
{  if(n==1)
      return(1);
```

```
    else
        return(func(n-1)+1);
}
void main()
{  int i,j=0;
   for(i=1;i<3;i++)
      j+=func(i);
   printf("%d\n",j);
}
```

5. 下面程序的输出结果是________。

```
#include <stdio.h>
int x=3;
void func()
{  static int x=1;
   x*=x+1;
   printf("%d ",x);
}
void main()
{  int i;
   for(i=1;i<x;i++)
      func();
}
```

6. 下面程序的输出结果是________。

```
#include <stdio.h>
int f(int b[][4])
{  int i,j,s=0;
   for(j=0;j<4;j++)
   {  i=j;
      if(i>2)
         i=3-j;
      s+=b[i][j];
   }
   return(s);
}
void main()
{  int a[4][4]={{1,2,3,4},{0,2,4,5},{3,6,9,12},{3,2,1,0}};
   printf("%d \n",f(a));
}
```

7. 下面程序的输出结果是________。

```
#include <stdio.h>
#define A 3
#define B(a) ((A+1)*a)
```

```
void main()
{  int x;
   x=3*(A+B(7));
   printf("x=%d\n",x);
}
```

8. 下面程序的输出结果是________。

```
#include <stdio.h>
#define MAX(a,b)  (a>b?a:b)+1
void main()
{  int m=5,n=8;
   printf("%d\n",MAX(m,n));
}
```

9. 下面程序的输出结果是________。

```
#include <stdio.h>
#define PR(a) printf("%d\t",(int)(a))
#define PRINT(a) PR(a);printf("ok!")
void main()
{  int j,a=1;
   for(j=0;j<3;j++)
      PRINT(a+j);
}
```

三、编程题

1. 编写一个递归函数，求 Fibonacci 数列的前 40 项。
2. 编写一个函数，求 x^2-5x+4 的值，x 作为形参，用主函数调用此函数求：$y_1=a^2-5a+4$，$y_2=(a+15)^2-5(a+15)+4$，$y_3=\sin^2 a-5\sin a+4$。其中 a 的值从键盘输入。
3. 编写一个函数，计算 $s=\sum_{x=1}^{n} x^k$ 。
4. 根据以下级数展开式求 π 的近似值，计算到某一项的值小于 0.000001。

$$\frac{\pi}{2}=1+\frac{1}{3}+\frac{1}{3}\times\frac{2}{5}+\frac{1}{3}\times\frac{2}{5}\times\frac{3}{7}+\frac{1}{3}\times\frac{2}{5}\times\frac{3}{7}\times\frac{4}{9}+\cdots$$

5. 编写函数，实现将两个字符串连接。
6. 编写函数，实现将字符串中指定的字符删除。
7. 用带参数的宏编写程序，从 3 个数中找出最大数。
8. 当符号常量 X 被定义过，则输出其平方，否则输出符号常量 Y 的平方。
9. 定义一个带参数的宏，将从键盘上输入的 3 个数按从大到小的顺序排序并输出。

第 7 章　指　针

指针是 C 语言中广泛使用的一种数据类型。使用指针，可以有效地表示复杂的数据结构；动态地分配内存单元；方便灵活地使用数组和字符串；并能像汇编语言一样处理内存地址；调用函数时能得到一个以上的值等。本章主要介绍指针的基本概念、指针变量、指针数组的定义和使用，以及在数组和字符串中应用指针解决问题的方法等。

7.1　地址和指针的概念

程序中定义了变量，编译系统就为该变量分配相应的内存单元（亦称为存储单元），为了正确地访问这些内存单元，必须为每个内存单元编写一个唯一的编号。根据一个内存单元的编号即可准确地找到该内存单元。内存单元的编号也叫做内存地址，通常把这个地址称为指针。即变量的指针就是变量的地址。

对于一个内存单元来说，单元的地址即为指针，其中存放的数据是该内存单元的内容。内存单元的地址和内存单元的内容是两个不同的概念。在 C 语言中，允许用一个变量来存放内存地址，这种变量称为指针变量。因此，一个指针变量的值就是某个内存单元的地址，或称为某个内存单元的指针。

指针变量也是一个变量，它和普通变量一样也占用一定的存储空间。但与普通变量不同的是，指针变量的存储空间中存放的不是普通的数据，而是另一个变量的地址（指针），因此指针变量是一个地址变量。当一个指针变量中存放了一个地址时，该指针变量就指向该地址的存储空间。这样就可以通过指针变量对该地址的存储区域中存放的数据进行访问和各种运算。

例如，有一个指针变量 p，把变量 a 的地址赋值给指针变量 p(p=&a)，这样变量 a 的地址 1001 就存放到了系统为指针变量 p 分配的存储空间中，指针变量 p 的内容就是变量 a 的地址。通常都说 p 指向 a，如图 7-1 所示。

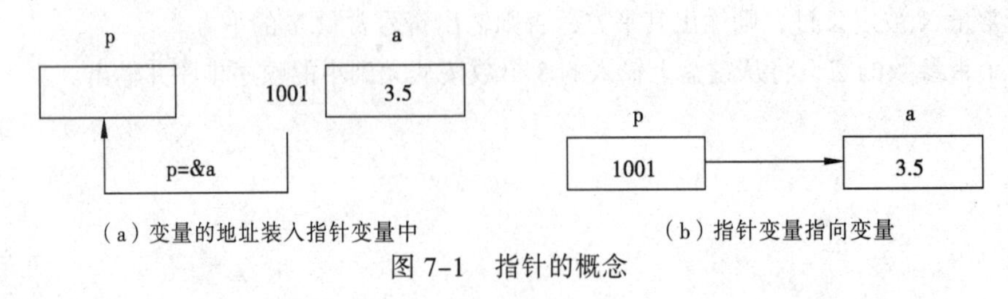

（a）变量的地址装入指针变量中　　（b）指针变量指向变量

图 7-1　指针的概念

有了指针变量以后，对一般变量的访问既可以通过变量名进行，也可以通过指针变量进行。通过变量名或其地址（如 a 或&a）访问变量的方式叫直接访问方式；通过指针变量（如 p）访问它指向的变量（如 a）的方式叫间接访问方式。

例如，定义整型变量 a 如下：

```
int a;
```

假设其开始字节的地址为 5000，对 a 进行赋值操作：

```
a=5;
```

当要访问 a 时，直接到内存地址为 5000 的地方，读写其中的内容即可，这样的访问称为直接访问，如图 7-2（a）所示。

也可以把 a 的地址放到另一个变量 ap 中保存起来，而变量 ap 在内存中也有个地址，比如为 8000，如果要通过 ap 访问 a 的内容，就必须先从 ap 中取出 a 的地址，再按这个地址找到 a 的所在地，然后对其进行操作，这样的访问称为间接访问，如图 7-2（b）、（c）所示，读做 ap 指向 a。

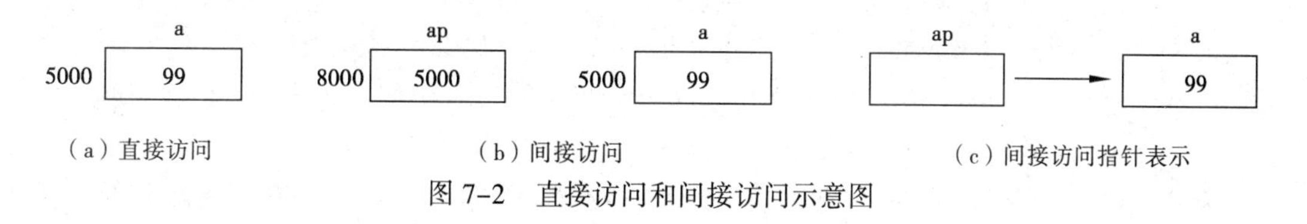

图 7-2 直接访问和间接访问示意图

7.2 指向变量的指针变量

指针是用来存放内存地址的变量，这个地址就是某个变量在内存中的位置。当一个变量存放另一个变量的地址，就说第 1 个变量就是指向变量的指针变量，且第 1 个变量指向第 2 个变量。这就是本节所要论述的指针变量。

7.2.1 指向变量的指针变量的定义

指针变量也是一个变量，所以和其他变量一样必须先定义后使用。定义指向变量的指针变量的一般格式如下：

```
类型标识符 *变量名;
```

例如：

```
int *p1,*p2;
float *q;
```

在指针变量定义中，指针变量名前的“*”号仅是一个符号，并不是指针运算符，表示定义的是指针变量；类型标识符表示该指针变量所指向的变量的数据类型，并不是指针变量自身的数据类型，所有指针变量都是存放变量地址的，因此所有指针变量的类型相同，只是所指向的变量的数据类型不同。例如，p1、p2 只能指向整型变量，q 只能指向单精度实型变量。

7.2.2 指针运算符

1. 取地址运算符“&”

取地址运算符“&”是单目运算符，其结合性为从右到左，功能是取变量的地址。取地址运算符“&”是优先级最高的运算符之一。例如 2&&p，等价于 2&(&p)（第二个&优先与 p 结合）。

2．取内容运算符“*”

取内容运算符“*”是单目运算符，其结合性为从右到左，功能是取指针变量所指向的存储区域内存放的值。取内容运算符“*”是优先级最高的运算符之一。例如，2**p，等价于2*(*p)（第二个*优先与p结合）。

使用指针运算符时应注意以下几点：

① 指针“*”运算符和指针定义中的指针标识符“*”不是一回事。在指针变量定义中，“*”是类型标识符，表示定义的变量是指针类型的变量。而表达式中出现的“*”则是一个指针运算符，表示取指针变量所指向变量的值。例如，有如下定义：

```
int x,*p;
```

对于上面的定义，表示定义了整型变量 x，定义了 p 是一个指向整型变量的指针变量。表达式*p，表示取指针变量 p 所指向的变量的值。下面的赋值均是正确的：

```
p=&x;    /* 表示取整型变量x的内存地址，并赋值给指针变量p */
x=*p;    /* 表示取指针变量p所指向的变量的值，并赋值给整型变量x */
p=&*p;   /* 按优先级&*p等价于&(*p)，(*p)就是变量x，再执行&x，即取变量a的地址，并
         将变量a的地址赋值给指针变量p。因此，&*p等价于&x */
x=*&x;   /* 按优先级*&x等价于*(&x)，&x就是取变量x的地址，再执行*运算相当于取变量
         x的值，并赋值给整型变量x。因此，*&x 等价于x */
```

对于指针变量 p，&p、p、*p 三者之间的关系如图 7–3 所示。

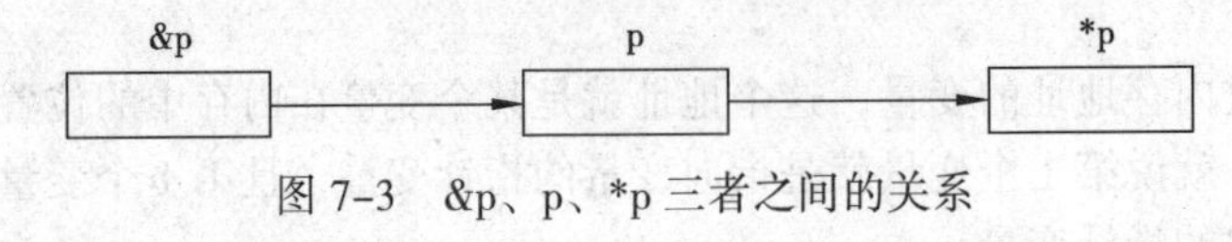

图 7–3　&p、p、*p 三者之间的关系

② 对于*p=&a，(*p)++表示使指针变量 p 所指向的存储单元的值自增，相当于 a++。*p 两边的括号是必须的，如果没有括号，成为 *p++，而“++”和“*”是优先级相同的运算符，按从右到左的结合方向结合等价于*(p++)。

【例 7.1】指针变量的应用。

```
#include <stdio.h>
void main()
{  int a=3,*p;          /* 定义变量a并给它赋初值3，定义指针变量p */
   int b=5,*q=&b;       /* 定义变量b并给它赋初值5,定义指针变量q,并使其指向变量b */
   int c;
   printf("a=%d,  b=%d\n",a,b);
   p=&a;                /* 使指针变量p指向变量a */
   *q=9;                /* 把9赋给q所指向的存储单元，相当于b=9 */
   printf("a=%d,  b=%d\n",a,b);
   printf("*p=%d,  *&a=%d\n",*p,*&a);
   (*p)++;              /* 使指针变量p所指向的存储单元的值自增，相当于a++ */
   printf("(*p)++=%d\n",a);
}
```

程序运行结果：

```
a=3,  b=5
a=3,  b=9
*p=3, *&a=3
(*p)++=4
```

【例 7.2】按从大到小的顺序输出两个整型变量的值。

```
#include <stdio.h>
void main()
{  int a=5,b=9;
   int p,*pa,*pb;              /* 定义指针变量 pa、pb */
   printf("%d,%d\n",a,b);
   pa=&a;                      /* 让指针变量 pa 指向变量 a */
   pb=&b;                      /* 让指针变量 pb 指向变量 b */
   if(*pa<*pb)                 /* 等价于 if(a<b)，成立时则交换指针变量指向的值 */
   {  p=*pa;                   /* 把指针变量 pa 的地址赋值给 p */
      *pa=*pb;                 /* 把指针变量 pb 的地址赋值给 pa */
      *pb=p;                   /* 把指针变量 p 的地址赋值给 pb */
   }
   printf("%d,%d\n",*pa,*pb);
}
```

程序运行结果：

```
5,9
9,5
```

注意：变量 a 与变量 b 中的值并没有变，只是指针变量 pa 与指针变量 pb 的指向发生了变化，pa 原来指向 a，现在指向 b。pb 原来指向 b，现在指向 a。图 7–4 为程序运行之前指针在内存中的指向状态，而图 7–5 为程序运行之后指针在内存中的指向状态。

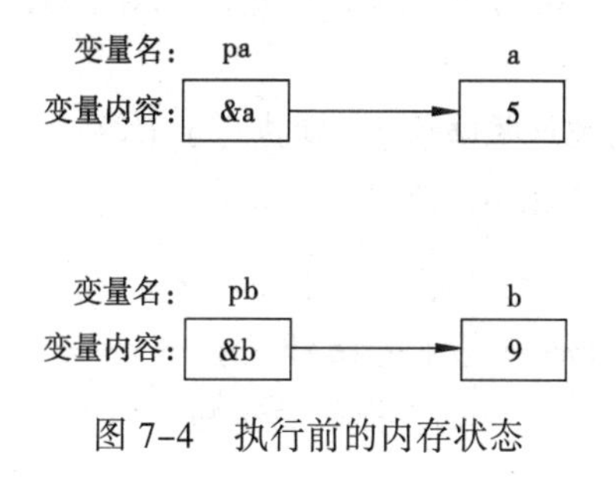

图 7–4　执行前的内存状态

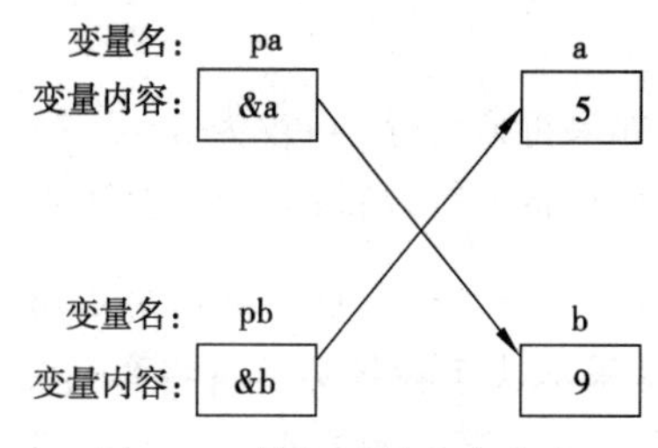

图 7–5　执行后的内存状态

7.2.3　指针变量的初始化

指针变量初始化的一般格式如下：

```
类型标识符 *指针变量名=初始地址；
```

例如：

```
int k,*p=&k;
float x,*s=&x;
```

指针变量初始化的过程是，系统按照定义的类型，在内存中为该指针变量分配存储空间，同时把初始地址值存入指针变量的存储空间内。从而该指针变量指向了初始地址值所给定的内存空间。上面定义中，p指向了k，s指向了x。

对于外部或静态指针变量在声明中若不带初始化项，指针变量被初始化为 NULL，它的值为整数 0。NULL 由 stdio.h 定义为 0，它也等同于'\0'，意为空指针（定义一个指针变量后，没有使其指向一个确定的地址，这个变量称为空指针）。这样做的目的是，让指针变量存有确定的地址值又不指向任何变量（类似于给数值型变量赋初值）。例如：

```
#define NULL 0
int *p=NULL;                  /* 表示p不指向任何单元，即表示p是空指针 */
```

对指针变量赋0值和不赋0值是不同的。指针变量未赋值时，可以是任意的，是不能使用的，否则造成意外错误。而指针变量赋0值后，则可以使用，只是它不指向具体的变量而已。

7.2.4 指针变量的运算

指针变量的运算是指以指针变量所持有的地址值为运算对象进行的运算，所以指针变量的运算实际上是地址的运算。

1. 单个指针变量的算术运算

单个指针变量的算术运算，包括+、-、++、--运算符。C语言的地址运算规则规定：一个地址加上或减去一个整数 n，其运算结果仍然是一个地址，它是以运算对象的地址为基点的后方或前方第n个数据的地址。即其运算结果应该是该指针变量当前指向位置的后方或前方第n个数据的地址。

例如：

```
int a,b,c,d,*p;               /* 定义了4个整型简单变量，一个指针变量 */
p=&b;                         /* 指针变量p指向b */
p++;                          /* 或p=p+1,通过++运算,指针变量指向下一个变量c */
```

① 在第三行中，通过++运算p指向下一个变量c，相当于把c变量的地址赋值给p，即执行了p=&c。

② 如果将第三行p++改为p--，相当于把a变量的地址赋值给p，即执行了p=&a。

③ 如果将第三行p=p+2，相当于把d变量的地址赋值给p，即执行了p=&d。

注意：由于指针变量可以指向不同类型的变量，即长度不同的数据的存储空间，所以这种运算的结果取决于指针变量所指向的变量的数据类型。例如，如果指针变量 p 指向的是 float 型变量，float 变量在内存中占4个字节的存储空间，因此，p=p+2 将往后移动 2*sizeof(float)=8，8个字节。

2. 两个指针变量之间的算数运算

两个指针变量之间的运算只能在同一种指针类型中进行，主要包括+、-运算符。但是两个指针变量之间的运算，“-”运算所得的差是两个指针变量之间相差的元素个数。正数表示被减数指针变量指在减数指针变量的后面，负数表示被减数指针变量指在减数指针变量的前面。对于两个指针变量之间的“+”运算，是毫无意义的。

例如：

```
float a,b,*p1,*p2,*p3;   /* 定义了 2 个单精度简单变量，3 个指针变量 */
int n,c[10],*q1,*q2;     /* 定义了 1 个整型简单变量，1 个整型数组变量，2 个指针变量 */
p1=&a; p2=&b;            /* p1 和 p2 指向两个不同的变量 a、b*/
q1=&c[1]; q2=&c[7];      /* q1 和 q2 指向同一个数组的不同的数组元素 */
n=q2-q1;                 /* 相差的元素个数，其值为 6 */
p3=p1+p2;                /* 毫无意义 */
p3=q1;                   /* 不正确，指针类型不同 */
```

3．指针变量的关系运算

基于类型相同的两个指针变量之间的关系运算，表示它们指向的地址位置之间的关系。假如数据存放在一段连续的存储空间内，那么指向后面存储单元的指针变量的值大于指向前面存储单元的指针变量的值。指向同一个存储单元的两个指针变量的值相等。因此，两个指针变量之间可以进行大于、大于等于、小于、小于等于、等于、不等于（>，>=，<，<=，==，!=）的比较运算。

另外，在程序中，判断空指针变量可以与整数比较。设 p 为指针变量，若有 p==0 成立，表明 p 是空指针，它不指向任何变量；若 p!=0 成立，表明 p 不是空指针。

【例 7.3】分析下面程序的运行结果。

```
#include <stdio.h>
void main()
{  int a=3,*p1;
   char ch='A',*p2;
   float x,y,*p3,*p4;
   p1=&a;                 /* 把变量 a 的地址赋值给指针变量 p1 */
   p2=&ch;                /* 把变量 ch 的地址赋值给指针变量 p2 */
   p3=&x;                 /* 把变量 x 的地址赋值给指针变量 p3 */
   p4=p3+1;               /* 使 p3 指向下一个变量 y，并把 y 的地址赋值给指针变量 p4 */
   printf("%d, %c\n",a,ch);
   *p1=*p1+6;             /* *p1 等价于 a，即相当于 a=a+6 */
   *p2=*p2+5;             /* *p2 等价于 ch，即相当于 ch=ch+5 */
   printf("%d, %c\n",a,ch);
   if(p3<p4)
     printf("OK!\n");
   else
     printf("NOT!\n");
}
```

程序运行结果：

```
3, A
9, F
OK!
```

7.2.5　指针变量作为函数参数

前面已经讲过，函数调用中发生的数据传送有两种，即值传递和地址传递方式。值传递方式是在函数调用过程中，形参的值发生改变，而实参中的值不会变化；而地址传递方式是在函数调用过程中，形参的值发生改变，而实参中的值不会变化。

如果形参为指针变量，相对应的实参必须是变量的指针。在这种情况下，数据传送是地址传递方式。下面通过例子来说明。

【例 7.4】用函数调用的方法求一个整数 n 的平方（要求不使用 return 语句）。

```
#include <stdio.h>
void square(int *pn)                    /* 定义求一个整数 n 的平方函数 */
{  *pn=*pn**pn;
}
void main()
{  int n;
   printf("n=");
   scanf("%d",&n);
   printf("old n=%d\n",n);              /* 输出调用 square()函数之前的 n 的值 */
   square(&n);                          /* 把变量 n 的地址传递给函数 square() */
   printf("new n=%d\n",n);              /* 输出调用 square()函数之后的 n 的值 */
}
```

程序运行结果：

```
n=5↙
old n=5
new n=25
```

在上述程序中，用地址传递方式把变量 n 的地址传递给 square()函数。函数 square()用指向 int 类型的指针 pn 作为形参，在函数 square()内形参 pn 的值的改变，同时也影响到了 main()函数内实参 n 的值的改变。

【例 7.5】输入两个整数 a、b，按从大到小的顺序输出。

```
#include <stdio.h>
void swap(int *q1,int *q2)              /* 定义 swap()函数 */
{  int t;
   t=*q1; *q1=*q2; *q2=t;               /* 交换指针变量指向的值 */
}
void main()
{  int a,b, *pa=&a,*pb=&b;
   printf("input a,b=");
   scanf("%d,%d",&a,&b);
   if(a<b)                              /* 若 a<b 则调用 swap()函数 */
      swap(pa,pb);                      /* 也可以写为 swap(&a,&b); */
   printf("%d,%d\n",*pa,*pb);
}
```

程序运行结果：

```
input a,b=5,9↙
9,5
```

主函数中分别为变量 a 和 b 赋值了 5 和 9，指针变量 pa 指向 a，指针变量 pb 指向 b。a 的值小于 b 的值，就调用函数 swap()，参数 pa 和 pb 分别传递了变量 a 和 b 的地址。pa 的值传递给 q1， q1 指向 a，pb 的值传递给 q2，q2 指向 b。函数 swap()中，交换了 q1 和 q2 所指向的存储单元中的值（即 a 和 b 的存储单元中的值），变量 a 的存储单元中的值变为 9，变量 b 的存储单元中的值变为 5，函数执行结束时形式参数 q1，q2 立即被释放，实参指针变量 pa 仍然指向 a，pb 仍然指向 b，因此，输出结果是 9，5。

通过这个例题可以得到这样一个结论：函数的调用不能改变实参指针变量的指向，但可以改变实参指针变量所指向的存储空间中的值。应用这一点，可以运用指针变量作为函数的参数得到多个变化了的值。

【例 7.6】 输入 3 个整数，输出其中的最大整数和最小整数。

```
#include <stdio.h>
void max_min(int *p1,int *p2,int *p3)
{  int max,min;
   max=min=*p1;              /*将 p1 所指向的变量的值，赋值给 max、min */
   if(max<*p2)  max=*p2;  /*若 max 的值小于 p2 指向的变量的值，则把*p2 的值赋值给 max */
   if(max<*p3)  max=*p3;  /*若 max 的值小于 p3 指向的变量的值，则把*p3 的值赋值给 max */
   if(min>*p2)  min=*p2;  /*若 min 的值大于 p2 指向的变量的值，则把*p2 的值赋值给 min*/
   if(min>*p3)  min=*p3;  /*若 min 的值大于 p3 指向的变量的值，则把*p3 的值赋值给 min*/
   *p1=max;                  /*把 max 的值赋给 p1 所指向的存储单元 */
   *p3=min;                  /*把 min 的值赋给 p3 所指向的存储单元 */
}
void main()
{  int a,b,c;
   printf("input a,b,c=");
   scanf("%d,%d,%d",&a,&b,&c);
   max_min(&a,&b,&c);
   printf("max=%d, min=%d\n",a,c);
}
```

程序运行结果：

```
input a,b,c=2,9,5↙
max=9, min=2
```

7.3　指针与数组

C 语言规定数组名代表数组的起始地址，即数组的指针就是数组的起始地址。一个数组包含若干个元素，每个数组元素都在内存中占用存储空间，都有相应的地址，指针变量可以指向数组或数组元素。把数组的起始地址或数组的某一个元素的地址存放到一个指针变量中。

7.3.1　一维数组和指针

1. 指针指向一维数组

C 语言规定数组名代表数组的起始地址，即数组的指针就是数组的起始地址。一个数组包含若干个元素，每个数组元素都在内存中占用存储空间，都有相应的地址。例如，有如下定义：

```
int a[10];
```

则 a 代表该数组的起始地址，是一个常量，也等于&a[0]。a+i 代表元素 a[i]的地址，即 a+i 等于&a[i]。

对于数组元素的访问，除了前面讲述的下标表示法之外（例如要访问第 5 个元素，则用 a[5]表示），也可以用地址法表示。例如，a[0]等于*a，a[i]等于*(a+i)。

既然可以让指针指向一个变量，也可以让指针指向一个数组或数组元素，只要保证指针指向的数据类型同数组定义的数据类型相同即可。例如，有如下定义：

```
int a[10],*p;
```

则可有：

```
p=&a[0];
```

即指针变量 p 指向数组元素 a[0]。且上述语句等价于：

```
p=a;
```

也可在定义指针变量的同时赋值，即：

```
int a[10];
int *p=a;     /* 等价于 int *p; p=a */
```

2．指向数组元素的指针变量的使用

根据 C 语言的规定，对指针变量 p 可以进行加减法运算，指针可以和一个整数进行加减，结果还是一个指针。例如，p 已指向数组的某一元素，那么 p+1 就指向数组中的下一个元素。因此，利用指向数组元素的指针变量，并对其进行适当的加减运算，即可处理整个数组。例如，有如下定义：

```
int a[10],*p;
```

则存取数组 a 中的第 i 个元素，使用指针可以表示如下：

```
*(p+i)
```

【例 7.7】输出数组 a 中的全部元素。

方法一：

```
#include <stdio.h>
void main()
{  int a[10]={3,6,1,8,2,7,0,4,2,5},i,*p;
   p=a;
   for(i=0;i<10;i++)
   {  printf("%3d",*p);
      p++;
   }
}
```

方法二：

```
#include <stdio.h>
void main()
{  int a[10]={3,6,1,8,2,7,0,4,2,5},*p;
   for(p=a;p<a+10;p++)
      printf("%3d",*p);
}
```

在上述程序中，用指针变量 p 对数组元素进行了操作，也可以用下标法和地址法得到同样的结果。下面给出用地址法编写的程序。

```
#include <stdio.h>
void main()
{  int a[10]={3,6,1,8,2,7,0,4,2,5},i;
   for(i=0;i<10;i++)
     printf("%3d",*(a+i));
```

```
}
```

若将 printf 语句中的*(a+i)改为 a[i]，即为下标法。

它们的不同之处在于：下标法最直接，也容易理解；下标法和地址法的执行速度一样；最快的方法是使用指针，因为指针的自加比较快，能大大提高程序执行效率。

对指针变量进行的运算大致可分为如下几种：

① 指针运算符*与++、--的优先级相同，结合方向为从右到左。

② p++使指针 p 指向下一个元素。p--同理。

③ p1-p2（p1 和 p2 指向同一数组），得到 p1 和 p2 指向元素的下标差值。

④ p+j（p 指向数组的某一元素），得到在当前地址基础上向后偏移 j 个元素的地址。p-j 同理。

⑤ *p++等价于先得到 p 所指向变量的值（即*p），然后使 p=p+1，即使 p 指向下一个元素。*p++同理。

⑥ *++p 等价于先执行 p=p+1，再取*p 的值。*--p 同理。

⑦ ++(*p)，先取*p 的值加 1 存入 p 所指向地址，再取*p 的值。--(*p) 同理。

对指针与数组元素的关系（设 int a[10],*p=a;）归纳如下：

① &a[j]、a+j、p+j 等价，代表 a 数组第 j 个元素的地址。

② a[j]、*(a+j)、p[j]、*(p+j)等价，代表 a 数组第 j 个元素的值。

③ *(p++)等价于 a[j++]，*(p--)等价于 a[j--]，*(++p)等价于 a[++j]，*(--p)等价于 a[--j]。

【例 7.8】分析下面程序的运行结果。

```
#include <stdio.h>
void main()
{  int a[]={5,15,25,35,45,55,65,75,85,95},m,*p;
   p=a;
   m=*p++;                    /* e1 行 */
   printf("m=%d\n",m);
   m=*++p;                    /* e2 行 */
   printf("m=%d\n",m);
   m=++(*p);                  /* e3 行 */
   printf("m=%d\n",m);
   m=(*p)++;                  /* e4 行 */
   printf("m=%d\n",m);
}
```

程序运行结果：

```
m=5
m=25
m=26
m=26
```

在上述程序中，执行 e1 行时，先取出 p 所指向的元素的值，即 a[0]的值 5，赋值给 m 后，再执行++运算，使 p 指向下一个元素 a[1]。执行 e2 行时，p 先执行++运算，使 p 指向下一个元素 a[2]，取出 p 所指向的元素的值，即 a[2]的值 25，再赋值给 m。执行 e3 行时，先取出 p 所指向的元素的值，即 a[2]的值 25，再执行++运算将 a[2]加 1，即 a[2]为 26 后赋值给 m，p 仍然指向 a[2]。执行 e4

行时，先取出 p 所指向的元素的值，即 a[2]的值 26，赋值给 m 后，再执行++运算，使 p 所指向的元素的值 a[2]加 1，即 a[2]为 27，p 仍然指向 a[2]不变。

使用指针变量应注意下面几个问题：

① 不要使用没有赋值的指针变量，使用指针变量之前一定要对其正确赋值。

② 使用指针变量访问数组元素时，要随时检查指针的变化范围和指针变量的当前值，始终不能超越数组的上下界。例如：

```
#include <stdio.h>
void main()
{ int a[10],*p=a,j;
  for(j=0;j<10;j++)
    scanf("%d",p++);
  for(j=0;j<10;j++)
    printf("%3d",*p++);
  printf("\n");
}
```

这个程序中第一个 for 循环结束时，p 已指向 a[10]，已经超出了 a 数组的范围，再执行第二个 for 循环，p 指向的都不是 a 数组的元素范围。因此，输出的数据不是之前输入的数据。要想使程序能正确输出之前输入的数据，应该在第二个 for 循环之前使 p 指向 a 数组的起始地址，程序应改为：

```
#include <stdio.h>
void main()
{  int a[10],*p=a,j;
   for(j=0;j<10;j++)
     scanf("%d",p++);
   p=a;
   for(j=0;j<10;j++)
     printf("%3d",*p++);
   printf("\n");
}
```

③ 无论传递数组首地址的函数参数用数组名还是指针，其实质都是指针，在函数被调用时，该指针通过参数传递均指向数组。

【例 7.9】输入几个学生的成绩求平均成绩。

方法一：实参用指针变量，形参用数组名。

```
#include <stdio.h>
#define N 5
float aver(float p[])          /* 定义aver()函数用于计算平均成绩,形参用数组名 */
{ int i;
  float av,s=0;
  for(i=0;i<N;i++)
   s=s+p[i];                   /* 利用下标法取数组元素的值 */
  av=s/5;
```

```
  return(av);
}
void main()
{  float score[N],av,*p=score;
   int i;
   printf("\ninput 5 scores:\n");
   for(i=0;i<N;i++)
     scanf("%f",&score[i]);
   av=aver(p);            /* 调用 aver()函数时，实参用指针变量 */
   printf("average score is: %5.2f",av);
}
```

方法二：实参用数组名，形参用指针变量。

```
#include <stdio.h>
#define N 5
float aver(float *pa)     /* 定义 aver()函数用于计算平均成绩，形参用指针变量 */
{  int i;
   float av,s=0;
   for(i=0;i<N;i++)
     s=s+*pa++;             /* 利用指针变量取数组元素的值 */
   av=s/5;
   return(av);
}
void main()
{  float score[N],av;
   int i;
   printf("\ninput 5 scores:\n");
   for(i=0;i<N;i++)
     scanf("%f",&score[i]);
   av=aver(score);        /* 调用 aver()函数时，实参用数组名 */
   printf("average score is: %5.2f",av);
}
```

方法三：实参用指针变量，形参也用指针变量。

```
#include <stdio.h>
#define N 5
float aver(float *pa)     /* 定义 aver()函数用于计算平均成绩，形参也用指针变量 */
{  int i;
   float av,s=0;
   for(i=0;i<N;i++)
      s=s+*pa++;            /* 利用指针变量取数组元素的值 */
   av=s/5;
   return av;
}
```

```
void main()
{  float score[N],av,*p=score;
   int i;
   printf("\ninput 5 scores:\n");
   for(i=0;i<N;i++)
     scanf("%f",&score[i]);
   av=aver(p);                           /* 调用aver()函数时，实参用指针变量 */
   printf("average score is: %5.2f",av);
}
```

【例7.10】输入n个整数，对其中的正数统计个数并求和，程序最后输出原始数据和统计结果。

```
#include <stdio.h>
#define N 5
void main()
{  int a[N],*p;
   int count=0,sum=0;
   printf("\ninput %d data:",N);
   for(p=a;p<a+N;p++)                    /* 使用指针指向下一个元素 */
   {  scanf("%d",p);
      if(*p>0)
      {  sum+=*p;
         count++;
      }
   }
   p=a;                                  /* 使指针指向数组的首地址 */
   while(p<a+N)                          /* 利用指针指向打印数组的元素 */
     printf("%-3d",*p++);
   printf("\n");
   printf("count=%d\n",count);
   printf("sum=%d\n",sum);
}
```

程序运行结果：

```
input 5 data:5 -6 0 -3 8↙
5  -6  0  -3  8
count=2
sum=13
```

7.3.2 二维数组和指针

指针处理一维数组时，指针变量所指向的对象为数组元素。指针变量增、减一个单位就意味着指针后移或前移一个数组元素。但是用指针处理多维数组时，指针变量所指的对象是数组中的行。因此，在概念上和使用上，指向多维数组的指针比指向一维数组的指针更复杂。本节以二维数组为例介绍多维数组的指针变量。

1. 二维数组地址的表示方法

为了说明问题，定义以下二维数组：

```
int a[3][4]={{1,2,3,4}, {5,6,7,8}, {9,10,11,12}};
```

这是一个 3 行 4 列的二维数组，a 数组包含 3 行，如图 7-6 所示。即由 3 个元素组成：a[0]、a[1]、a[2]。而每一行又是一个一维数组，且都含有 4 个元素，例如，a[0]包含 a[0][0]、a[0][1]、a[0][2]、a[0][3]。

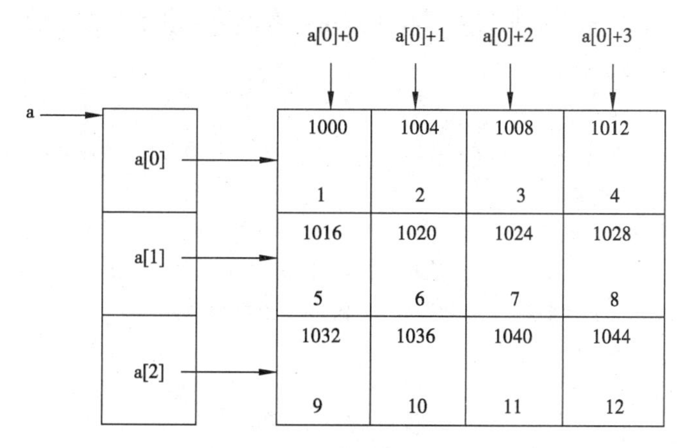

图 7-6　二维数组的地址表示

数组及数组元素的地址表示法如下：a 是二维数组名，也是二维数组 0 行的首地址，等于 1000。a[0]是第 1 个一维数组的数组名和首地址，因此也为 1000。*(a+0)或*a 是与 a[0]等效的，它表示一维数组 a[0]的 0 号元素的首地址，也为 1000。&a[0][0]是二维数组 a 的 0 行 0 列元素首地址，同样也是 1000。因此，a、a[0]、*(a+0)、*a、&a[0][0]是相等的。同理，a+1 是二维数组第 1 行的首地址，等于 1016。a[1]是第 2 个一维数组的数组名和首地址，因此也为 1016。&a[1][0]是二维数组 a 的 1 行 0 列元素地址，也是 1016。因此 a+1、a[1]、*(a+1)、&a[1][0]是等同的。依此类推，a+i、a[i]、*(a+i)、&a[i][0]是相等的。此外，&a[i]和 a[i]也是等同的。因为在二维数组中不能把&a[i]视为元素 a[i]的地址，不存在元素 a[i]。

a[i]是一种地址计算方法，表示数组 a 第 i 行首地址，由此可以得出：a[i]、&a[i]、*(a+i)和 a+i 也都是等同的。另外，a[0]也可以看成是 a[0]+0 是一维数组 a[0]的 0 号元素的首地址，而 a[0]+1 则是 a[0]的 1 号元素的首地址，由此可得出 a[i]+j 则是一维数组 a[i]的 j 号元素首地址，它等于&a[i][j]。由 a[i]等于*(a+i)得出 a[i]+j 等于*(a+i)+j，由于*(a+i)+j 是二维数组 a 的第 i 行 j 列元素的首地址，该元素的值等于*(*(a+i)+j)。

2. 二维数组的指针变量

把二维数组 a 分解为一维数组 a[0]、a[1]、a[2]之后，设 p 为指向二维数组 a 的指针变量。可定义为：

```
int (*p)[3];
```

表示 p 是一个指针变量，它指向二维数组 a 或指向第一个一维数组 a[0]，其值等于 a，a[0]或&a[0][0]等。而 p+i 则指向一维数组 a[i]。从前面的分析可以得出*(p+i)+j 是二维数组 i 行 j 列的元素的地址，而*(*(p+i)+j)则是 i 行 j 列元素的值。

二维数组指针变量说明的一般形式为：

```
类型标识符 (*指针变量名)[长度];
```

其中“类型说明符”为所指向数组的数据类型。“*”表示其后的变量是指针类型。“长度”表示二维数组分解为多个一维数组时，一维数组的长度，也就是二维数组的列数。应注意“(*指针变量名)”两边的括号不可少，缺少括号则表示是指针数组（本章后面介绍），意义就完全不同了。

【例 7.11】用指向数组元素的指针变量输出数组元素的值，并统计其中的正数。

```
#include <stdio.h>
void main()
{  int a[][4]={{1,-2,3,4},{11,-22,33,44},{-55,66,0,-88}};
   int count=0,*p;
   for(p=a[0];p<a[0]+12;p++)
                    /* p=a[0]使指针指向 a[0][0]，每次 p 增加 1，移向下一个元素 */
   {  if((p-a[0])%4==0)   /* 使一行输出 4 个数据 */
        printf("\n");
      printf("%4d",*p);
      if(*p>0)            /* 统计正数 */
        count++;
   }
   printf("\n count=%d\n",count);
}
```

程序运行结果：

```
   1  -2   3   4
  11 -22  33  44
 -55  66   0 -88
count=7
```

【例 7.12】查看某个学生某一门功课的成绩。

```
#include <stdio.h>
#define N 3                /* N表示学生 */
#define M 4                /* M表示功课 */
void main()
{  int score[N][M]={{67,80,74,58},{77,80,84,90},{87,81,75,69}};
   int i,j;                /* i表示第 i+1 个学生,j 表示第 i+1 个学生的第 j+1 门功课 */
   printf("input i,j=");
   scanf("%d,%d",&i,&j);
   printf("a[%d][%d]=%d\n",i,j,*(*(score+i)+j));
}
```

程序运行结果：

```
input i,j=2,1↙
a[2][1]=81
```

7.4　字符串的指针和指向字符串的指针变量

从前面的介绍我们知道，在 C 语言中，字符串是以字符数组的形式储存的。C 语言中没有专门针对字符串变量的运算，对字符串的操作要通过字符数组和指针来完成。字符串在内存中的起始地址称为字符串的指针，可以定义一个字符指针变量指向一个字符串。

7.4.1　字符串的指针

C 语言中可以用两种方法对一个字符串进行操作。

1. 字符数组

把字符串的各字符（包括结束标志'\0'）依次保存在字符数组中，利用下标变量或数组名对数组进行操作。输出时用“%s”格式进行整体输出。

【例 7.13】字符数组应用举例。

```
#include <stdio.h>
void main()
{  char str[]="C program.";
   printf("%s\n",str);
}
```

程序运行结果：

```
C program.
```

2. 字符指针

也可以直接定义指向字符串的指针变量，利用该指针变量对字符串进行操作。

【例 7.14】字符指针应用举例。

```
#include <stdio.h>
void main()
{  char *ps="C program.";
   printf("%s\n",ps);
}
```

在程序中，语句*ps="C program.";表示，首先定义 ps 是一个字符指针变量，然后把字符串的首地址赋予 ps，并不是把整个字符串存入变量 ps 中。也可以写成以下形式：

```
char *ps;
ps="C program.";
```

但是要注意，对指向字符变量的指针变量应赋予该字符变量的地址，例如：

```
char c,*p=&c;
*p='a';
```

表示 p 是一个指向字符变量 c 的指针变量，可以通过指针变量 p 给变量 c 赋值。

【例 7.15】在字符串中查找有无某字符。

```
#include <stdio.h>
void main()
{  char st[50],*ps;
```

```
    int i;
    printf("input a string:");
    ps=st;
    scanf("%s",ps);
    for(i=0;ps[i]!='\0';i++)
      if(ps[i]=='k')            /* 在输入的字符串中查找有无'k'字符 */
        break;
    if(ps[i]=='\0')
      printf("there is no 'k' in the string.\n");
    else
      printf("there is a 'k' in the string.\n");
  }
```

程序运行结果：

```
input a string:efgkabc↙
there is a 'k' in the string.
input a string:abcxyz↙
there is no 'k' in the string.
```

用字符数组和字符指针变量都可以实现字符串的存储和运算，但是两者是有区别的，在使用时应注意以下几个问题：

① 字符串指针变量本身是一个变量，用于存放字符串的首地址。而字符串本身是存放在以该首地址为首的一块连续的内存空间中，并以'\0'作为字符串的结束。字符数组是由若干个数组元素组成的，它可用来存放整个字符串。

② 对字符数组作初始化赋值，必须采用外部类型或静态类型，而对字符串指针变量则无此限制。

例如：

```
static char st[]={"C Language"};
char *ps="C Language";
```

③ 对字符串指针方式：

```
char *ps="C Language";
```

可以写为：

```
char *ps;
ps="C Language";
```

而对数组方式：

```
static char st[]={"C Language"};
```

不能写为：

```
char st[20];
st={"C Language"};
```

而只能对字符数组的各元素逐个赋值。

从以上几点可以看出字符串指针变量与字符数组在使用时的区别，同时也可看出使用指针变量更加方便。

【例 7.16】对字符数据使用冒泡排序法进行排序，用字符数组和字符指针实现。

```
#include <stdio.h>
#include <string.h>
void main()
{  int i,j,n;
   char t;
   static char s[50];
   char *item=s;     /* 定义字符指针 item，并把字符数组的首地址赋予 item */
   printf("input a string:");
   gets(item);
   n=strlen(s);      /* 求字符串的长度 */
   for(i=1;i<n;i++)
     for(j=n-1;j>=i;j--)
     {  if(item[j-1]>item[j])
        {  t=item[j-1];
           item[j-1]=item[j];
           item[j]=t;
        }
     }
   item=s;           /* 指针复位 */
   printf("\nthe sorted string is:%s",item);
}
```

程序运行结果：

```
input a string: C program↙
the sorted string is:Cagmoprr
```

7.4.2 字符串作为函数参数

将一个字符串从一个函数传递到另一个函数，一方面可以用字符数组名做参数，另一方面可以用指向字符串的指针变量做参数，这样，在被调函数中若改变了字符串的内容，则主调函数中相应的字符串的内容也随之改变。

表达式(*pds=*pss)!='\0'，将 pss 指向的字符赋值到 pds 指向的存储单元并判断是否遇到了结束标志'\0'。

【例 7.17】编写程序，把一个字符串的内容复制到另一个字符串中，要求不能使用 strcpy()函数。

```
#include <stdio.h>
void cpystr(char *ps,char *pd)  /* 形参pss指向源字符串，而pds指向目标字符串 */
{  while((*pd=*ps)!='\0')/*将ps指向的字符赋值到pd指向的存储单元并判断是否结束*/
   {  pd++;                     /* pd 值加 1，指向下一字符*/
      ps++;                     /* ps 值加 1，指向下一字符*/
   }
}
void main()
{  char *pa="CHINA",b[10],*pb;
```

```
  pb=b;
  cpystr(pa,pb);              /* 以指针变量pa、pb为实参，调用cpystr()函数 */
  printf("string a=%s\nstring b=%s\n",pa,pb);
}
```

程序运行结果：

```
string a=CHINA
string b=CHINA
```

【例 7.18】编写程序，将输入字符串中的大写字母转换为小写字母。

```
#include <stdio.h>
#include <string.h>
void chan(char *p)
{  int i,n;
   n=strlen(p);
   for(i=0;i<=n;i++)
      if(*(p+i)>64&&*(p+i)<92)
         *(p+i)=*(p+i)+32;
}
void main()
{  char str[]="AbcDeF";
   puts(str);
   chan(str);
   puts(str);
}
```

程序运行结果：

```
AbcDeF
abcdef
```

7.5 指 针 数 组

指针数组是一个数组，该数组是指针变量的集合，即它的每一个元素都是一个指针变量，这些指针变量具有相同的数据类型。指针数组的定义格式为：

```
类型标识 *指针数组名[数组长度];
```

“类型标识”是定义指针数组的每一个元素所指向对象的类型；指针数组名前的“*”是指针标志；“指针数组名”与指针名一样，是数组的标识，用于访问数组元素，它的值是指针数组在内存中的首地址；“数组长度”用于确定数组元素的个数。例如：

```
int *a[10];
```

a 是数组名，包含 10 个元素 a[0]、a[1]、…、a[9]，每个元素都是整型指针变量，a 可以用于存放 10 个整数的首地址。

指针数组和一般数组一样，允许指针数组在定义时初始化，但由于指针数组的每个元素是指针变量，它只能存放地址，所以对指向字符串的指针数组在说明赋初值时，是把存放字符串的首地址赋给指针数组的对应元素。例如：

```
char *a[5]={"BASIC","FORTRAN","FOXBASE","PASCAL","COBOL"};
```

定义了a是指针数组，它有5个元素，分别存放了字符串"BASIC"、"FORTRAN"、"FOXBASE"、"PASCAL"、"COBOL"的起始地址。

【例7.19】利用指针数组输出另一个一维数组中各元素的值。

```
#include <stdio.h>
void main()
{  int i;
   int a[5]={2,4,6,8,10};
   int *p[5];
   for(i=0;i<5;i++)
      p[i]=a+i;
   for(i=0;i<5;i++)
      printf("%d  ",*p[i]);
}
```

程序运行结果：

```
2  4  6  8  10
```

一般情况下，指针数组的应用多数是用字符指针数组来处理多个字符串。尤其是当这些字符串长短不等时，使用指针数组比使用字符数组处理更方便、灵活，而且节省存储空间。

【例7.20】用0~6分别代表星期日至星期六，当输入其中的任意一个数字时，请输出对应的星期名。

```
#include <stdio.h>
void main()
{  char *weekname[7]={"Sunday","Monday","Tuesday","Wednesday",
                      "Thursday","Friday","Saturday"};
   int week;
   printf("input week No:");
   scanf("%d",&week);
   if(week>=0&&week<7)
      printf("week No:%d-->%s\n",week,weekname[week]);
   else
      printf("input error!!\n");
}
```

程序运行结果：

```
input week No:6↙
week No:6-->Saturday
```

7.6 指向指针的指针

指向指针的指针变量中存放的是另一个指针变量的地址，则称这个指针变量为指向指针的指针变量。

在前面已经介绍过，通过指针访问变量称为间接访问，简称间访。由于指针变量直接指向变量，所以称为单级间访。而如果通过指向指针的指针变量来访问变量，则构成了二级或多级间访。

在C语言程序中，对间访的级数并未明确限制，但是间访级数太多时不容易理解，也容易出错，因此，一般很少超过二级间访。

定义指向指针的指针变量的一般格式为：

```
类型标识符 **变量名;
```

语句中“类型标识符”是变量所指向的指针所指向的数据的类型，“**”是指向指针的指针变量的标志。例如：

```
int **pp;
```

表示pp是一个指针变量，它指向另一个指针变量，而这个指针变量指向一个整型量。

【例7.21】指向指针的指针演示。

```
#include <stdio.h>
void main()
{  int x,*p,**pp;
   x=10;
   p=&x;
   pp=&p;
   printf("x=%d\n",**pp);
}
```

程序运行结果：

```
x=10
```

程序中p是一个指针变量，指向整型量x；pp也是一个指针变量，它指向指针变量p。通过pp变量访问x的写法是**pp。

【例7.22】通过指针变量输出指针数组中数组元素的地址和数组元素所指向的数组。

```
#include <stdio.h>
void main()
{  char *p[4]={"BASIC","DBASE","C","FORTRAN"};
                                    /* 定义字符指针数组p,并赋初值 */
   char **q;                        /* 定义指向指针的指针变量q */
   int i;
   for(i=0;i<4;i++)
   {  q=p+i;
      printf("%o#",*q);             /* 依次输出4个字符串的地址 */
      printf("%s\n",*q);            /* 依次输出4个字符串 */
   }
   printf("\n");
}
```

程序运行结果：

```
20420100  BASIC
20420070  DBASE
20420060  C
20420050  FORTRAN
```

程序中首先定义说明了指针数组p并进行了初始化赋值。又说明了q是一个指向指针的指针变量。在4次循环中，q分别取得了ps[0]、ps[1]、ps[2]、ps[3]的地址值，再通过这些地址即可找到该字符串并进行输出。

7.7　函数的指针

指针可以指向一个变量，同样也可以指向一个函数。一个函数在编译时，其代码在内存中占用一段连续的内存单元，这片连续的内存单元有一个入口地址，这个地址是执行该函数的起始地址，也称为该函数的指针。可以用一个指针变量指向一个函数，然后通过该指针变量调用此函数。

7.7.1　函数的指针和指向函数的指针变量

一个函数在编译时被分配给一个入口地址，这个函数的入口地址就是函数的指针。C 规定函数名代表函数的入口地址。

在 C 语言中规定，一个函数总是占用一段连续的内存区，而函数名就是该函数所占内存区的首地址。可以把函数的这个首地址（或称入口地址）赋予一个指针变量，使该指针变量指向该函数，然后通过指针变量就可以找到并调用这个函数。把这种指向函数的指针变量称为指向函数的指针变量。使用指向函数的指针变量有以下 3 个步骤。

（1）定义指向函数的指针变量

指向函数的指针变量的定义格式为：

```
类型说明符 (*指针变量名)();
```

其中“类型说明符”表示被指函数的返回值的类型。“(* 指针变量名)”表示“*”后面的变量定义的是指针变量。最后的空括号表示指针变量所指的是一个函数。

例如：

```
int (*pf)();
```

表示 pf 是一个指向函数入口的指针变量，该函数的返回值（函数值）是整型。

注意：*pf 两边的圆括号是不得缺少的，有了括号 pf 先和*结合，表示定义了 pf 是一个指针变量。如果写成 int *pf()，则 pf 先和后面的()结合，表示定义了 pf 是一个函数，pf 是函数名，前面的“*”号表示函数 pf()是返回指针的函数。

（2）将定义后的指针变量指向函数

当指向函数的指针变量定义后，它不是固定指向哪个函数，而只是表示定义了这样类型的变量，可以专门用来存放函数的入口地址。程序中把哪个函数的入口地址赋值给它，它就指向哪个函数。在给指向函数的指针变量赋值时，只需要给出函数名而不必给出参数。例如：

```
int (*p)();
…
p=fun;
…
int fun(int x,int y)
{  return(x+y);
}
```

fun 是函数名，是函数的首地址，将 fun 赋值给指向函数的指针变量 p，实质上就是使 p 获得了函数的入口地址，即指向了函数 fun()。

（3）用指向函数的指针变量调用函数

调用函数的格式为：

```
(*指针变量名)(实参表)
```

例如在上述程序段中，通过指向函数的指针变量 fun()函数的格式为 s=(*p)(a,b)。

【例 7.23】演示函数指针的使用方法。

```
#include <stdio.h>
int max(int a,int b)                  /* 定义max()函数用于判定两个数的大小 */
{  if(a>b)
     return(a);
   else
    return(b);
}
void main()
{  int (*pmax)(int,int);
   int x,y,z;
   pmax=max;
   printf("input two numbers:");
   scanf("%d,%d",&x,&y);
   z=(*pmax)(x,y);                    /* 通过函数指针调用 max()函数 */
   printf("max=%d\n",z);
}
```

程序运行结果：

```
input two numbers:66,55↙
max=66
```

指向函数的指针变量的性质与普通指针变量相同，唯一的区别是：普通指针变量指向的是内存的数据存储区；而指向函数的指针变量指向的是内存的程序代码区。因此，普通指针变量的“*”运算是访问内存中的数据，而对指向函数的指针变量执行“*”运算时，其结果是使程序控制转移至该指向函数的指针变量所指向的函数的入口地址，从而开始执行该函数。也就是说，对指向函数的指针变量执行“*”运算就是调用它所指向的函数。

7.7.2 函数的指针作为函数参数

C 语言中，指向函数的指针变量的作用主要体现在函数之间传递函数，这种传递不是传递任何数据或普通变量的地址，而是传递函数的入口地址，或者说是传递函数的调用控制。当函数在两个函数之间传递时，调用函数的实参应该是被调传递函数的函数名，而被调函数的形参应该是接收函数地址的指向函数的指针变量。

【例 7.24】任意输入两个整数，求它们的和、差。

```
#include <stdio.h>
int add(int x,int y)                  /* 定义add()函数用于计算两个整数的和 */
{  return(x+y);
}
```

```
int sub(int x,int y)                    /* 定义 sub()函数用于计算两个整数的差 */
{  return(x-y);
}
int fun(int (*p)(int,int),int x,int y) /* 定义 fun()函数用于调用相应函数 */
{  int z;
   z=(*p)(x,y);
   return(z);
}
void main()
{  int a,b;
   printf("input a,b=");
   scanf("%d,%d",&a,&b);
   printf("%d+%d=%d\n",a,b,fun(add,a,b));
   printf("%d-%d=%d\n",a,b,fun(sub,a,b));
}
```

程序运行结果：

```
input a,b=12,4↙
12+4=16
12-4=8
```

程序中 add()、sub()是已经定义的函数，分别用来求两个数的和、差。函数 fun()中的形参 p 是指向函数的指针变量，main()函数调用 fun()函数：

```
fun(add,a,b)
```

将 add()函数的入口地址传递给了指向函数的指针变量 p，即 p 指向函数 add()。a、b 的值分别传递给 x、y。函数 fun 中 z=(*p)(x,y); 实质上相当于 z=add(x,y); 语句。从而实现求 a 与 b 的和。其他的语句执行过程相似。

7.8　返回指针的函数

函数的返回值可以是整型值、实型值、字符值等，在 C 语言中还允许一个函数的返回值是一个指针（即地址），这种返回指针值的函数称为指针型函数。

这种带返回指针值的函数的定义格式为：

```
类型说明符 *函数名(形参表)
{
   …                  /* 函数体 */
}
```

其中函数名之前加了“*”号表明这是一个指针型函数，即返回值是一个指针。类型说明符表示了返回的指针值所指向的数据类型。例如：

```
int *p(int x,int y)
{
   …                  /* 函数体 */
}
```

定义 p 是一个返回指针值的指针型函数，它返回的指针指向一个整型变量。

注意：函数指针变量和指针型函数这两者在写法和意义上的区别，如 int(*p)()和 int *p()是两个完全不同的量。int(*p)()是一个变量说明，说明 p 是一个指向函数入口的指针变量，该函数的返回值是整型量，(*p)的两边的括号不能缺少。int *p() 则不是变量说明而是函数说明，说明 p 是一个指针型函数，其返回值是一个指向整型量的指针，*p 两边没有括号。作为函数说明，在括号内最好写入形式参数，这样便于与变量说明区别。对于指针型函数定义，int *p()只是函数头部分，一般还应该有函数体部分。

【例 7.25】删除一个字符串后置的“*”号。

如原字符串为****A*BC*DEF*G*****，则处理后字符串为****A*BC*DEF*G。

```
#include <stdio.h>
#include <string.h>
char *del(char *q)              /* 定义 del()函数用于删除一个字符串后置的星号 */
{  char *s;
   int n=strlen(q);             /* 测试 q 所指向字符串的长度 */
   s=q+n-1;                     /* 将 s 指向字符串的最后一个字符 */
   while(*s=='*')  s--;         /* 只要 s 指向的字符是星号，s 就向前移动一个字符 */
   s++;
   *s='\0';
   return(q);
}
void main()
{  char str[80],*p;
   printf("input a string:");
   scanf("%s",str);
   p=del(str);                  /* 调用 del()函数 */
   printf("%s\n",p);
}
```

程序运行结果：

```
input a string:*abc**de***↙
*abc**de
```

while 循环结束时，s 指向了字符串后面第一个非“*”号的字符，语句 s++; 又将 s 往下移动一个字符，指向了下面一个字符，即倒数第一个非“*”字符后面的“*”，*s='\0'; 将字符串结束标志赋值到 s 指向的位置，返回指针 q，因此字符串后置的“*”就被删除。

【例 7.26】将字符串 b 连接到字符串 a 的后面。

```
#include<stdio.h>
char *fun(char *str1,char *str2)     /* 定义 fun()函数用于连接两个字符串 */
{  char *s=str1;
   while(*str1)   str1++;
   while(*str2)  *str1++=*str2++;
   *str1='\0';
   return(s);
```

```
}
void main()
{  char s1[100],s2[100];
   printf("输入第一个字符串:");
   scanf("%s",s1);
   printf("输入第二个字符串:");
   scanf("%s",s2);
   printf("连接后的字符串:%s\n",fun(s1,s2));
}
```

程序运行结果：

```
输入第一个字符串:abc↙
输入第二个字符串:defg↙
连接后的字符串: abcdefg
```

7.9 main()函数的返回值和参数

在C语言中，当我们运行一个程序时，实际上就是调用main()函数，有调用就有返回值的问题。另外，在本书前面使用到的程序中，主函数main()都是没有参数的。实际上，main()函数可以带参数。本节将介绍main()函数的返回值及其参数。

7.9.1 main()函数的返回值

main()作为函数，也有调用问题。对main()函数的调用者是操作系统。有调用就有返回的问题。所以，和任何其他函数一样，在main()中可以，也应该使用return语句。

在前面的main()函数中，没有使用return语句和返回值。实际上，在默认情况下，函数main()是整型函数，它返回整型值。这个值返回到调用它的操作系统。对于DOS，返回值为0。表示程序正常结束；返回任何其他值，均表示程序非正常终止。

对没有说明为void类型的main()函数，如果程序中没有return语句，在编译时，有的系统会给出错误信息。

7.9.2 main()函数的参数

在C语言中，当运行一个程序时，实际上就是调用main()函数。前面介绍的main()函数都是不带参数的。因此，main()后的括号都是空括号。实际上，main()函数可以带参数，这个参数可以认为是main()函数的形式参数。C语言规定main()函数的参数只能有两个，习惯上这两个参数写为argc和argv。因此，main()函数的函数头可写为：

```
main(argc,argv)
```

C语言还规定argc（第一个形参）必须是整型变量，argv（第二个形参）必须是指向字符串的指针数组。加上形参说明后，main()函数的函数头应写为：

```
main(argc,argv)
int argv;
char *argv[];
```

或写成：

```
main(int argc,char *argv[])
```

由于 main()函数不能被其他函数调用，因此不可能在程序内部取得实际值。那么，在何处把实参值赋予 main()函数的形参呢？实际上，main()函数的参数值是从操作系统命令行上获得的。当要运行一个可执行文件时，在 DOS 提示符下输入文件名，再输入实际参数即可把这些实参传送到 main()的形参中去。

DOS 提示符下命令行的一般形式为：

```
C:\>可执行文件名 参数 参数…;
```

但是应该特别注意的是，main()的两个形参和命令行中的参数在位置上不是一一对应的。因为 main()的形参只有两个，而命令行中的参数个数原则上未加限制。argc 参数表示了命令行中参数的个数（注意：文件名本身也算一个参数），argc 的值是在输入命令行时由系统按实际参数的个数自动赋予的。argv 参数是字符串指针数组，其各元素值为命令行中各字符串（参数均按字符串处理）的首地址。指针数组的长度即为参数个数，数组元素初值由系统自动赋予。运行程序的命令行中，可以包含参数，例如：

```
命令名 参数1 参数2 … 参数n
```

例如，“命令名”是可执行文件 file1.exe，执行该命令时包含两个字符串参数：

```
file1 China Beijing
```

在源程序 file1.c 中，用 main()函数的参数来表示命令的参数：

```
main(int argc, char argv[])
```

其中，argc 表示命令行参数的个数（包括命令名），指针数组 argv 用于存放参数（包括命令名）。

【例 7.27】带参数的 main()函数的应用举例。

```
/* file1.c */
void main(int argc, char *argv[])
{  while(argc>1)
   {  ++argv;
      printf("%s\t",*argv);
      --argc;
   }
}
```

对于这个程序，运行时若输入的命令行为：

```
file1 China Beijing↙
```

则程序运行结果是：

```
China    Beijing
```

7.10 程 序 举 例

【例 7.28】定义含有 10 个元素的数组，并完成以下各功能：

① 按顺序输出数组中各元素的值。

② 将数组中的元素按逆序重新存放后输出其值（完成逆序存放操作时，只允许开辟一个临时存储单元）。

```
#include <stdio.h>
void main()
{  int i=0,t=0;
   int a[10]={1,2,3,4,5,6,7,8,9,10};
   int *p=a,*q=NULL;
   for(i=0;i<10;i++)
     printf("%4d",*(p+i));
   printf("\n");
   q=a+9;
   while(p<q)
   {  t=*p;
      *p=*q;
      *q=t;
      p++;
      q--;
   }
   for(p=a;p-a<10;p++)
     printf("%4d",*p);
   printf("\n");
}
```

程序运行结果：

```
1   2   3   4   5   6   7   8   9   10
10  9   8   7   6   5   4   3   2   1
```

第一个 for 语句是按顺序输出数组中各元素的值。在循环过程中，指针 p 没有移动，始终指向 a[0]元素。while 循环用于按逆序存放数组 a 中的值。最后一个 for 语句是输出逆序存放后的值。在循环过程中，每输出一个元素值，指针就移动指向下一个元素。

【例 7.29】 使用选择排序法，并利用指针数组对字符串按字典顺序排序。

```
#include <stdio.h>
#include <string.h>
#define N 4
#define M 80
void main()
{  int i,j;
   char name[N][M],*strp[N],*t;
   for(i=0;i<N;i++)
   {  printf("Name %d:",i+1);
      gets(name[i]);          /* 从键盘输入字符串，并存入字符串数组 */
      strp[i]=name[i];        /* 为指针数组元素赋值，使其指向相应的字符串 */
   }
   for(i=0;i<N;i++)
   {  for(j=i+1;j<N;j++)
         if(strcmp(strp[i],strp[j])>0)/* 若字符串顺序不符合字典顺序，则交换字符串 */
         {  t=strp[i];                /* 交换指针数组元素的指向 */
```

```
                strp[i]=strp[j];
                strp[j]=t;
             }
         }
         printf("\nSorted List:\n");
            for(i=0;i<N;i++)
         printf("Name %d:%s\n",i+1,strp[i]);
      }
```

程序运行结果：

```
Name 1:Liao↙
Name 2:Wang↙
Name 3:Zhou↙
Name 4:Chen↙
Sorted List:
Name 1: Chen
Name 2: Liao
Name 3: Wang
Name 4: Zhou
```

在排序过程中，当需要交换姓名位置时，没有交换字符串数组的各个元素，只是交换指针数组中指针的指向。

【例 7.30】要求用函数调用方式实现，把一个字符串的内容复制到另一个字符串中。

将字符数组名和指向字符串的字符指针变量作为函数参数编写的程序如下：

```
#include <stdio.h>
void copystr(char *p,char *q)    /* 字符指针变量 p 和 q 作为形参 */
{  while((*p++=*q++)!='\0')
     ;
}
void main()
{  char str[]={"I am a student."};
   char *s="I love China.";
   copystr(str,s);                /* 数组名 str 和字符指针变量作为实参 */
   printf("%s\n",str);
}
```

在复制字符串时，必须一个字符一个字符地复制，所以需要使用循环语句。在 while 语句中，((*p++=*q++)!='\0')先进行赋值运算，再判断是否为字符串结束标志'\0'，是'\0'时，则停止循环。

本 章 小 结

本章要掌握的重点是指针的定义和引用、指针变量做函数参数、通过指针引用数组元素、字符串的指针和指向字符串的变量、函数的指针和指向函数的指针变量等。

1．指针运算

① 变量的取地址运算“&”和指针的指向运算“*”是一对互逆的运算符。指针变量定义以后必须要给它赋值，否则不能使用。给指针变量赋值有两种形式：定义时初始化赋值和在函数执

行部分指针变量。具体的赋值形式有：

```
p=&a;            /* 将变量 a 的地址赋给 p */
p=array;         /* 将数组 array 的首地址赋给 p */
p=&array[i];     /* 将数组 array 的第 i 个地址赋给 p */
p=&a[i][j];      /* 将二维数组元素 a[i][j]的地址赋给 p，p 是指针变量 */
p=a[0];          /* a 是二维数组名，将元素 a[0][0]的地址赋给 p，p 是指针变量 */
p=*a;            /* a 是二维数组名，将元素 a[0][0]的地址赋给 p，p 是指针变量 */
p1=p2;           /* 将同类型指针变量 p2 存放的地址赋给指针变量 p1 */
p=NULL;          /* 将“空”指针赋给 p，p 是指针变量 */
```

② 一个指针变量加减一个整数并不是简单地将原值加减一个整数，而是将该指针变量的原值（是一个地址）加上或减去该整数与指针引用对象大小的乘积。

③ 可以用逻辑运算符和关系运算符比较两个指针，但是除非它们指向同一个数组，否则这种比较是没有意义的。

④ 有 3 种值可以用来初始化一个指针，它们是 0、NULL 和一个地址。把一个指针初始化为 0 和初始化为 NULL 是等价的。指针变量可以有空值，即该指针变量不指向任何变量 p=NULL;。另外，指针变量可以与 NULL 或 0 进行相等或不相等的比较，例如，p==NULL;或 p==0;，表示 p 为空指针。

2．函数调用中值的传递以及指针类型的应用

① 传递给函数的指针有 4 种，即指向非常量数据的非常量指针、指向非常量数据的常量指针、指向常量数据的非常量指针、指向常量数据的常量指针。

② 函数参数为指针型数据时，主调函数通过实参将目标变量的地址传递给被调用函数的指针型形参，这样被调用函数的指针型形参就将其指向范围扩展到主调函数，从而完成存取主调函数中目标变量的操作。

③ 函数名代表函数代码的起始地址，称为函数的指针，它是一个指针常量。通过将函数指针赋给一个指向函数的指针变量，可以使用间接存取运算符调用该函数。

3．指针与数组

① 数组名代表数组在内存中的起始地址，称为数组的指针，它是一个指针常量。可以将一维数组名赋给一个指针变量，并用它访问数组元素；也可以将二维数组名或二维数组行指针赋给一个指向一维数组的指针变量，并用它访问二维数组元素。通过指针变量引用数组元素的指针表示法与数组元素的下标表示法等价。

② 指针数组常用来构造字符串数组，字符串数组（指针数组）中的每一个元素实际上是每一个字符串的首地址。因此，使用字符指针变量或字符指针数组能够很方便地进行字符串操作。

习　　题

一、单选题

1. 若定义了 int i,j,*p,*q;，下面的赋值正确的是（　　）。

   A. i=&j　　B. *q=&j　　C. q=&p　　D. p=&i

2. 若定义了 int a[8];，则下面表达式中不能代表数组元素 a[1]的地址是（　　）。

A. &a[0]+1　　B. &a[1]　　C. &a[0]++　　D. a+1

3. 若有定义：char s[]={"12345"},*p=s;，则下面表达式中不正确的是（　　）。

A. *(p+2)　　B. *(s+2)　　C. p="ABC"　　D. s="ABC"

4. 变量 i 的值为 3，i 的地址为 1000，若要使 p 为指向 i 的指针变量，则下列赋值正确的是（　　）。

A. &i=3　　B. *p=3　　C. *p=1000　　D. p=&i

5. 若有定义：int a[5]={1,2,3,4,5},*p=a;，则不能表示 a 数组元素的表达式是（　　）。

A. *p　　B. a[5]　　C. *a　　D. a[p-a]

6. 下面程序的输出结果是（　　）。

```
#include <stdio.h>
void main()
{  int i;
   int *int_ptr;
   int_ptr=&i;
   *int_ptr=5;
   printf("i=%d",i);
}
```

A. i=0　　B. i 为不定值　　C. 程序有错误　　D. i=5

7. 下面程序的输出结果是（　　）。

```
#include <stdio.h>
void main()
{  int *p1,*p2,*p;
   int a=5,b=8;
   p1=&a;p2=&b;
   if(a<b)
   {  p=p1;p1=p2;p2=p;  }
   printf("%d,%d",*p1,*p2);
   printf("%d,%d",a,b);
}
```

A. 8,55,8　　B. 5,88,5　　C. 5,85,8　　D. 8,58,5

8. 下面程序的输出结果是（　　）。

```
#include <stdio.h>
void main()
{  char *p1,*p2,str[50]="abc";
   p1="abc";p2="abc";
   strcpy(str+1,strcat(p1,p2));
   printf("%s\n",str);
}
```

A. abcabcabc　　B. bcabcabc　　C. aabcabc　　D. cabcabc

二、填空题

1. “*” 称为________运算符，“&” 称为________运算符。

2. 设 int a[10],*p=a;，则对 a[2]的正确引用是 p[________]和*(p________)。
3. 设有定义：int k,*p1=&k,*p2;，能完成表达式 p2=&k 功能的表达式可以写成________。
4. 下面程序的输出结果是________。

```
#include <stdio.h>
void ast(int x,int y,int *cp,int *dp)
{  *cp=x+y;
   *dp=x-y;
}
void main()
{  int a,b,c,d;
   a=4;
   b=3;
   ast(a,b,&c,&d);
   printf("%d %d\n",c,d);
}
```

5. 下面程序的输出结果是________。

```
#include <stdio.h>
void main()
{  char a[]="abcdefg",*p=a;
   a[2]='\0';
   puts(p);
}
```

6. 下面程序的输出结果是________。

```
#include <stdio.h>
#include <string.h>
void main()
{  char s[80]="Look at",*p=&s[4];
   p++;
   strcpy(p,"this");
   puts(s);
}
```

三、编程题

1. 用指针法编写求字符串长度的函数。
2. 将第二个字符串连接在第一个字符串的后面。
3. 统计一个字符串中单词的个数。
4. 求出若干个数的最大值、最小值和平均值。
5. 编写一个交换变量值的函数，利用该函数交换数组 a 和数组 b 中的对应元素值。

第 8 章 结构体和共用体

前面的章节中已经介绍了各种基本数据类型、数组和指针。但只有这些数据类型还难以处理一些比较复杂的数据结构。本章将以前面介绍的数据类型为基础，进一步介绍结构体类型、共用体类型和枚举类型。

8.1 结 构 体

8.1.1 结构体类型的定义

在实际问题中，一组数据往往具有不同的数据类型。例如，在学生登记表中，姓名应为字符型；学号可为整型或字符型；年龄应为整型；性别应为字符型；成绩可为整型或实型。但显然不能用一个数组来存放这一组数据。因为数组中各元素的类型和长度都必须一致，以便于编译系统处理。为了解决这个问题，C 语言中给出了另一种构造数据类型——“结构体”。

“结构体”是一种构造类型，它是由若干“成员”组成的。每一个成员可以是一个基本数据类型或者又是一个构造类型。结构体既然是一种“构造”而成的数据类型，那么在说明和使用之前必须先定义它，也就是构造它。如同在说明和调用函数之前要先定义函数一样。定义一个结构体类型的一般形式为：

```
struct 结构体名
{
   结构成员的说明;
};
```

成员表由若干个成员组成，每个成员都是该结构体的一个组成部分。对每个成员也必须进行类型说明，其形式为：

```
类型说明符 成员名;
```

成员名的命名应符合标识符的书写规定。例如：

```
struct stu
{  int num;
   char name[20];
   char sex;
   float score;
};
```

在这个结构体定义中，结构体名为 stu，该结构体由 4 个成员组成。第一个成员为 num，整型变量；第二个成员为 name，字符数组变量；第三个成员为 sex，字符变量；第四个成员为 score，实型变量。应注意在括号“}”后的分号是不可少的。结构体定义之后，即可进行变量说明。凡说明为结构体 stu 的变量都由上述 4 个成员组成。由此可见，结构是一种复杂的数据类型，是数目固定，类型不同的若干有序变量的集合。

8.1.2　结构体变量的说明

结构体变量的说明有以下 3 种方法。以上面定义的 stu 为例来加以说明。

（1）先定义结构体类型，再说明结构体变量

例如：

```
struct stu
{  int num;
   char name[20];
   char sex;
   float score;
};
struct stu boy1,boy2;
```

说明了两个变量 boy1 和 boy2 为 stu 结构类型。也可以用宏定义使用一个符号常量来表示一个结构类型，例如：

```
#define STU struct stu
STU
{  int num;
   char name[20];
   char sex;
   float score;
};
STU boy1,boy2;
```

（2）在定义结构体类型的同时说明结构体变量

例如：

```
struct stu
{  int num;
   char name[20];
   char sex;
   float score;
}boy1,boy2;
```

（3）直接说明结构体变量

例如：

```
struct
{  int num;
   char name[20];
```

```
    char sex;
    float score;
  }boy1,boy2;
```

第三种方法与第二种方法的区别在于第三种方法中省去了结构体名，而直接给出结构体变量。3 种方法中说明的 boy1、boy2 变量都具有相同的结构。说明了 boy1、boy2 变量为 stu 类型后，即可向这两个变量中的各个成员赋值。

在上述 stu 结构体定义中，所有的成员都是基本数据类型或数组类型。成员也可以又是一个结构体类型，即构成了嵌套的结构体。例如：

```
struct date
{  int month;
   int day;
   int year;
};
struct
{  int num;
   char name[20];
   char sex;
   struct date birthday;
   float score;
}boy1,boy2;
```

首先定义一个结构体 date，由 month（月）、day（日）、year（年）3 个成员组成。在定义并说明变量 boy1 和 boy2 时，其中的成员 birthday 被说明为 data 结构体类型。成员名可与程序中其他变量同名，互不干扰。结构体变量成员的表示方法，在程序中使用结构体变量时，往往不把它作为一个整体来使用。

说明： 结构体在内存中的存储容量是各成员容量之和，这是与后面共用体的重要区别。

8.1.3 结构体变量的引用

一般情况下，不能对一个结构体变量作为整体引用，只能引用其中的成员。结构体变量中成员引用的一般形式为：

结构体变量名.成员名

其中，“.”是域成员运算符，是 C 语言中优先级最高的运算符之一。例如，boy1.num 即第一个人的学号，boy2.sex 即第二个人的性别。如果成员本身又是一个结构体，则必须逐级找到最低级的成员才能使用。例如，boy1.birthday.month 即第一个人出生的月份。成员可以在程序中单独使用，与普通变量完全相同。

8.1.4 结构体变量的赋值

对于结构体变量，只有以下两种情况可以对结构体变量赋值。

（1）结构体变量整体赋值

例如：

```
boy2=boy1;
```

（2）取结构体变量地址

例如：

```
&boy2;
&boy1;
```

这里要注意，结构体变量名是地址常量，含义与数组名和函数名相同，不能对结构体变量做整体输入/输出操作。例如：

```
scanf("%d,%s,%c,%f",&boy1);
printf("%d,%s,%c,%f",boy1);
```

这些语句都是不允许的，只能对结构体成员进行输入/输出。

【例 8.1】 给结构体变量赋值并输出其值。

```
#include <stdio.h>
void main()
{  struct stu                                /* 定义结构体 stu */
   {  int num;
      char *name;
      char sex;
      float score;
   } boy1,boy2;                              /* 定义 stu 类型的变量 boy1、boy2 */
   boy1.num=102;
   boy1.name="Zhang ping";
   printf("input sex and score:\n");
   scanf("%c %f",&boy1.sex,&boy1.score);
                                             /* 给 boy1 的成员 sex 和 score 赋值 */
   boy2=boy1;                                /* 把 boy1 整体赋给 boy2  */
   printf("number=%d\nname=%s\n" ,boy2.num,boy2.name);
   printf("sex=%c\nscore=%6.2f\n",boy2.sex,boy2.score);
}
```

程序运行结果：

```
input sex and score:
M 96↙
number=102
name=Zhang ping
sex=M
score=␣96.00
```

本程序中用赋值语句给 num 和 name 两个成员赋值，name 是一个字符串指针变量。用 scanf()函数动态地输入 sex 和 score 成员值，然后把 boy1 的所有成员的值整体赋予 boy2。最后分别输出 boy2 的各个成员值。

8.1.5 结构体变量的初始化

如果结构体变量为全局变量或者静态变量，则可以对它做初始化赋值。对局部或自动结构体变量不能做初始化赋值。

【例 8.2】外部结构体变量初始化。

```
#include <stdio.h>
struct stu                                      /* 定义结构体 */
{  int num;
   char *name;
   char sex;
   float score;
} boy2,boy1={102,"Zhang ping",'M',78.5};        /* 对变量boy1的成员初始化 */
void main()
{  boy2=boy1;                                   /* 把boy1整体赋给boy2 */
   printf("number=%d\nname=%s\n",boy2.num,boy2.name);
   printf("sex=%c\nscore=%6.2f\n",boy2.sex,boy2.score);
}
```

程序运行结果：

```
number=102
name=Zhang ping
sex=M
score=␣78.50
```

本程序中，boy2、boy1 均被定义为外部结构体变量，并对 boy1 进行了初始化赋值。在 main()函数中，把 boy1 的值整体赋予 boy2，然后用两个 printf()语句输出 boy2 各成员的值。

【例 8.3】静态结构体变量初始化。

```
#include <stdio.h>
void main()
{  static struct stu                            /* 定义静态结构体 */
   {  int num;
      char *name;
      char sex;
      float score;
   }boy2,boy1={102,"Zhang ping",'M',78.5};      /* 对变量boy1的成员初始化 */
   boy2=boy1;
   printf("number=%d\nname=%s\n",boy2.num,boy2.name);
   printf("sex=%c\nscore=%6.2f\n",boy2.sex,boy2.score);
}
```

本程序是把 boy1、boy2 都定义为静态局部的结构体变量，同样可以做初始化赋值。

8.1.6 结构体数组

一个结构体变量可以处理一个对象，如果有多个对象，则需要多个结构体变量，数组的元素也可以是结构体类型的，因此可以构成结构体数组。结构体数组的每一个元素都是具有相同结构体类型的下标结构体变量。在实际应用中，经常用结构体数组来表示具有相同数据结构的一个群体。如一个班的学生档案，一个车间职工的工资表等。

结构体数组的定义方法和结构体变量相似，也有 3 种方式：

（1）先定义结构体类型，再定义结构体数组

例如：

```
struct stu
{  int num;
   char *name;
   char sex;
   float score;
};
struct stu boy[5];
```

定义了一个结构体数组 boy，共有 5 个元素 boy[0]～boy[4]。每个数组元素都具有 struct stu 的结构体类型。

（2）在定义结构体类型的同时定义结构体数组

例如：

```
struct stu
{  int num;
   char *name;
   char sex;
   float score;
}boy[5];
```

（3）直接定义结构体数组

例如：

```
struct
{  int num;
   char *name;
   char sex;
   float score;
}boy[5];
```

对外部结构体数组或静态结构体数组可以做初始化赋值，例如：

```
struct stu
{  int num;
   char *name;
   char sex;
   float score;
}boy[5]={{101,"Li ping",'M',45},{102,"Zhang ping",'M',62.5},
         {103,"He fang",'F',92.5},{104,"Cheng ling",'F',87},
         {105,"Wang ming",'M',58}};
```

当对全部元素做初始化赋值时，也可不给出数组长度。

【例 8.4】计算学生的平均成绩和不及格的人数。

```
#include <stdio.h>
struct stu                                          /* 定义结构体 */
{  int num;
   char *name;
   char sex;
```

```
    float score;
}boy[5]={{101,"Li ping",'M',45},{102,"Zhang ping",'M',62.5},{103,"He
         fang",'F',92.5},{104,"Cheng ling",'F',87},{105,"Wang ming",'M',58}};
                                                     /* 对结构体数组元素初始化 */
void main()
{  int i,c=0;
   float ave,s=0;
   for(i=0;i<5;i++)
   {  s+=boy[i].score;
      if(boy[i].score<60)
        c+=1;
   }
   printf("s=%6.2f\n",s);
   ave=s/5;                                          /* 计算平均成绩 */
   printf("average=%6.2f\ncount=%d\n",ave,c);
}
```

程序运行结果：

```
s=345.00
average=␣69.00
count=2
```

本例程序中定义了一个外部结构体数组 boy，共 5 个元素，并进行了初始化赋值。在 main() 函数中用 for 语句逐个累加各元素的 score 成员值存于 s 之中，如某成员 score 的值小于 60（不及格），即计数器 c 加 1，循环完毕后计算平均成绩，并输出全班总分、平均分及不及格人数。

【例 8.5】建立同学通讯录。

```
#include <stdio.h>
#define NUM 2
struct mem                                          /* 定义结构体 */
{  char name[20];
   char phone[10];
};
void main()
{  struct mem man[NUM];
   int i;
   for(i=0;i<NUM;i++)                               /* 输入通讯录 */
   {  printf("input name:");
      gets(man[i].name);
      printf("input phone:");
      gets(man[i].phone);
   }
   printf("Name\t\tPhone\n");
   for(i=0;i<NUM;i++)                               /* 输出通讯录 */
      printf("%s\t%s\n",man[i].name,man[i].phone);
}
```

程序运行结果：

```
input name:Zhang jun↙
input phone:88888888↙
input name:Wang fang↙
input phone:99999999↙
Name          Phone
Zhang jun     88888888
Wang fang     99999999
```

本程序中定义了一个结构体类型 mem，它有两个成员 name 和 phone，用来表示姓名和电话号码。在主函数中定义 man 为具有 mem 类型的结构体数组。在 for 语句中，用 gets()函数分别输入各个元素中两个成员的值。然后又在 for 语句中用 printf()语句输出各元素中两个成员值。

8.1.7 指向结构体变量的指针变量

结构体指针变量是一个指针变量，用来指向改变量所分配的存储区域的首地址。结构体指针变量还可以用来指向结构体数组中的元素。结构体指针与以前介绍的各种指针在特性和使用方法上完全相同。结构体指针变量的运算也按照 C 语言的地址计算规则进行的。例如，结构体指针变量加 1 将指向内存中下一个结构体变量，结构体指针变量自身地址值的增加量取决于它所指向的结构体变量的数据长度（可用 sizeof()函数获取）。总之，结构体指针变量是指向一个结构体变量的指针变量。

1. 结构体指针变量的定义

定义结构体指针变量的一般形式为：

```
struct 结构体类型名 *结构指针变量名;
```

例如：

```
struct stu
{  int num;
   char *name;
   char sex;
   float score;
}boy,*pstu;
pstu=&boy;
```

也可以定义结构体类型后再定义结构体指针变量。

结构体名和结构体变量是两个不同的概念，不能混淆。结构体名只能表示一个结构体形式，编译系统并不对它分配内存空间。只有当某变量被说明为这种类型的结构时，才对该变量分配存储空间。有了结构指针变量，就能更方便地访问结构变量的各个成员。

2. 结构体指针变量的赋值

结构体指针变量必须先赋值后使用。赋值是把结构体变量的首地址赋给该指针变量，不能把结构名赋给该指针变量。例如，不能写成 pstu=&stu;。

这里要注意，pstu 已为指向一个结构体类型的指针变量，它只能指向结构体变量而不能指向它其中一个成员。换句话说，pstu 只能存放结构体变量的地址。例如，不能写成 pstu=&stu.num;。

3. 结构体指针变量的引用

定义好一个结构体指针变量之后，就可以对该指针变量进行各种操作。例如，给一个结构体变量指针赋一个地址值，输出一个结构体变量指针的成员值，访问结构体变量指针所指向的变量的成员等。引用结构体指针变量的一般形式为：

```
(*结构指针变量).成员名;
```

或

```
结构指针变量->成员名;
```

例如：

```
(*pstu).num;
```

或

```
pstu->num;
```

应该注意(*pstu) 两侧的括号不可少，因为成员符“.”的优先级高于“*”。如去掉括号写成*pstu.num，则等效于*(pstu.num)，这样，意义就完全不对了。

【例 8.6】分析下面程序的运行结果。

```
#include <stdio.h>
struct stu                                                /* 定义结构体 */
{  int num;
   char *name;
   char sex;
   float score;
}boy1={102,"Zhang ping",'M',78.5},*pstu;
void main()
{  pstu=&boy1;
   printf("number=%d\nname=%s\n",boy1.num,boy1.name);
   printf("sex=%c\nscore=%6.2f\n\n",boy1.sex,boy1.score);
   printf("number=%d\nname=%s\n",(*pstu).num,(*pstu).name);
   printf("sex=%c\nscore=%6.2f\n\n",(*pstu).sex,(*pstu).score);
   printf("number=%d\nname=%s\n",pstu->num,pstu->name);
   printf("sex=%c\nscore=%6.2f\n\n",pstu->sex,pstu->score);
}
```

本程序定义了一个结构体类型 stu，定义了 stu 类型结构变量 boy1 并进行了初始化赋值，还定义了一个指向 stu 类型结构体的指针变量 pstu。在 main()函数中，pstu 被赋予 boy1 的地址，因此 pstu 指向 boy1。然后在 printf()语句内用 3 种形式输出 boy1 的各个成员值（程序运行结果参见例 8.2）。

8.2 动态存储分配与链表

当存储数量比较多的同类型或同结构的数据时，一般首先考虑数组。然而在实际应用中，当处理一些难以确定其数量的数据时，如果用数组来处理，必须事先分配一个足够大的连续空间，以保证数组元素数量充分够用，但这样处理是对存储空间的一种浪费。C 语言使用动态内存分配来解决这样的问题，其中常用的状况是链表。链表是一种常见的数据结构，它动态地进行存储分配，并且可以方便而又简单地进行数据插入、删除等操作。

8.2.1　链表的概念

链表是指若干个数据按一定的原则连接起来。这个原则为：前一个数据指向下一个数据，只有通过前一个数据项才能找到下一个数据项。

链表有一个“头指针”(head)，它指向链表的第一个元素(数据项)。链表的一个元素称为一个“结点”(node)。结点中包含两部分内容，第一部分是结点数据本身，如图 8-1 中的 A 、B 、C 、D 所示。结点的第二部分是一个指针，它指向下一个结点。最后一个结点称为“表尾”，表尾结点的指针不指向任何地址，因此为空(NULL)。

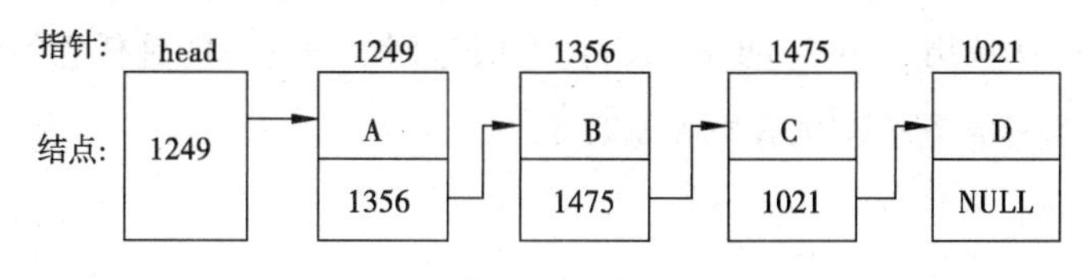

图 8-1　链表结构图

如果每个结点采用一个指针，将前一个结点的指针指向下一个结点，这称为单链表。如果每个结点有两个指向其他结点的指针，则称为双链表。本节主要讨论单链表的运算。

由以上简单链表可以看到，链表中的每个结点至少包含两个域，一个域用来存放数据，其类型根据需存放的数据类型定义；另一个域用来存放下一个结点的地址，因此必然是一个指针类型，此指针的类型应该是所指向的表结点的结构体类型。

在 C 语言中，可以用结构体类型来实现链表，例如：

```
struct student
{  int long;
   float score;
   struct student *next;    /* 指向下一个结点 */
};
```

其中 next 是结构体指针变量，用来存放下一个结点的地址，即 next 是指向下一个结点。

8.2.2　动态存储分配

C 语言允许在函数执行部分的任何地方使用动态存储分配函数开辟或收回存储单元，这样的存储分配称为动态存储分配。动态存储分配使用自由、节约内存。

链表是动态分配存储空间的，也就是说，在需要的时候才开辟一个结点的存储空间。在 C 语言中提供了以下有关的函数来实现动态存储分配和释放，这些函数包含在“stdio.h”或“malloc.h”中。

1. malloc()函数(分配内存空间函数)

调用形式为：

```
void *malloc(size);
```

其作用是在内存中动态获取一个大小为 size 个字节的连续存储空间。该函数将返回一个 void 类型的指针，若分配成功，就返回所分配的空间的起始地址，否则，就返回空指针(NULL)。

2．calloc()函数（分配内存空间函数）

调用形式为：

```
void *calloc(unsigned n,unsigned size);
```

其作用是在内存中动态获取 n 个大小为 size 个字节的存储空间。该函数将返回一个 void 类型的指针，若分配成功，就返回内存单元的起始地址，否则，返回空指针（NULL）。用该函数可以动态地获取一个一维数组空间，其中 n 为数组元素个数，每个数组元素的大小为 size 个字节。

3．free()函数（释放内存空间函数）

调用形式为：

```
void free(void *p);
```

其作用是释放由 p 指针所指向的内存空间。即系统回收，使这段空间又可以被其他变量所用。指针变量 p 是最近一次调用 malloc( )或 calloc()函数时返回的值，不能是任意的地址。

4．realloc()函数（重新分配内存空间函数）

调用形式为：

```
void *recalloc(void *p,unsigned size);
```

其作用是将 p 所指的已分配的内存空间重新分配成大小为 size 个字节的空间。它用于改变已分配的空间的大小，可以增减单元数。函数返回新内存的首地址，如果内存不够，则返回空指针（NULL）。

【例 8.7】分配一块区域，输入一个学生数据。

```
#include <stdio.h>
#include <stdlib.h>
void main()
{  struct stu                                       /* 定义结构体 */
   {  int num;
      char *name;
      char sex;
      float score;
   }*ps;                                            /* 定义一个结构体指针变量 ps */
   ps=(struct stu*)malloc(sizeof(struct stu));
   ps->num=102;                                     /* 输入学生数据 */
   ps->name="Zhang ping";
   ps->sex='M';
   ps->score=62.5;
   printf ("number=%d\nname=%s\n",ps->num,ps->name);
   printf ("sex=%c\nscore=%6.2f\n",ps->sex,ps->score);
   free(ps);
}
```

程序运行结果：

```
number=102
name=Zhang ping
```

```
sex=M
score=␣62.50
```

本程序中，定义了结构体类型 stu，定义了 stu 类型指针变量 ps。然后分配一块 stu 大内存区，并把首地址赋予 ps，使 ps 指向该区域。再以 ps 为指向结构体的指针变量对各成员赋值，并用 printf()输出各成员值。最后用 free()函数释放 ps 指向的内存空间。整个程序包含了申请内存空间、使用内存空间、释放内存空间 3 个步骤，实现存储空间的动态分配。

8.2.3　建立和输出链表

所谓动态建立链表是指在程序执行过程中从无到有地建立链表，将一个个新生成的结点顺次链接入已建立的链表上，上一个结点的指针域存放下一个结点的起始地址，并给各结点数据域赋值。

所谓输出链表是将链表上各个结点的数据域中的值依次输出，直到链表结尾。

【例 8.8】以 3 个结构体变量为结点建立一个简单的链表并输出。

```
#include <stdio.h>
struct node
{  int data;
   struct node *next;
};
void main()
{  struct node a,b,c,*head,*p;
   head=&a;                                /* 头结点指向 a 结点 */
   a.data=5;a.next=&b;                     /* a 结点指向 b 结点 */
   b.data=10;b.next=&c;                    /* b 结点指向 c 结点 */
   c.data=15;c.next=NULL;                  /* c 结点是尾结点 */
   p=head;                                 /* 使 p 指向 a 结点 */
   while(p!=NULL)
   {  printf("%d-->",p->data);             /* 输出指针 p 所指向结点的数据 */
      p=p->next;                           /* 使 p 指向下一个结点 */
   }
   printf("NULL\n");
}
```

程序运行结果：

```
5-->10-->15-->NULL
```

8.2.4　链表的基本操作

链表的基本操作包括，建立并初始化链表，遍历访问链表（包括查找结点、输出结点等），删除链表中的结点，在链表中插入结点。链表的各种基本操作的步骤如下：

1. 建立链表

① 建立头结点（或定义头指针变量）。

② 读取数据。

③ 生成新结点。

④ 将数据存入结点的数据域中。

⑤ 将新结点连接到链表中（将新结点地址赋给上一个结点的指针域连接到链表）。

⑥ 重复步骤②～⑤，直到尾结点为止。

2．遍历访问链表

输出链表即顺序访问链表中各结点的数据域，方法是：从头结点开始，不断地读取数据和下移指针变量，直到尾结点为止。

3．删除链表中的一个结点

① 找到要删除结点的前驱结点。

② 将要删除结点的后驱结点的地址赋给要删除结点的前驱结点的指针域。

③ 将要删除结点的存储空间释放。

4．在链表的某结点前插入一个结点

① 开辟一个新结点并将数据存入该结点的数据域。

② 找到插入点结点。

③ 将新结点插入到链表中，将新结点的地址赋给插入点上一个结点的指针域，并将插入点的地址存入新结点的指针域。

下面通过例子来说明链表的这些基本操作。

【例 8.9】 建立并输出一个学生成绩链表（假设学生成绩表中只含姓名和成绩）。

```
#include <stdio.h>
#include <malloc.h>
typedef struct student  /* 自定义链表结点数据类型名 ST 和指针类型名*STU */
{  char name[20];
   int  score;
   struct student *next; /* 结点指针域 */
}
ST,*STU;
STU createlink(int n)    /* 建立一个由 n 个结点构成的单链表函数，返回结点指针类型 */
{  int i;
   STU p,q,head;
   if(n<=0)
     return(NULL);
   head=(STU)malloc(sizeof(ST));                     /* 生成第一个结点 */
   printf("input datas:\n");
   scanf("%s %d",head->name,&head->score);  /* 两个数据之间用一个空格间隔 */
   p=head;                                   /* p 作为连接下一个结点 q 的指针 */
   for(i=1;i<n;i++)
   {  q=(STU)malloc(sizeof(ST));
      scanf("%s %d",q->name,&q->score);
      p->next=q;                                     /* 连接 q 结点 */
      p=q;                 /* p 跳到 q 上，再准备连接下一个结点 q */
```

```
    }
    p->next=NULL;                          /* 置尾结点指针域为空指针 */
    return(head);                          /* 将已建立的单链表头指针返回 */
}
void list(STU head)                        /* 链表的输出 */
{  STU p=head;              /* 从头指针出发，依次输出各结点的值，直到遇到 NULL */
   while(p!=NULL)
   {  printf("%s\t %d\n",p->name,p->score);
      p=p->next;                           /* p 指针顺序后移一个结点 */
   }
}
void main()
{  STU h;
   int n;
   printf("input number of node:");
   scanf("%d",&n);
   h=createlink(n);                        /* 调用建立单链表的函数 */
   list(h);                                /* 调用输出链表的函数 */
}
```

程序运行结果：

```
input number of node:4↙
input datas:
A 60↙
B 70↙
C 80↙
D 90↙
A    60
B    70
C    80
D    90
```

【例 8.10】编写一个函数，在例 8.9 中建立的链表的前面插入一个结点。

```
#include <stdio.h>
#include <malloc.h>
/* 将例 8.9 中 typedef struct student 直到 void list(STU head)函数全部插入到该
位置 */
STU increasenode1 (STU head)
{  STU s;
   s=(STU)malloc(sizeof(ST));
   printf("Input new node datas:");
   scanf("%s %d",s->name,&s->score);
   s->next=head;
   head=s;
```

```
    return(head);
}
void main()
{  STU h;int n;
   printf("input number of node:");
   scanf("%d",&n);
   h=createlink(n);                        /* 调用建立单链表的函数 */
   list(h);                                /* 调用输出链表的函数 */
   h=increasenode1(h);
   list(h);
}
```

程序运行结果：

```
input number of node:3↙
input datas:
A 60↙
B 70↙
C 80↙
A    60
B    70
C    80
input new node datas:E 100↙
E    100
A    10
B    20
C    30
```

【例 8.11】编写一个函数，在例 8.9 建立的链表的第 i 个结点之后插入一个新结点。

```
#include <stdio.h>
#include <malloc.h>
/* 将例 8.9 中 typedef struct student 直到 void list(STU head)函数全部插入到该
位置 */
STU increasenode2(STU head,int i)
{  STU s,p,q;
   int j=0;                                /* 查找第 i 个结点计数用 */
   if(i<0)
      return NULL;                         /* 参数 i 值不合理时，结束操作 */
   s=(STU)malloc(sizeof(ST));
   printf("input new node datas:");
   scanf("%s %d",s->name,&s->score);
   if(i==0)                                /* i==0 表明是在第一个结点之前插入新结点 */
   {  s->next=head;
      head=s;
      return(head);
   }
   q=head;                                 /* 查找新结点的位置，在 p 和 q 之间 */
```

```
    while(j<i&&q!=NULL)
    {  j++;
       p=q;
       q=q->next;
    }
    if(j<i)
       return NULL;                    /* i值超过表长时，结束操作*/
    p->next=s;                         /* 在p和q之间,即第i个结点之后插入新结点 */
    s->next=q;
    return(head);
}
void main()
{  STU h;int n;int i;
   printf("input number of node:");
   scanf("%d",&n);
   h=createlink(n);                          /* 调用建立单链表的函数 */
   list(h);                                  /* 调用输出链表的函数 */
   printf("input new node number:");         /* 输入新结点 */
   scanf("%d",&i);
   h=increasenode2(h,i);
   list(h);
}
```

程序运行结果：

```
input number of node:3↙
input datas:
A 60↙
B 70↙
C 80↙
A     60
B     70
C     80
input new node number:2↙
input new node datas:E 100↙
A     10
B     20
E     100
C     30
```

【例 8.12】编写一个函数，在例 8.9 建立的链表中删除链表的表首结点。

```
#include <stdio.h>
#include <malloc.h>
/* 将例 8.9 中 typedef struct student 直到 void list(STU head)函数全部插入到该
位置 */
STU deletenode1(STU head)
{  STU s;
```

```
   if(head!=NULL)
   {  printf("after deleted the first node:\n");
      s=head;
      head=s->next;
      free(s);
   }
   return(head);
}
void main()
{  STU h;int n;
   printf("input number of node:");
   scanf("%d",&n);
   h=createlink(n);                 /* 调用建立单链表的函数 */
   list(h);                         /* 调用输出链表的函数 */
   h=deletenode1(h);
   list(h);
}
```

程序运行结果：

```
input number of node:4↙
input datas:
A 60↙
B 70↙
C 80↙
D 90↙
A    60
B    70
C    80
D    90
after deleted the first node:
B    70
C    80
D    90
```

【例 8.13】编写一个函数，在例 8.9 建立的链表中删除链表中第 i 个结点。

```
#include <stdio.h>
#include <malloc.h>
/* 将例8.9中typedef struct student直到void list(STU head)函数全部插入到该位置 */
STU deletenode2(STU head,int i)
{  STU p,s;
   int j;
   if(i<1)
      return NULL;                  /* i<1 不合理，结束操作 */
   if(i==1)                         /* 要删除的结点是链表中的第 1 个结点 */
   {  if(head!=NULL)
      {  s=head;
```

```
            head=s->next;
            free(s);
        }
        return(head);
    }
    s=head->next;                /* 查找第 i 个结点的位置，以 s 标记 */
    p=head;
    j=2;
    while(j<i&&s!=NULL)
    {  j++;
       p=s;
       s=s->next;
    }
    if(j<i)
       return NULL;              /* j<i 表明参数 i 的值超过了表长 */
    p->next=s->next;             /* 删除 s 结点 */
    free(s);                     /* 释放已删掉的结点空间 */
    return(head);
}
void main()
{  STU h;int n;int i;
   printf("input number of node:");
   scanf("%d",&n);
   h=createlink(n);              /* 调用建立单链表的函数 */
   list(h);                      /* 调用输出链表的函数 */
   printf("which node you want to delete:");
   scanf("%d",&i);
   h=deletenode2(h,i);
   list(h);
}
```

程序运行结果：

```
input number of node:4↙
input datas:
A 60↙
B 70↙
C 80↙
D 90↙
A     60
B     70
C     80
D     90
which node you want to delete: 2↙
A     60
C     80
D     90
```

8.3 共用体类型

8.3.1 共用体类型概述

在实际问题中有很多这样的例子。例如在学校的教师和学生要填写含以下项目的表格：姓名、年龄、职业、单位。“职业”一项可分为“教师”和“学生”两类。对“单位”一项学生应填入班级编号，教师应填入某系某教研室。班级可用整型量表示，教研室只能用字符类型。要求把这两种类型不同的数据都填入“单位”这个变量中，就必须把“单位”定义为包含整型和字符型数组这两种类型的“联合”。这种由几种不同类型的变量占用同一段内存空间的结构称为共用体（又叫联合体）。

共用体与结构体有一些相似之处，但两者有本质上的不同。在结构体中各成员有各自的内存空间，一个结构体变量的总长度是各成员长度之和；而在共用体中，各成员共享同一段内存空间，一个共用体变量的长度等于各成员中最长的长度。

定义一个共用体类型的格式为：

```
union 共用体类型名
{  类型标识符 1 成员 1;
   类型标识符 2 成员 2;
   …
   类型标识符 n 成员 n;
};
```

其中 union 是系统指定的关键字，共用体类型名由用户指定，但要符合标识符的规定。它与结构体类型的根本区别是成员表的所有成员在内存中从同一地址开始存放。例如：

```
union data
{  int i;
   char c;
   float a;
};
```

定义了一个名为 data 的共用体类型，它含有 3 个成员，一个为整型，成员名为 i；一个为字符型，成员名为 c；一个为实型，成员名为 a。这 3 个成员的内存空间虽然不同，但都从同一起始地址开始存储，如图 8-2 所示（图中一个框代表一个字节）。

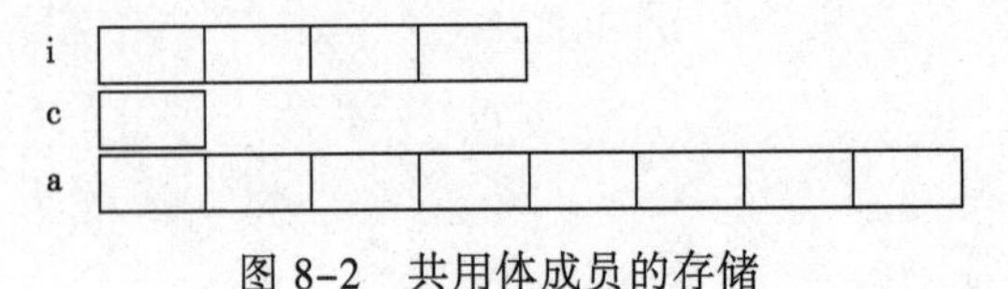

图 8-2　共用体成员的存储

对于具有上述相同成员的结构体变量，则系统分配的内存空间等于各成员的内存长度之和，即为 13 字节；而对于共用体变量，则该变量所占内存空间为所有成员中最长的成员的长度，即为 8 字节。

8.3.2 共用体变量的定义

定义了共用体类型之后，可用它来说明共用体变量。共用体变量的定义方式和结构体变量的定义方式相同，也有 3 种形式。

（1）先定义共用体类型，再用共用体类型定义该类型的共用体变量

例如：

```
union perdata
{  int class;
   char officae[10];
};
union perdata a,b;
```

则先定义共用体类型 perdata，再定义该类型的共用体变量 a、b。

（2）在定义共用体类型的同时，定义该类型的共用体变量

例如：

```
union perdata
{  int class;
   char office[10];
}a,b;
```

则定义共用体类型 perdata 的同时，定义了该类型的共用体变量 a、b。

（3）不定义共用体名直接定义共用体变量

例如：

```
union
{  int class;
   char office[10];
}a,b;
```

则直接定义了共用体变量 a、b。

8.3.3　共用体变量的引用和赋值

共用体变量的引用和结构体变量的引用一样，不能对一个共用体变量作为整体来引用，只能引用其中的成员。共用体变量中成员引用的一般形式为：

```
共用体变量名.成员名;
```

如 a 被定义为上述 perdata 类型的变量之后，可使用 a.class、a.office。另外，也可以通过指针变量引用共用体变量的成员。例如：

```
union perdata *p,a;
p=&a;
p->class;
```

对于共用体变量的赋值，不允许只用共用体变量名进行赋值或其他操作，也不允许对共用体变量进行初始化赋值，赋值只能在程序中进行。还要再强调说明的是，一个共用体变量，每次只能赋予一个成员值。换句话说，一个共用体变量的值就是共用体变量的某一个成员值。

【例 8.14】设有一个教师与学生通用的表格，教师数据有姓名、年龄、职业、教研室 4 项。学生有姓名、年龄、职业、班级 4 项。编写程序输入人员数据，再以表格形式输出。

```
#include <stdio.h>
#include <malloc.h>
#include <stdlib.h>
void main()
{  struct
```

```
    {  char name[10];
       int age;
       char job;
       union                                   /* 定义共用体变量 */
       {  int class1;
          char office[10];
       }depa;
    }body[2];                                  /* 定义结构体数组 */
    int n,i;
    for(i=0;i<2;i++)
    {  printf("input name,age,job and department:");
       scanf("%s %d %c",body[i].name,&body[i].age,&body[i].job);
       if(body[i].job=='s')
          scanf("%d",&body[i].depa.class1);
       else
          scanf("%s",body[i].depa.office);
    }
    printf("name\t age\t job\tclass1/office\n") ;
    for(i=0;i<2;i++)
    {  if(body[i].job=='s')
          printf("%s\t%3d\t%3c\t%d\n",body[i].name,body[i].age,
                               body[i].job,body[i].depa.class1);
       else
          printf("%s\t%3d\t%3c\t%s\n",body[i].name,body[i].age,body[i].
                 job,body[i].depa.office);
    }
 }
```

程序运行结果:

```
input name,age,job and department:Chen 18 S 2↙
input name,age,job and department:Zhang 51 T prof↙
Name   age   job   class/office
Chen   18    S     2
Zhang  51    T     prof
```

本例程序用一个结构数组 body 来存放人员数据，该结构共有 4 个成员。其中成员项 depa 是一个共用体类型，这个共用体又由两个成员组成，一个为整型量 class，一个为字符数组 office。在程序的第一个 for 语句中，输入人员的各项数据，先输入结构的前 3 个成员 name、age 和 job，然后判别 job 成员项，如为“s”则对共用体 depa.class 输入（对学生赋班级编号），否则对 depa.office 输入（对教师赋教研室名）。

8.4 枚 举 类 型

8.4.1 枚举类型的定义

若一个变量只有几种可能的值（例如，一个星期内只有 7 天，一年只有 12 个月等），则可使用 C 语言中的枚举类型数据。“枚举”就是将变量可能的值一一列举出来，而变量的值只能取其中之一。

枚举类型定义的格式为：

```
enum 枚举类型名 {枚举元素名 1,枚举元素名 2,…,枚举元素名 n};
```

例如：

```
enum weekday {sun,mon,tue,wed,thu,fri,sat};
```

该枚举名为 weekday，枚举值共有 7 个，即一周中的 7 天。

如同共用体和结构体一样，枚举类型变量的定义也有以下 3 种形式。

（1）先定义枚举类型，再定义该类型的枚举变量

例如：

```
enum weekday {sun,mon,tue,wed,thu,fri,sat};
enum weekday a,b;
```

则先定义枚举类型 weekday，再定义该类型的枚举变量 a、b。

（2）在定义枚举类型的同时，定义该类型的枚举变量

例如：

```
enum weekday {sun,mon,tue,wed,thu,fri,sat}a,b;
```

则在定义枚举类型 weekday 的同时，定义了该类型的枚举变量 a、b。

（3）直接定义枚举变量

例如：

```
enum {sun,mon,tue,wed,thu,fri,sat}a,b;
```

则直接定义了枚举变量 a、b。

8.4.2　枚举类型变量的赋值和使用

枚举类型变量的赋值和使用要注意以下几点：

① 枚举类型定义中枚举元素都用标识符表示，但都是常量，而不是变量。因此不能为枚举元素赋值。例如，对枚举类型 weekday 的元素不能进行以下赋值：

```
sun=5;mon=2;sun=mon;
```

② 每个枚举元素都有一确定的值，C 语言编译系统按定义时枚举元素出现的次序使它们的值从 0 开始顺序定义为 0，1，2，…。如在 weekday 中，sun 值为 0，mon 值为 1，……，sat 值为 6（这种方法被称为隐式方法）。也可以在定义枚举类型时，显式地给出枚举元素的值。例如：

```
enum weekday {sun=7,mon=1,tue,wed,thu,fri,sat};
```

定义了 sun 的值为 7，mon 的值为 1，以后顺序加 1，即 tue 为 2，……，sat 为 6。

③ 只能把枚举值赋予枚举变量，不能把元素的数值直接赋予枚举变量。例如：

```
a=sum;                        /* 正确 */
a=0;                          /* 错误 */
```

如一定要把数值赋予枚举变量，则必须用强制类型转换，如 a=(enum weekday)2; 其意义是将顺序号为 2 的枚举元素赋予枚举变量 a，相当于 a=tue;。还应该说明的是枚举元素不是字符常量也不是字符串常量，使用时不要加单引号或双引号。

④ 在 Visual C++ 6.0 环境下，不能进行枚举元素加减一个整数的运算，也不能进行枚举元素的++、--运算，但可以通过类型转换实现。例如：

```
a=sun+3;                    /* 试图得到枚举值 wed，但不正确 */
a=(enum weekday)(sun+3);    /* 正确，得到枚举值 wed */
```

⑤ 枚举值可以比较大小。例如：

```
if(workday==sun)
  printf("sun");
if(workday>=mon&&workday<fri)
  printf("mon,tue,wed,thu");
```

⑥ 枚举变量可以作为循环控制变量。例如：

```
for(workday=mon;workday<sat;workday++)
  printf("%2d",workday);
```

输出结果为：

```
1 2 3 4 5
```

⑦ 枚举变量不能通过 scanf()或 gets()函数输入枚举常量，只能通过赋值取得枚举常量值。但是枚举变量可以通过 scanf("%d",&枚举变量);输入枚举常量对应的整数值。实用中也常用 switch 语句。例如：

```
scanf("%d",&n);
switch(n)
{  case 0: workday=sun;
   case 1: workday=mon;
   case 2: workday=tue;
   case 3: workday=wed;
   case 4: workday=thu;
   case 5: workday=fri;
   case 6: workday=sat;
}
```

⑧ 枚举变量不能直接输出，枚举变量的输出可以采取多种间接方法，在这里介绍 3 种方法。

- 可以直接输出枚举变量中存放的整型值，但其值的含义不直观。

```
workday=sat;
printf("%d",workday);
```

输出结果为 6。但是 printf()函数不能写为 printf("%s", workday);。这是因为 workday 具有的值 sat 是整型值 6，而不是字符串。

- 可以通过 switch 语句输出枚举常量所对应的字符串。例如：

```
switch(workday)
{  case sun: printf("sun\n");
   case mon: printf("mon\n");
   case tue: printf("tue\n");
   case wed: printf("wed\n");
   case thu: printf("thu\n");
   case fri: printf("fri\n");
   case sat: printf("sat\n");
}
```

- 如果枚举类型定义时采用隐式方法指定枚举常量的值，可以通过数组输出枚举常量所对应的字符串。

```
#include <stdio.h>
void main()
{  enum weekday {sun,mon,tue,wed,thu,fri,sat};
   enum weekday d;
   char *name[7]={"sun","mon","tue","wed","thu","fri","sat"};
   for(d=sun;d<=sat;d=(enum weekday)(d+1))
                                   /* 通过对枚举元素类型转换实现加运算 */
     printf("%-4s",name[d]);
   printf("\n");
}
```

程序运行结果：

```
sun  mon  tue  wed  thu  fri  sat
```

【例 8.15】编制一个程序，根据一周中的星期几（整数值），输出其英文名称。

```
#include <stdio.h>
void main()
{  enum weekday {sun,mon,tue,wed,thu,fri,sat};   /* 定义枚举变量 */
   int day;
   for(day=sun;day<=sat;day++)
   {  switch(day)              /* 用 switch 语句来判断是星期几 */
      {  case sun: printf("Sunday\n"); break;
         case mon: printf("Monday\n"); break;
         case tue: printf("Tuesday\n"); break;
         case wed: printf("Wednesday\n"); break;
         case thu: printf("Thursday\n"); break;
         case fri: printf("Friday\n"); break;
         case sat: printf("Saturday\n");
         default:
         break;
      }
   }
}
```

程序运行结果：

```
Sunday
Monday
Tuesday
Wednesday
Thursday
Friday
Saturday
```

8.5　用户自定义类型

在前面章节中，讲解了可以直接使用 C 语言提供的各种数据类型（如 int、char 等），和用户自己声明的结构体、共用体、指针、枚举类型等。除了这些数据类型之外，C 语言还提供了用户自己定义类型，允许用户用 typedef 声明新的类型名来代替已有的数据类型名，即别名。typedef 定义的一般形式为：

```
typedef 类型名 新类型名
```

其中类型名必须是系统提供的数据类型或用户已定义的数据类型，新类型名一般用大写表示，以便于与系统提供的标准类型标识符区别。例如：

```
typedef int INTEGER;
```

给已有的类型“int”起了个别名“INTEGER”，这以后就可用 INTEGER 来代替 int 进行整型变量的类型说明。

为类型命名以及使用新类型名，主要有以下几种用法。

（1）为基本类型命名

例如：

```
typedef int INTEGER;
INTEGER i,j,k;                        /* 等价于 int i,j,k; */
```

以上语句将 int 数据类型定义成 INTEGER，这两者等价，在程序中可以用 INTEGER 定义整型变量。

（2）为数组类型命名

例如：

```
typedef char NAME[20];
NAME s1,s2;                           /* 等价于 char s1[20],s2[20]; */
```

以上语句定义了一个可含有 20 个字符的字符数组名 NAME，并用 NAME 定义了两个字符数组 s1 和 s2，等效于 char s1[20],s2[20];。

将 int 数据类型定义成 INTEGER，这两者等价，在程序中可以用 INTEGER 定义整型变量。表示 NAME 是类型，数组长度为 20。这以后就可用 NAME 说明变量。

（3）为结构体、共用体以及枚举类型命名

例如：

```
typedef struct
{  char name[8];
   int num;
   float score;
}STUDENT;
```

将一个结构体类型定义为 STUDENT，在程序中可以用它来定义结构体变量，例如：

```
STUDENT student,stud[5],*p;
```

定义一个结构体变量 student、结构体数组变量 stud 以及一个指向该结构体类型的指针变量 p。

注意：利用 typedef 声明只是对已存在的类型增加了一个类型名，而没有定义新的类型。另外，在有时也可用宏定义来代替 typedef 的功能，但是宏定义是由预处理完成的，而 typedef 则是在编译时完成的，后者更为灵活方便。

【例 8.16】 使用 typedef 定义一个员工结构类型的类型，然后定义一个该自定义类型的变量，该员工包括编号、姓名、性别、出生年月日和住址。

使用 typedef 定义如下：

```
typedef struct                        /* 自定义类型 WORKER */
{  char name[20];                     /* 姓名 */
   int no;                            /* 编号 */
   enum {man,woman} sex;              /* 性别 */
```

```
    struct
    {  int year;                          /* 年 */
       int month;                         /* 月 */
       int day;                           /* 日 */
    }BIRTHDAY;                            /* 出生日期 */
    char addr[50];                        /* 住址 */
}WORKER;
WORKER w;                                 /* 定义 WORKER 类型的变量 */
```

8.6 程序举例

【例 8.17】使用结构体编程，统计候选人得票数。假设有 M 个候选人，由 N 个选民参加投票选出一个代表。

```
#include <stdio.h>
#include <string.h>
#define M 3
#define N 5
struct person
{  char name[20];
   int count;
}leader[M]={"Li",0,"Wang",0,"Zhou",0};
void main()
{  int i,j;
   char select[20];
   for(i=0;i<N;i++)
   {  printf("%d  please input your result:",i+1);
      scanf("%s",select);                /* 输入所选的候选人 */
      for(j=0;j<M;j++)
      {  if(strcmp(leader[j].name,select)==0)
            leader[j].count++;
      }
   }
   printf("the result:\n");
   for(j=0;j<M;j++)
      printf("%s\t%d\n",leader[j].name,leader[j].count);
}
```

程序运行结果：

```
1  please input your result:Li↙
2  please input your result:Li↙
3  please input your result:Zhou↙
4  please input your result:Li↙
5  please input your result: Zhou↙
the result:
Li     3
Wang   0
Zhou   2
```

【例 8.18】使用枚举编程，已知某日是星期几，求下一日是星期几。

```
#include <stdio.h>
enum weekday{sun,mon,tue,wed,thu,fri,sat};
char *name[7]={"sun","mon","tue","wed","thu","fri","sat"};
enum weekday weekday_after(enum weekday d)
{  return((enum weekday)(((int)d+1)%7));
}
void main()
{  enum weekday d1,d2;
   d1=sat;
   d2=weekday_after(d1);
   printf("%s\n",name[d1]);
   printf("%s\n",name[d2]);
}
```

程序运行结果：

```
sat
sun
```

在程序中，函数 weekday_after 的参数是枚举类型变量，用来接收某日是星期几，其返回的值是下一日是星期几，也是函数枚举类型。枚举元素的标识符虽然具有整型值，但枚举变量与整型值是两种不同的表示，所以用强制类型进行转换。

【例 8.19】口袋中有红、蓝、白、黑 4 种颜色的小球，每次从口袋中取出 3 个，列出 3 种不同颜色球的所有可能的取法。

设 a、b、c 分别分别为 4 种颜色中的任意一种，并且 a≠b≠c，可以用穷举法。为了直观地看出颜色排列，可用枚举类型，编程如下：

```
#include <stdio.h>
void main()
{  enum color{red,blue,white,black};
   int k,n=0;
   int a,b,c,p;
   for(a=red;a<=black;a++)
     for(b=red;b<=black;b++)
       if(a!=b)                           /* 避开 a=b 的情况，提高了效率 */
       {  for(c=red;c<=black;c++)
            if(c!=a&&c!=b)                /* a、b、c 均不相同 */
            {  n++;
               printf("%-6d",n);          /* 打印序号 */
               for(k=1;k<=3;k++)          /* 轮流对 a、b、c 输出颜色 */
               {  switch(k)
                  {  case 1: p=a; break;
                     case 2: p=b; break;
                     case 3: p=c; break;
                  }
```

```
                switch(p)
                {  case red: printf("%-8s","red"); break;
                   case blue: printf("%-8s","blue"); break;
                   case white: printf("%-8s","white"); break;
                   case black: printf("%-8s","black");
                }
            }
            if(n%2==0)
                printf("\n");                       /* 控制一行输出两种取法 */
        }
    }
    printf("\ntotal:%d\n",n);                       /* 输出总的取法 */
}
```

程序运行结果：

```
1    red    blue   white  2    red    blue   black
3    red    white  blue   4    red    white  black
5    blue   red    white  6    red    black  white
7    blue   red    white  8    blue   red    black
9    blue   white  red    10   blue   white  black
11   blue   black  red    12   blue   black  white
13   white  red    blue   14   white  red    black
15   white  blue   red    16   white  blue   black
17   white  black  red    18   white  black  blue
19   black  red    blue   20   black  red    white
21   black  blue   red    22   black  blue   white
23   black  white  red    24   black  white  blue

total:24
```

本 章 小 结

本章主要学习了 C 语言的用户自定义类型，包括结构体、共用体和枚举类型 3 种，其中结构体和共用体是构造类型，枚举类型是基本数据类型。另外，还介绍了链表和类型的重新命名。

在学习结构体时，首先应了解结构体与数组的区别，同一数组元素的类型是相同的，而同一结构体成员的类型可以不同，并且需要根据实际情况定义结构体类型。结构体类型和结构体类型变量是不同的概念，定义结构体类型变量时应先定义结构体类型，然后再定义变量属于该类型。定义了一个结构体类型后，系统并没有为所定义的各成员项分配相应的存储空间。只有定义了一个结构体类型变量，系统才为所定义的变量分配相应的存储空间。结构体类型变量占用内存的字节数是所有成员占用内存长度之和。结构体指针只能指向结构体变量，不能指向其成员，它们是不同类型的指针值。另外结构体类型指针变量只能指向同一类型的结构体变量。

在学习共用体时，可以与结构体类型进行比较，了解它们之间的共同点与不同点，有利于更准确地掌握它们。这两种类型数据的本质区别是，它们在内存中的存储形式不同，结构体的各个成员均有独立的存储空间，而共用体成员共享同一存储空间，所以共用体变量所占存储空间是它所属成员中占存储空间最大的字节数。共用体数据的这个基本特点，决定了共用体成员的使用方法。例如，在同一时刻只有一个成员值是有意义的，其他成员值是无意义的。一旦要使用另一成员，就必须用该成员值覆盖原成员值。

枚举类型是一种由有限个整型符号常量集合构成的数据结构，也属于构造类型数据，其中每个枚举常量都代表一个整型值。枚举数据不能直接进行输入和输出，可以通过间接方法输入/输出枚举变量的值。枚举是一种基本数据类型。枚举变量的取值是有限的，枚举元素是常量，不是变量。枚举变量通常由赋值语句赋值，而不由动态输入赋值。枚举元素虽可由系统或用户定义一个顺序值，但枚举元素和整数并不相同，它们属于不同的类型。因此，也不能用 printf()语句来输出元素值（可输出顺序值）。

链表是指将若干个数据项按一定的原则连接起来的表。链表的连接原则是：前一个结点指向下一个结点，只有通过前一个结点才能找到一个结点。因此链表的每个结点应包括两部分（称之为域）：用于存储数据的数据域和用于存储下一个结点的地址的指针域。在链表中，为确定第一个结点设置一个指向第一个结点的头指针；为标识链表中的最后一个结点，把最后一个结点的指针设置为 NULL（空）。链表结构与数组结构不同，它在逻辑上是有序的，而在物理上（即内存的实际存储位置）则可能是无序的，而数组元素占用连续的存储单元，在物理上是有序的，在逻辑上也是有序的。

typedef 只能用于定义新的类型名，不能产生新的数据类型。类型命名虽然不产生新的类型，但用新类型名定义变量具有许多优点。即类型定义 typedef 向用户提供了一种自定义类型说明符的手段，照顾了用户编程使用词汇的习惯，又增加了程序的可读性。

习　题

一、单选题

1. 下列描述正确的是（　　）。

A. typedef int INTEGER; INTEGER j,k;　　B. typedef int char; char j,k;

C. typedef a[3] ARRAY; ARRAY b;　　D. 以上描述均不正确

2. 设有定义：struct st{int a;float b;}st1,*pst;，若有 pst=&st1;，则对 st 中的 a 域的正确引用是(　　)。

A. (*pst).st1.a　　B. pst->st1.a;　　C. (*pst).a　　D. pst.st1.a

3. 已知下列定义，则 sizeof(st)的值是（　　）。

```
struct
{  int b;
   char c[10];
   double a;
}st;
```

A. 8　　B. 10　　C. 22　　D. 24

4. 设有定义：enum color{red=3,yellow,blue,white=4,black};，则枚举元素 yellow、blue、black 的值分别是（　　）。

A. 4　5　5　　B. 4　5　6　　C. 2　3　5　　D. 0　1　5

5. 下面程序的输出结果是（　　）。

```
#include <stdio.h>
void main()
{  struct stru
   {  int a;
      long b;
      char c[6];
   };
   printf("%d\n",sizeof(struct stru));
}
```

A. 4　　B. 6　　C. 12　　D. 16

6. 下面程序的输出结果是（　　）。

```
#include <stdio.h>
void main()
{  struct stru
   {  int a,b;
      char c[6];
   };
   printf("%d\n",sizeof(struct stru));
}
```

A. 2　　B. 4　　C. 8　　D. 16

7. 下面程序的输出结果是（　　）。

```
#include <stdio.h>
void main()
{  struct cmplx
   {  int x;
      int y;
   }cnum[2]={1,3,2,7};
   printf ("%d\n",cnum[0].y/cnum[0].x*cnum[1].x);
}
```

A. 0　　B. 1　　C. 3　　D. 6

二、填空题

1. 若定义了 struct{int d,m,n;}a,*b=&a;，可用 a.d 引用结构体成员，请写出引用结构体成员 a.d 的其他两种形式________、________。
2. 结构体作为一种数据构造类型，在 C 语言中必须经过________、________和________的过程。
3. 引用结构变量中成员的一般形式是________。
4. 设已定义 p 为指向某一结构体类型的指针，如引用其成员可以写成________，也可以写成________。
5. 在 C 语言中，用关键字________来表示结构体类型。

6. 下面程序的输出结果是________。

```
#include <stdio.h>
struct sampl
{  char name[10];
   int number;
};
struct sampl test[3]={{"WangBing",10},{"LiYun",20},{"HuangHua",30}};
void main()
{  printf("%c%s\n",test[1].name[0],test[0].name+4);
}
```

7. 下面程序完成链表的输出功能，请把程序补充完整。

```
void print(struct student *head)
{  struct student *p;
   p=head;
   if(________)
   do
   {  printf("%d,%f\n", p->num,p->score);
      p=p->next;
   }while(________);
}
```

三、编程题

1. 从键盘上顺序输入整数，直到输入的整数小于 0 时才停止输入，然后反序输出这些整数。
2. 定义一个结构体数组，存放 12 个月的信息，每个数组元素由 3 个成员组成：月份的数字表示、月份的英文单词及该月的天数。编写一个输出一年 12 个月信息的程序。
3. 设李明 18 岁、王华 19 岁、张平 20 岁，编程输出 3 人中最年轻的人的姓名和年龄。

第 9 章 文　件

在前面章节介绍的程序中，数据均是从键盘输入的，数据的输出均送到显示器显示。在实际应用中，仅用此种方式进行数据输入/输出是不够的，有时需要借助外部存储设备才能进行长期保存，而对于C语言来说，需要通过一些文件操作函数来完成程序和数据资源的保存。本章主要介绍顺序文件和随机文件的打开、关闭和读/写等操作。

9.1 文件的基本概念

所谓“文件”是指一组相关数据的有序集合。这个数据集有一个名称，叫做文件名。实际上在前面的各章中已经多次使用了文件。例如，源程序文件、目标文件、可执行文件等。文件通常是驻留在外部介质（如磁盘等）上的，在使用时才调入到内存中来。从不同的角度可对文件做不同的分类。

9.1.1 文件的分类

C语言的文件从不同角度可以划分为不同种类。下面介绍几种对文件的分类方法。

1. 根据数据存储的形式

根据数据存储的形式，可以分为ASCII码文件和二进制文件。

ASCII码文件也称为文本文件，这种文件在磁盘中存放时每个字符占一个字节。每个字节中存放相应字符的ASCII码。内存中的数据存储时需要转换为ASCII码。例如，C语言中的所有的源程序文件（扩展名为.c的文件）就是ASCII码文件。

二进制文件是按二进制的编码方式来存放文件的。例如，C语言中的目标文件（扩展名为.obj）和可执行文件（扩展名为.exe）都是二进制文件。例如，存放数值1000，其二进制为1111101000。

2. 从用户的角度

从用户的角度，可以分为普通文件和设备文件。

普通文件是指存储在外部介质上的数据的集合，可以是源程序文件、目标文件、可执行文件；也可以是一组待输入处理的原始数据，或者是一组输出的结果。对于源程序文件、目标文件、可执行文件称为程序文件，对于输入或输出数据称为数据文件。

设备文件是指与主机相连接的各种外围设备，如显示器、打印机、键盘等。在操作系统中，把外围设备作为一个文件来进行管理，把通过它们进行的输入/输出等同于对文件的读/写。

通常把显示器定义为标准输出文件，一般情况下，在屏幕上显示有关信息就是向标准输出文件输出，如前面经常使用的 printf()、putchar()函数就是这类输出。键盘通常被指定为标准的输入文件，从键盘上输入就意味着从标准输入文件上输入数据，scanf()、getchar()函数就属于这类输入。

3．根据文件的读/写方式

根据文件的读/写方式，可以分为顺序读/写文件和随机读/写文件。

顺序文件是指从头到尾按其先后顺序进行读/写的文件。顺序文件中更新某个数据代码无法实现，通常只有重写该文件。

随机文件是指可以根据需要读取文件中指定位置的数据。随机文件通常要求记录有固定长度，以便于直接访问文件中指定的记录信息，为此要提供文件的读/写指针的定位函数，才可实现随机读/写。

9.1.2 文件的操作过程

通过程序对文件进行操作，实现从文件中读取数据或向文件中写入数据，一般步骤如下：

① 建立或打开文件。

② 从文件中读取数据或向文件中写入数据。

③ 关闭文件。

这里的 3 个步骤是按照顺序执行的，所以，打开文件是对文件进行读/写的前提。打开文件就是将指定文件与程序联系起来，为文件的读/写做好准备。当为进行写操作打开一个文件时，如果文件不存在，则系统会先建立这个文件。当为进行读操作打开一个文件时，该文件应是已经存在的文件，否则会出错。

9.1.3 文件缓冲区

文件的写操作是将程序的输出结果，即某个变量或数组的内容写到文件中。而实际上，在计算机系统中，数据先是从内存中的程序数据区输出到内存中的缓冲区暂存，当该缓冲区装满后，数据才被整块送到外存储器的文件中。例如，当系统要向磁盘文件输出数据时，先将数据送到缓冲区，待装满缓冲区后才一起把数据输出给磁盘文件，如图 9-1 所示。

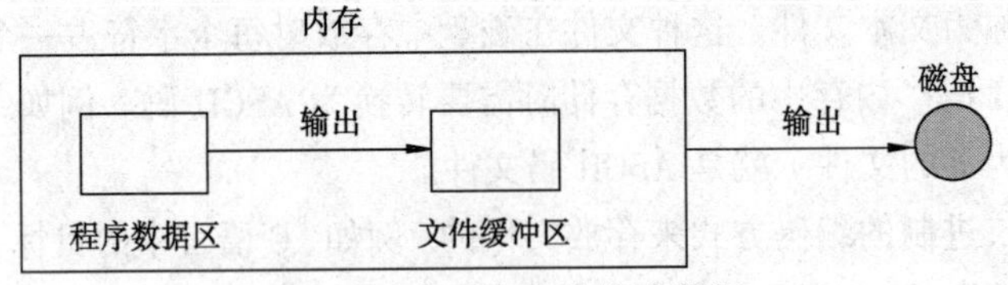

图 9-1 向磁盘文件输出数据

相反，当系统要从磁盘文件输入数据时，也是先将数据送到缓冲区，待装满缓冲区后才一起把数据输入到内存的程序数据区中，如图 9-2 所示。

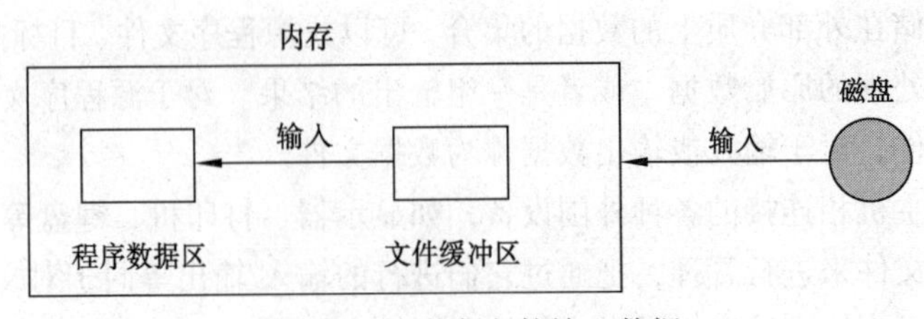

图 9-2 从磁盘文件输入数据

文件缓冲区是内存中的一块区域，用于进行文件读/写操作时数据的暂存，缓冲区的大小一般因为机器的不同而不同。

设立文件缓冲区可以提高效率，和内存相比，磁盘的存取速度很慢。如果每读/写一个数据就和磁盘直接打交道，那么即使 CPU 的速度很快，整个程序的执行效率也会大大降低。显然，有了文件缓冲区可以减少磁盘读/写次数，从而提高程序的效率。

9.2　文件类型指针

文件指针在 C 语言中用一个指针变量指向一个文件，这个指针称为文件指针。通过文件指针就可对它所指的文件进行各种操作。

定义说明文件指针的一般形式为：

```
FILE *指针变量标识符;
```

其中 FILE 应为大写，它实际上是由系统定义的一个结构，该结构中含有文件名、文件状态和文件当前位置等信息。在编写源程序时不必关心 FILE 结构的细节。例如：

```
FILE *fp;
```

表示 fp 是指向 FILE 结构的指针变量，通过 fp 即可找到存放某个文件信息的结构变量，然后按结构变量提供的信息找到该文件，实施对文件的操作。习惯上也笼统地把 fp 称为指向一个文件的指针。

9.3　文件的打开与关闭

C 语言并不是直接通过文件名对文件进行操作，而是首先创建一个和文件关联的文件指针变量，然后通过文件指针变量操作文件。因此，文件在进行读/写操作之前首先被打开，使用完要关闭。所谓打开文件，实际上是建立文件的各种相关信息，并使文件指针指向该文件，以便进行其他操作。关闭文件则是断开指针与文件之间的联系，也就是禁止再对文件进行操作。

在 C 语言中，文件操作都是由库函数来完成的。本节将介绍主要的文件操作函数。

9.3.1　文件的打开函数

C 语言用 fopen()函数来实现文件的打开，其调用的一般形式为：

```
FILE *fp;
fp=fopen(文件名,使用文件方式)
```

fopen()函数中第一个参数可以包含路径和文件名两部分，例如：

```
D:\\out.dat        /* D 磁盘下的 out.dat 文件 */
```

第二个参数表示打开文件的方式。文件使用方式由 r、w、a、t、b、+这 6 个字符拼成，各字符的含义是：

r（read）：读。

w（write）：写。

a（append）：追加。

t（text）：文本文件，可省略不写。

b（binary）：二进制文件。

+：读和写。

用“r”打开一个文件时，该文件必须已经存在，且只能从该文件读出。用“w”打开的文件只能向该文件写入。若打开的文件不存在，则以指定的文件名建立该文件，若打开的文件已经存在，则将该文件删去，重建一个新文件。若要向一个已存在的文件追加新的信息，只能用“a”方式打开文件。但此时该文件必须是存在的，否则将会出错。例如：

```
FILE *fp;
fp=("file1","r");
```

其意义是在当前目录下打开文件 file1，只允许进行“读”操作，并使 fp 指向该文件。又如：

```
FILE *fphzk;
fphzk=("c:\\hzk16","rb");
```

其意义是打开 C 驱动器磁盘根目录下的文件 hzk16，两个反斜线“\\”中的第一个表示转义字符，第二个表示根目录。文件操作方式共有 12 种，表 9-1 给出了它们的符号和意义。

表 9-1　文件的读/写方式

文件使用方式	含　　义
"r"	只读打开一个文本文件，只允许读数据
"w"	只写打开或建立一个文本文件，只允许写数据
"a"	追加打开一个文本文件，并在文件末尾写数据
"rb"	只读打开一个二进制文件，只允许读数据
"wb"	只写打开或建立一个二进制文件，只允许写数据
"ab"	追加打开一个二进制文件，并在文件末尾写数据
"r+"	读/写打开一个文本文件，允许读和写
"w+"	读/写打开或建立一个文本文件，允许读和写
"a+"	读/写打开一个文本文件，允许读，或在文件末追加数据
"rb+"	读/写打开一个二进制文件，允许读和写
"wb+"	读/写打开或建立一个二进制文件，允许读和写
"ab+"	读/写打开一个二进制文件，允许读，或在文件末尾写数据

使用文件打开函数 fopen()需要注意以下几点：

① 在打开一个文件时，如果出错，fopen()将返回一个空指针值 NULL。在程序中可以用这一信息来判别是否完成打开文件的工作，并进行相应的处理。因此，常用以下程序段打开文件：

```
if((fp=fopen("c:\\hzk16","rb"),==NULL)
{ printf("\nerror on open c:\\hzk16 file!");
  getch();
  exit(0);                              /* 若文件打开失败，则退出程序 */
}
```

这段程序的意义是，如果返回的指针为空，表示不能打开 C 盘根目录下的 hzk16 文件，则给出提示信息"error on open c:\ hzk16file! "，下一行 getch()的功能是从键盘输入一个字符，但不在屏幕上显示。在这里，该行的作用是等待，只有当用户从键盘按任意键时，程序才继续执行，因此用户可利用这个等待时间阅读出错提示。按键后执行 exit(0)退出程序。

② 在使用 FILE 时，要求包含头文件“stdio.h”。

9.3.2　文件的关闭函数

关闭文件就是指文件使用完毕后使原来指向文件的文件指针变量不再指向该文件，从而防止该文件在使用完毕后被误用。与文件打开操作相对应，文件使用之后应关闭。在 C 语言中，用 fclose()函数来关闭一个文件，其调用的一般形式为：

```
fclose(文件指针);
```

例如：

```
fclose(fp);
```

其作用是关闭 fp 所指向的文件。正常完成关闭文件操作时，fclose()函数返回值为 0。如返回非零值，则表示有错误发生。

【例 9.1】以写方式打开一个在 C 盘下的名称为 test.txt 的文本文件，再关闭文件。

```
#include <stdio.h>
#include <stdlib.h>                          /* exit()函数包含在该头文件中 */
void main()
{  FILE *fp;
   if((fp=fopen("c:\\test.txt","w"))==NULL)
   {  printf("Can not open file\n");
      exit(0);                               /* 若文件打开失败，则退出程序 */
   }
   fclose(fp);                               /* 关闭文件 */
}
```

9.4　文件的读/写

对文件的读/写是最常用的文件操作，在 C 语言中提供了多种文件读/写的函数，读/写文本文件和读/写二进制文件所使用的函数是不同的，下面将分别介绍。使用以下函数都要求包含头文件 stdio.h。

9.4.1　文件的写函数

1．字符写函数 fputc()

函数调用的一般形式为：

```
fputc(字符量,文件指针);
```

fputc()函数的功能是把一个字符写入指定文件的当前位置，然后将该文件的位置指示器移到下一个位置，其中，待写入的字符量可以是字符常量或字符变量。例如：

```
fputc('a',fp);
```

其意义是把字符 a 写入 fp 所指向文件的当前位置。

fputc()函数有返回值，若写操作成功，则返回一个向文件所写字符的值；否则返回 EOF（文件结束标志，其值为-1，在 stdio.h 中定义），表示写操作失败。

使用 fputc()函数时需要注意以下几点：

① 被写入的文件可以用写、读/写、追加方式打开，用写或读/写方式打开一个已存在的文件

时将清除原有的文件内容，写入字符从文件首开始。如需保留原有文件内容，希望写入的字符从文件末开始存放，必须以追加方式打开文件。被写入的文件若不存在，则创建该文件。

② 每写入一个字符，文件内部位置指针向后移动一个字节。

【例 9.2】输入 5 行字符，将其写入 C 盘根目录的 myfile.txt 文件中。

```
#include <stdio.h>
#include <stdlib.h>                              /* exit()函数包含在该头文件中 */
void main()
{  FILE *fp;
   char ch[80],*p=ch;
   int n;
   if((fp=fopen("c:\\myfile.txt","w"))==NULL)
   {  printf("Cannot open the exit!");
      exit(0);                                   /* 若文件打开失败，则退出程序 */
   }
   printf("input a string:\n");
   for(n=1;n<=5;n++)
   {  gets(p);                                   /* 输入一行字符 */
      while(*p!='\0')                            /* 将字符逐个写入文件 */
      { fputc(*p,fp);
        p++;
      }
      fputc('\n',fp);                            /* 写入换行符 */
   }
   fclose(fp);                                   /* 关闭文件 */
}
```

程序中通过 gets()读入一个字符，逐个字符写入文件中，在写完一行后，使用 fputc('\n',fp);语句换行，否则各行写在一起。

2. 写字符串函数 fputs()

函数调用的一般形式为：

```
fputs(字符串,文件指针);
```

fputs()函数的作用是向指定的文件写入一个字符串，其中字符串可以是字符串常量，也可以是字符数组名或指针变量。例如：

```
fputs("abcd",fp);
```

其意义是把字符串"abcd"写入 fp 所指的文件之中。写操作成功，函数返回 0；写操作失败，返回非 0。

【例 9.3】使用函数 fputs()改写例 9.2。

```
#include <stdio.h>
#include <stdlib.h>                              /* exit()函数包含在该头文件中 */
void main()
{  FILE *fp;
   char ch[80],*p=ch;
```

```
    int n;
    if((fp=fopen("c:\\myfile.txt","w"))==NULL)
    {  printf("Cannot open the exit!");
       exit(0);                              /* 若文件打开失败，则退出程序 */
    }
    printf("input a string:\n");
    for(n=1;n<=5;n++)
    {  gets(p);                              /* 输入一行字符 */
       fputs(p,fp);                          /* 写入该行字符 */
       fputc('\n',fp);                       /* 写入换行符 */
    }
    fclose(fp);                              /* 关闭文件 */
}
```

3. 格式化写函数 fprintf()

把格式化的数据写到文件中，其中格式化的规定与 printf()函数相同，所不同的只是 fprintf()函数是向文件中写入，而 printf()函数是向显示器输出。函数调用的一般形式为：

```
fprintf(文件指针,格式字符串,输出表列);
```

例如：

```
fprintf(fp,"%d%c",j,ch);
```

其返回值为实际写入文件中的字符个数（字节数）；如果写错，则返回一个负数。

【例 9.4】 随机产生 20 个 10～99 的整数，以每行 5 个数据输出到文本文件 C:\data.txt 中，要求每个数据占 5 个宽度，并且数据之间用逗号分隔。

```
#include <stdio.h>
#include <stdlib.h>                          /* exit()函数包含在该头文件中 */
void getdata(int a[],int n)
{  int i;
   for(i=0;i<n;i++)
     a[i]=(rand()%90)+10;                    /* 产生 10～99 的随机整数 */
}
void putdata(int a[],int n)
{  int i;
   FILE *fp;
   if((fp=fopen("c:\\data.txt","w"))==NULL)
   {  printf("Cannot open the file exit!");
      exit(0);                               /* 若文件打开失败，则退出程序 */
   }
   for(i=0;i<n;i++)
   {  if(i%5==0)
        fprintf(fp,"%5d",a[i]);
      else
        fprintf(fp,",%5d",a[i]);
      if((i+1)%5==0)                         /* 每行输出 5 个数据换行 */
```

```
        fprintf(fp,"\n");
    }
    fclose(fp);                                    /* 关闭文件 */
}
void main()
{  int a[20];
   getdata(a,20);
   putdata(a,20);
}
```

4. 写数据块函数 fwrite()

C 语言还提供了用于写整块数据的写函数 fwrite()，可用来写一组数据，如一个数组、一个结构变量的值。写数据块函数调用的一般形式为：

```
fwrite(buffer,size,count,fp);
```

其中，buffer 是一个指针，在 fread()函数中，它表示存放输入数据的首地址。在 fwrite()函数中，它表示存放输出数据的首地址。size 表示数据块的字节数。count 表示要读/写的数据块块数。fp 表示文件指针，随着所写字符的增加，文件位置指示器将自动下移。如果所写的个数少于所要求的，就表示发生了错误。

函数 fwrite()常常用于对二进制文件进行写操作。例如，有定义：

```
int xa[10]={1,2,3,4,5,6,7,8,9,10};
```

则使用函数 fwrite()将数组整体写入文件中的语句为：

```
fwrite(xa,20,1,fp);
```

其意义是，从数组 xa 的首地址开始，一次将 20 个字节（一个整数为 2 个字节）写入 fp 所指的文件中。

【例 9.5】从键盘输入 5 个学生数据，写入一个文件中。

```
#include <stdio.h>
#include <conio.h>
#include <stdlib.h>
struct student                                 /* 定义学生信息结构体类型 */
{  char name[10];
   int num;
   int age;
   char addr[15];
}stu[5],*pp;
void main()
{  FILE *fp;
   char ch;
   int i;
   pp=stu;
   if((fp=fopen("c:\\student.dat","wb"))==NULL)
   {  printf("Cannot open file strike any key exit!");
      getch();
```

```
      exit(0);                                   /* 若文件打开失败则退出程序 */
  }
    printf("\ninput data\n");
    for(i=0;i<5;i++,pp++)                       /* 输入 5 名学生数据 */
      scanf("%s%d%d%s",pp->name,&pp->num,&pp->age,pp->addr);
    pp=stu;
    fwrite(pp,sizeof(stu),5,fp);
    fclose(fp);                                  /* 关闭文件 */
  }
```

本例程序定义了一个结构 student，说明了 1 个有 5 个元素的结构数组 stu 以及 1 个结构指针变量 pp，程序中以读/写方式打开二进制文件 C:\student.dat，输入 5 个学生数据之后写入该文件中。

9.4.2　文件的读函数

1．字符读函数 fgetc()

函数调用的一般形式为：

```
字符变量=fgetc(文件指针);
```

fgetc()函数的功能是，从指定的文件中读一个字符，并送入左边的变量中，并将文件的位置指示器移到下一个位置。例如：

```
ch=fgetc(fp);
```

其意义是，从打开的文件 fp 中读取一个字符并送入 ch 中，同时指针移向下一个位置。

对于 fgetc()函数的使用有以下几点说明：

① 在 fgetc()函数调用中，读取的文件必须是以读或读/写方式打开的。

② 读取字符的结果也可以不向字符变量赋值。例如，fgetc(fp); 但是读出的字符不能保存。

③ 在文件内部有一个位置指针，用来指向文件的当前读/写字节。在文件打开时，该指针总是指向文件的第一个字节。使用 fgetc()函数后，该位置指针将向后移动一个字节。因此可连续多次使用 fgetc()函数，读取多个字符。应注意文件指针和文件内部的位置指针不是一回事。文件指针是指向整个文件的，需在程序中定义说明，只要不重新赋值，文件指针的值是不变的。文件内部的位置指针用以指示文件内部的当前读/写位置，每读/写一次，该指针均向后移动，它无须在程序中定义说明，而是由系统自动设置的。

【例 9.6】从文件 ex95.c 中读入字符并在屏幕上显示输出。

```
#include <stdio.h>
#include <conio.h>
#include <stdlib.h>
void main()
{  FILE *fp;
   char ch;
   if((fp=fopen("ex95.c","rt"))==NULL)
   {  printf("Cannot open file strike any key exit!");
      getch();
```

```
        exit(0);                        /* 若文件打开失败，则退出程序 */
    }
    ch=fgetc(fp);                       /* 从文件读取一个字符 */
    while(ch!=EOF)                      /* 此循环将文件中的字符在屏幕上显示出来 */
    {  putchar(ch);
       ch=fgetc(fp);
    }
    fclose(fp);                         /* 关闭文件 */
}
```

本例程序的功能是从文件中逐个读取字符，在屏幕上显示。程序定义了文件指针 fp，以读文本文件方式打开文件 ex95.c，并使 fp 指向该文件。如打开文件出错，给出提示并退出程序。程序第 9 行先读出一个字符，然后进入循环，只要读出的字符不是文件结束标志（每个文件末有一结束标志 EOF）就把该字符显示在屏幕上，再读入下一字符。每读一次，文件内部的位置指针向后移动一个字符，文件结束时，该指针指向 EOF。执行本程序将显示整个文件。

2. 字符串读函数 fgets()

函数调用的一般形式为：

```
fgets(字符数组名,n,文件指针);
```

其作用是，从指定的文件中读一个字符串到字符数组中，其中的 n 是一个正整数。表示从文件中读出的字符串不超过 n−1 个字符。在读入的最后一个字符后加上串结束标志'\0'。例如，fgets(str,n,fp); 的意义是从 fp 所指的文件中读出 n−1 个字符送入字符数组 str 中。

注意：fgets()函数从文件中读取字符直到遇见回车符或 EOF 为止，或直到读入了所限定的字符数（至多 n−1 个字符）为止。例如：

```
fgets(str,n,fp);
```

其意义是，从 fp 所指的文件中读出 n−1 个字符送入字符数组 str 中，并在最后加上结束标志'\0'。函数读成功返回 str 指针；失败则返回一个空指针 NULL。

【例 9.7】从 ex96.c 文件中读入一个含 10 个字符的字符串。

```
#include <stdio.h>
#include <conio.h>
#include <stdlib.h>
void main( )
{  FILE *fp;
   char str[11];
   if((fp=fopen("ex96.c","rt"))==NULL)
   {  printf("Cannot open file strike any key exit!");
      getch();
      exit(0);                         /* 若文件打开失败，则退出程序 */
   }
   fgets(str,11,fp);                   /* 从文件读取一个字符串 */
   printf("%s",str);                   /* 在屏幕上输出字符串 */
   fclose(fp);                         /* 关闭文件*/
}
```

本程序定义了一个字符数组 str，共 11 个字节，在以读文本文件方式打开文件 e96.c 后，从中读出 10 个字符送入 str 数组，在数组最后一个单元内将加上'\0'，然后在屏幕上显示输出 str 数组。

说明：

用 fgets()函数读取字符串时，遇到以下情况中的任何一种时，该字符串将结束：

① 已读出 n–1 个字符。

② 读取到换行符。

③ 读取到文件末尾。

读取结束后，fgets()函数再向字符串数组名所指的缓冲区送一个'\0'，表示字符串结束。当读取到换行符时，fgets()函数也会把换行符送到数组名所指的缓冲区。

3. 格式化读函数 fscanf()

fscanf()函数与前面使用的 scanf()函数的功能相似，都是格式化读/写函数。两者的区别在于，fscanf()函数读的对象不是键盘，而是磁盘文件。函数调用的一般形式为：

```
fprintf(文件指针,格式字符串,输出表列);
```

例如：

```
fprintf(fp,"%d%c",j,ch);
```

函数的返回值为 EOF，表明读错误；否则读数据成功。

【例 9.8】 从键盘输入一行字符，以文本文件形式存储在磁盘中，再把该文件的内容读出并显示在屏幕上。

```
#include <stdio.h>
#include <conio.h>
#include <stdlib.h>
void main()
{  FILE *fp;
   char ch;
   if((fp=fopen("d:\\abc.txt","wt+"))==NULL)
   {  printf("cannot open file ,strike any key exit!");
      getch();
      exit(0);                                    /* 若文件打开失败则退出程序 */
   }
   printf("input string:");
   ch=getchar();
   while (ch!='\n')
   {  fputc(ch,fp);
      ch=getchar();
   }
   printf("ouput string:");
   rewind(fp);
   ch=fgetc(fp);
   while(ch!=EOF)
   {  putchar(ch);
```

```
      ch=fgetc(fp);
    }
    printf("\n");
    fclose(fp);                                    /* 关闭文件 */
  }
```

程序运行结果：

```
input string:Fkdjfaklsdjflaksjdfkjasdf↙
output string:Fkdjfaklsdjflaksjdfkjasdf
```

4. 数据块读函数

在日常使用中，经常要求一次性读出数据（例如，一次性读入一个结构体变量的值），这时使用前面介绍的函数显然不太方便。C语言还提供了用于整块数据的读函数。可用来读一组数据，如一个数组元素、一个结构变量的值等。函数调用的一般形式为：

```
fread(buffer,size,count,fp);
```

例如：

```
fread(fa,4,5,fp);
```

其意义是从 fp 所指的文件中，每次读 4 个字节（一个实数）送入实数组 fa 中，连续读 5 次，即读 5 个实数到 fa 中，文件的位置指示器将随着所读的字符数而下移。如果读取的字段少于在函数调用时所要求的数目，就可能出现了错误，或者已经达到了文件结尾。

【例 9.9】输入两个学生数据，写入一个文件中，再读出这两个学生的数据显示在屏幕上。

```
#include <stdio.h>
#include <conio.h>
#include <stdlib.h>
struct stu
{  char name[10];                                 /* 最大长度定义为 10 */
   int num;
   int age;
   char addr[20];                                 /* 最大长度定义为 20 */
}boya[2],boyb[2],*pp,*qq;
void main()
{  FILE *fp;
   int i;
   pp=boya;
   qq=boyb;
   if((fp=fopen("stu_list","wb+"))==NULL)
   {  printf("Cannot open file strike any key exit!");
      getch();
      exit(0);                                    /* 若文件打开失败则退出程序 */
   }
   printf("input data:\n");
   for(i=0;i<1;i++,pp++)
     scanf("%s %d %d %s",pp->name,&pp->num,&pp->age,pp->addr);
```

```
    pp=boya;
    fwrite(pp,sizeof(struct stu),2,fp);
    rewind(fp);
    fread(qq,sizeof(struct stu),2,fp);
    printf("\n\nname        number     age  addr\n");
    for(i=0;i<1;i++,qq++)
      printf("%-10s  %-12d%-3d  %-20s\n",qq->name,qq->num,qq->age,qq->addr);
    fclose(fp);
  }
```

本例程序定义了一个结构 stu，说明了两个结构数组 boya 和 boyb，以及两个结构指针变量 pp 和 qq。pp 指向 boya，qq 指向 boyb。程序第 15 行以读/写方式打开二进制文件“stu_list”，输入两个学生数据之后，写入该文件中，然后把文件内部位置指针移到文件首，读出两块学生数据后，在屏幕上显示。

9.4.3　文件的读/写函数程序举例

【例 9.10】模仿 DOS 的 COPY 命令将一个文件的内容复制到另一个文件中。源程序文件名 copy.c。

```
#include <stdio.h>
#include <conio.h>
#include <stdlib.h>
void main(int argc,char *argv[])          /* 带形参的main()函数 */
{  FILE *fp1,*fp2;                        /* 定义两个文件指针 */
   char ch;
   if((fp1=fopen(argv[1],"r"))==NULL)
   {  printf("Cannot open %s\n",argv[1]);
      getch();
      exit(0);                            /* 若文件打开失败，则退出程序 */
   }
   if((fp2=fopen(argv[2],"w"))==NULL)
   {  printf("Cannot open %s\n",argv[1]);
      getch();
      exit(0);
   }
   while((ch=fgetc(fp1))!=EOF)
      fputc(ch,fp2);
   fclose(fp1);
   fclose(fp2);
}
```

本程序为带形参的 main()函数。程序中定义了两个文件指针 fp1 和 fp2，分别指向命令行参数中给出的文件。fp1 指向命令行中第二个参数，即源文件名；fp2 指向命令行中第三个参数，即目标文件名。只要 fp1 指向的文件没有结束，就从该文件中读出一个字符，赋值给字符变量 ch，再将 ch 中存放的字符写入 fp2 指向的文件中，实现了文件的复制。

【例 9.11】将例 9.4 所建立的文本文件 C:\data.txt 中的数据读出来，按升序排序后，按同样格式追加写入到原文件的后面，与原数据之间空两行。

```
#include <stdio.h>
#include <stdlib.h>
void scandata(int a[],int n)                    /* 此函数用于从文件中读取数据 */
{  int i;
   FILE *fp;
   if((fp=fopen("c:\\data.txt","r"))==NULL)
   {  printf("cannot open the file exit!");
      exit(0);                                  /* 若文件打开失败，则退出程序 */
   }
   for(i=0;i<n;i++)
   {  if(i%5==0)
        fscanf(fp,"%5d",&a[i]);
      else
        fscanf(fp,",%5d",&a[i]);
   }
   fclose(fp);
}
void sort(int a[],int n)                        /* 此函数用于数据的排序 */
{  int i,j,k,t;
   for(i=0;i<n-1;i++)
   {  k=i;
      for(j=i+1;j<n;j++)
        if(a[k]>a[j])
          k=j;
      if(k!=i)
      {  t=a[i]; a[i]=a[k]; a[k]=t;  }
   }
}
void putdata(int a[],int n)                     /* 此函数用于数据的追加 */
{  int i;
   FILE *fp;
   if((fp=fopen("c:\\data.txt","a"))==NULL)
   {  printf("cannot open the file exit!");
      exit(0);                                  /* 若文件打开失败，则退出程序 */
   }
   fprintf(fp,"\n\n");
   for(i=0;i<n;i++)
   {  if(i%5==0)
        fprintf(fp,"%5d",a[i]);
      else
        fprintf(fp,",%5d",a[i]);
```

```
    if((i+1)%5==0)                          /* 每行输出 5 个数据后换行 */
      fprintf(fp,"\n");
  }
  fclose(fp);                               /* 关闭文件 */
}
void main()
{  int a[20],i;
   scandata(a,20);
   sort(a,20);
   putdata(a,20);
}
```

9.5　文件的随机读/写

前面介绍的对文件的读/写方式都是顺序读/写，即读/写文件只能从头开始，顺序读/写各个数据。但在实际问题中常要求只读/写文件中某一指定的部分。为了解决这个问题，可移动文件内部的位置指针到需要读/写的位置，再进行读/写，这种读/写称为随机读/写。实现随机读/写的关键是要按要求移动位置指针，这称为文件的定位。文件定位移动文件内部位置指针的主要函数有两个，即 rewind()函数和 fseek()函数。

1. rewind()函数

函数调用的一般形式为：

```
rewind(文件指针);
```

其作用是，把文件内部的位置指针重新移到文件开头处，该函数没有返回值。

【例 9.12】 rewind()函数使用举例。

```
#include <stdio.h>
void main()
{  FILE *pin,*pout;
   pin=fopen("file1.dat","r");          /* 以只读方式打开文件 */
   pout=fopen("file1.dat","w");
   while(!feof(pin))
     putc(getc(pin),pout);
   rewind(pin);                          /* 把文件内部位置指针重新移到文件开头 */
   while(!feof(pin))                     /* 在屏幕上显示 file1.dat 文件的内容 */
     putchar(getc(pin));
   fclose(pin);
   fclose(pout);
}
```

本例用来实现两个文件的复制，源文件名为 file1.dat，目标文件名为 file2.dat。当程序执行完了第 1 个 while 循环时，目标文件复制完成，此时这两个文件的读/写位置指针都已经指到文件的末尾。由于后续程序还要在屏幕显示源文件 file1.dat 的内容，因此在调用语句 rewind(pin);的作用下，源文件中的读/写位置指针被重新调整到了文件的开始位置，从而节省了时间。

2. fseek()函数

函数调用的一般形式为：

```
fseek(文件指针,位移量,起始点);
```

其作用是用来移动文件内部位置指针。其中，“文件指针”指向被移动的文件。“位移量”表示移动的字节数，要求位移量是 long 型数据，以便在文件长度大于 64KB 时不会出错。当用常量表示位移量时，要求加后缀“L”。“起始点”表示从何处开始计算位移量，规定的起始点有 3 种：文件首、当前位置和文件尾。其表示方法如表 9-2 所示。

表 9-2 文件指针的位置表示

起 始 点	表 示 符 号	数 字 表 示
文件首	SEEK—SET	0
当前位置	SEEK—CUR	1
文件末尾	SEEK—END	2

例如：

```
fseek(fp,100L,0);
```

其意义是，把位置指针移到离文件首 100 个字节处。还要说明的是，fseek()函数一般用于二进制文件。在文本文件中由于要进行转换，故往往计算的位置会出现错误。文件的随机读/写在移动位置指针之后，即可用前面介绍的任一种读/写函数进行读/写。由于一般是读/写一个数据块，因此常用 fread()和 fwrite()函数。下面用例题来说明文件的随机读/写。

【例 9.13】 在学生文件 stu_list 中读出第二个学生的数据。

```
#include <stdio.h>
#include <stdlib.h>
#include <conio.h>
struct stu
{  char name[10];
   int num;
   int age;
   char addr[15];
}boy,*qq;
void main()
{  FILE *fp;
   char ch;
   int i=1;
   qq=&boy;
   if((fp=fopen("stu_list","rb"))==NULL)
   {  printf("cannot open file strike any key exit!");
      getch();
      exit(0);                         /* 若文件打开失败则退出程序 */
   }
   rewind(fp);                         /* 把文件内部位置指针重新移到文件开头 */
```

```
    fseek(fp,i*sizeof(struct stu),0);          /* 设置文件指针 fp 的位置 */
    fread(qq,sizeof(struct stu),1,fp);         /* 读取 fp 指向的学生数据 */
    printf("\n\nname\tnumber age addr\n");
    printf("%s\t%5d %7d %s\n",qq->name,qq->num,qq->age,qq->addr);
}
```

文件 stu_list 已由例 9.9 的程序建立，本程序用随机读出的方法读出第二个学生的数据。程序中定义 boy 为 stu 类型变量，qq 为指向 boy 的指针。以读二进制文件方式打开文件，程序第 22 行移动文件位置指针。其中，i 值为 1，表示从文件头开始，移动一个 stu 类型的长度，然后再读出的数据即为第二个学生的数据。

9.6　文件检测函数

使用上面介绍的函数对文件进行读/写操作时难免会发生错误，但大多函数并不具有明确的出错信息。例如，fputc()函数返回 EOF 时，可能是因为文件结束，也可能是因为调用函数失败出错。为了明确地检查出现的错误和文件是否结束，C 语言中提供了文件检测函数。

1．文件结束检测函数 feof()

函数调用的一般形式为：

```
feof(文件指针);
```

其作用是，判断文件是否处于文件结束位置，如文件结束，则返回值为 1，否则为 0。

2．读/写文件出错检测函数 ferror()

函数调用的一般形式为：

```
ferror(文件指针);
```

其作用是，检查文件在用各种输入/输出函数进行读/写时是否出错。例如，ferror()返回值为 0 表示未出错，否则表示有错。

3．文件出错标志和文件结束标志清除函数 clearerr()

函数调用的一般形式为：

```
clearerr(文件指针);
```

其作用是，用于清除出错标志和文件结束标志，使它们为 0 值。

9.7　程 序 举 例

【例 9.14】编写一个程序实现输入一个字符串，将该字符串写入文件中，然后统计字符串中有多少个空格。

```
#include <stdio.h>
#include <stdlib.h>
void main()
{  FILE *fp;                                   /* 定义一个文件指针变量 fp */
   char ch;
   int count=0;
```

```
    if((fp=fopen("c:\\testfile.txt","w"))==NULL)
    {  printf("cannot open file!\n");
       exit(0);
    }
    printf("please enter string:");
    while((ch=getchar())!='\n')          /* 此循环用于将字符串写入文件 */
      fputc(ch,fp);
    fclose(fp);
    if((fp=fopen("c:\\testfile.txt","r"))==NULL)
    {  printf("cannot open file!\n");
       exit(0);
    }
    while((ch=fgetc(fp))!=EOF)           /* 此循环用于统计字符串中的空格数 */
    {  if(ch==32)
          count++;
    }
    fclose(fp);
    printf("there are %d spaces.\n",count);
}
```

程序运行结果：

```
please enter string: abc↙
there are 0 spaces.
please enter string:This is my first program↙
there are 4 spaces.
```

【例 9.15】从键盘上输入一些字符值，将它们写入磁盘文件，当输入“#”时结束。

```
#include <stdio.h>
#include <stdlib.h>
void main()
{  FILE *fp;                          /* 定义一个文件指针变量 fp */
   char ch,fname[10],err_flag=0;      /* err_flag 为读/写磁盘文件出错标志 */
   printf("input a filename:");
   scanf("%s",fname);
   if((fp=fopen(fname,"w"))==NULL)
   {  printf("cannot open file!\n");
      exit(0);
   }
   while((ch=getchar())!='#')
   {  fputc(ch,fp);                   /* 写入磁盘文件 */
      if(ferror(fp))                  /* 测试读/写磁盘文件是否有错 */
      {  err_flag=1;                  /* 错误处理 */
         break;
      }
      putchar(ch);
   }
```

```
    if(err_flag)
      printf("\nwrite disk err!\n");        /* 提示读/写错误 */
    else
      printf("\nok!\n");                    /* 提示读/写正确 */
}
```

程序运行结果：

```
input a filename:myfile.c↙
C program #↙
C program
ok!
```

本 章 小 结

一般来说，文件是指记录在外部介质上的一组相关数据的集合，从广义来讲，所有的输入/输出设备都是文件。C 语言对文件的操作一般包括文件的打开与关闭、定位、文件的读/写及文件操作出错的检测。操作的顺序是先打开文件，然后对文件进行相关的操作，最后记得要关闭文件。

C 语言提供了许多标准函数实现对文件的字符读/写（fgetc 和 fputc）、字符串读/写（fgets 和 fputs）、数据块读/写（fread 和 fwrite），以及格式化数据读/写（fscanf 和 fprintf），还有对文件的定位（fseek 和 rewind）和对文件操作的检测（ferror、clearerr 和 feof）。

习　　题

一、单选题

1. 若执行 fopen()函数时发生错误，则函数的返回值是（　　）。
   A. 地址值　　B. 0　　C. 1　　D. EOF
2. 当顺利执行了文件关闭操作时，fclose()函数的返回值是（　　）。
   A. -1　　B. true　　C. 0　　D. 1
3. 在 C 程序中，可把整型数以二进制形式存放到文件中的函数是（　　）。
   A. fprintf()　　B. fread()　　C. fwrite()　　D. fputc()
4. 默认状态下，系统的标准输入文件（设备）是指（　　）。
   A. 键盘　　B. 显示器　　C. 软盘　　D. 硬盘
5. 若要用 fopen()函数打开一个新的二进制文件，该文件要既能读也能写，则文件打开时的方式字符串应是（　　）。
   A. "ab+"　　B. "wb+"　　C. "rb+"　　D. "ab"
6. fgetc()函数的作用是从指定文件读入一个字符，该文件的打开方式必须是（　　）。
   A. 只写　　B. 追加　　C. 读或读/写　　D. 答案 B 和 C 都正确
7. 若调用 fputc()函数输出字符成功，则其返回值是（　　）。
   A. EOF　　B. 1　　C. 0　　D. 输出的字符

8. 在 C 语言中，用 w+方式打开一个文件后，可以执行的文件操作是（　　）。
   A. 可以任意读/写　　B. 只读　　C. 只能先写后读　D. 只写

二、填空题

1. 在 C 程序中，文件可以用________方式存取，也可以用________方式存取。
2. 在 C 程序中，数据可以用________和________两种代码形式存放。
3. 在 C 语言中，文件的存取是以________为单位的，这种文件被称做________文件。
4. 在 C 语言中，能实现改变文件的位置指针的函数是________函数。
5. 下面程序用变量 count 统计文件中字符的个数，在空白处填入适当内容。

```
#include <stdio.h>
void main()
{  FILE *fp;
   long count=0;
   if((fp=fopen("letter.dat","________"))==NULL)
   {  printf("cannot open file letter.dat \n");
      exit(0);
   }
   while(!feof(fp))
   {  ________;
      ________;
   }
   printf("count=%ld\n",count);
   fclose(fp);
}
```

6. 下面程序由键盘输入字符，存放到文件中，输入“!”时结束。请填空。

```
#include <stdio.h>
void main()
{  FILE *fp;
   char ch,fname[10];
   printf("Input name of file\n");
   gets(fname);
   if((fp=fopen(fname,"w"))==NULL)
   {  printf("cannot open\n");
      exit(0);
   }
   printf("Enter data : \n");
   while(________!='!')
      fputc(________);
   fclose(fp);
}
```

三、编程题

1. 编写一个程序，使用 fputs()函数，将 5 个字符串写入文件中。
2. 新建一个文本文件，将整型数组中的所有数组元素写入文件中。
3. 编写程序，实现从键盘输入一个字符串，将其中的小写字母全部转换成大写字母，输出到磁盘文件 file.txt 中保存。输入的字符串以“!”结束，然后再将 file.txt 中的内容读出显示在屏幕上。
4. 设文件 file.dat 中存放了一组整数，请编程统计并输出文件中正整数、零和负整数的个数。

第10章 位 运 算

由于C语言是介于高级语言和汇编语言之间的一种计算机语言，它可用于开发系统软件，并且可以直接对地址进行运算，因此，C语言提供了位运算的功能。

所谓位运算是指二进制位的运算。在系统软件中，常常需要处理二进制位的问题。例如，将一个存储单元中存储的数据的各二进制位左移位或右移位等。由于位运算只用于特殊的场合或特定的目的，所以，本章仅对位运算做大概的介绍。

10.1 位运算符和位运算

前面介绍的各种运算都是以字节作为最基本单位进行的。但在很多系统程序中常要求在位（bit）一级进行运算或处理。因而C语言提供了位运算的功能，这使得C语言也能像汇编语言一样用来编写系统程序。

10.1.1 位运算符

位运算符的功能是对其操作数按二进制形式逐位地进行逻辑运算或移位运算。由于位运算的特点，操作数只能是整数类型或字符类型的数据，不能是实型数据。C语言提供6种位运算符，如表10-1所示。

表10-1 位运算符

<table>
<tr><th>位运算符</th><th>含 义</th><th>优 先 级</th><th>举 例</th></tr>
<tr><td>&</td><td>按位与</td><td>8</td><td>a&b，a和b各位按位进行“与”运算</td></tr>
<tr><td>|</td><td>按位或</td><td>10</td><td>a|b，a和b各位按位进行“或”运算</td></tr>
<tr><td>^</td><td>按位异或</td><td>9</td><td>a^b，a和b各位按位进行“异或”运算</td></tr>
<tr><td>~</td><td>按位取反</td><td>2</td><td>~a，a中全部位取反</td></tr>
<tr><td><<</td><td>左移</td><td>5</td><td>a<<2，a中各位左移2位</td></tr>
<tr><td>>></td><td>右移</td><td>5</td><td>a>>2，a中各位右移2位</td></tr>
</table>

位运算符还可以与赋值运算结合，称为位运算赋值操作。位运算赋值操作如表10-2所示。

表 10-2　位运算赋值操作符

运　算　符	含　　义	举　　例	等　价　于
&=	位与赋值	a&=b	a=a&b
|=	位或赋值	a|=b	a=a|b
^	位异或赋值	a^=b	a=a^b
<<=	左移赋值	a<<=b	a=<<b
>>	右移赋值	a>>=b	a=a>>b

10.1.2　位运算符的运算功能

1. 按位与运算

按位与运算符“&”是双目运算符。其功能是参与运算的两数各对应的二进位相与。只有对应的两个二进位均为 1 时，结果位才为 1，否则为 0。

```
0&0=0; 0&1=0; 1&0=0; 1&1=1;
```

参与运算的数以补码方式出现。

例如，9&5 可写成算式如下：

```
  00001001      （9 的二进制补码）
& 00000101      （5 的二进制补码）
  00000001      （1 的二进制补码）
```

可见 9&5=1。

按位与运算具有以下特征：

① 任何位上的二进制数只要和 0 进行与运算，该位即被屏蔽（清零）。

② 任何位上的二进制数只要和 1 进行与运算，该位保留原值不变。

利用这一特征可以实现如下功能：

① 清零。如果想将一个单元清零，也就是使其全部二进制位为 0，只需与 0 进行与运算，即可达到清零的目的。

例如，10&0 可写成算式如下：

```
  00001010      （10 的二进制补码）
& 00000000      （0 的二进制补码）
  00000000      （0 的二进制补码）
```

② 取一个数的某些指定位。如有一个整数 a（2 个字节），要想高 8 位清 0，保留低 8 位，可进行 a&255 运算（255 的二进制数为 0000000011111111）。如果想取 2 个字节中的高位字节，可进行 a&65280（65280 的二进制数为 1111111100000000）。

③ 要想哪一位保留下来，就与一个数进行与运算，此数在该位取 1，其他位取 0。

例如，85（85 的二进制数为 01010101），想把其中左边第 3、4、7、8 位保留下来，设计一个数，其左边第 3、4、7、8 位为 1 其他位为 0，即十进制数 51。将这两个数进行位与运算即可。

【例 10.1】验证 26&108 的结果。

分析：a=00011010（十进制数 26），b=01101100（十进制数 108），则 a&b=00001000（十进制数 8）。

```
  00011010
& 01101100
----------
  00001000
```

根据上述分析编写的程序如下：

```
#include <stdio.h>
void main()
{  int a=26,b=108,c;
   c=a&b;                                   /* 对 a,b 按位与运算 */
   printf("a=%d\nb=%d\na&b=%d\n",a,b,c);
}
```

程序运行结果：

```
a=26
b=108
a&b=8
```

2. 按位或运算

按位或运算符“|”是双目运算符。其功能是参与运算的两数各对应的二进位相或。只要对应的两个二进位有一个为 1 时，结果位就为 1。

```
0|0=0;0|1=1;1|0=1;1|1=1;
```

参与运算的两个数均以补码的方式出现。

例如：

9|5 可写算式如下：

```
  00001001
| 00000101
----------
  00001101      （十进制为 13）
```

可见 9|5=13。

按位或运算具有以下特征：

① 任何位上的二进制数只要和 1 进行或运算，该位即为 1。

② 任何位上的二进制数只要和 0 进行或运算，该位保留原值不变。

利用这一特征可以实现如下功能：

按位或运算常用来对一个数的二进制位中一个或几个指定位置置 1。对应于 a 要置 1 的位，b 对应的位为 1，其余位为 0。则 a 与 b 进行或运算就可以使 a 中指定位置置 1。

例如，a=01100000，要使 a 的后 4 位置 1，则可设置 b 后 4 位为 1，其余位为 0，即 b=00001111。

```
  01100000
| 00001111
----------
  01101111
```

【例 10.2】 验证 26|108 的结果。

分析：a=00011010（十进制数 26），b=01101100（十进制数 108）。则 a|b=01111110（十进制 126）。

```
  00011010
| 01101100
----------
  01111110
```

根据上述分析编写的程序如下：

```
#include <stdio.h>
void main()
{  int a=26,b=108,c;
   c=a|b;                                    /* 对 a、b 按位或运算 */
   printf("a=%d\nb=%d\na|b=%d\n",a,b,c);
}
```

程序运行结果：

```
a=26
b=108
a|b=126
```

3．按位异或运算

按位异或运算符“^”是双目运算符。其功能是参与运算的两数各对应的二进位相异或，当两对应的二进位相异时，结果为 1。

```
0^0=0; 0^1=1; 1^0=1; 1^1=0;
```

参与运算数仍以补码的方式出现。

例如，9^5 可写成算式如下：

```
  00001001
^ 00000101
----------
  00001100      （十进制为 12）
```

按位异或运算有以下几方面的应用：

① 使特定位翻转。

假设有 01101011，想使其低 4 位翻转，即 1 变为 0，0 变为 1。可以将它与 00001111 进行按位异或运算，结果为 01100100，结果值的低 4 位恰好是原数低 4 位的翻转。

```
  01101011
^ 00001111
----------
  01100100
```

要使哪几位翻转，就将该几位置为 1，其余位置为 0，将原数与这个数进行按位异或运算即可。这是因为原数中的 1 与 1 进行^运算得 0，原数中的 0 与 1 进行^运算得 1。

例如，有 01111011，想使第 3～7 位翻转，只要与 00111110 进行按位异或运算即可。

```
  01111011
^ 00111110
----------
  01000101
```

② 与 0 进行异或运算，保留原值。

例如，13^0=13，可写成等式如下：

```
  00001101
^ 00000000
----------
  00001101
```

③ 交换两个变量的值，不用中间变量。

例如，有 a=5、b=8，如果想使 a 与 b 的值交换，可用以下赋值语句来实现：

```
a=a^b;
b=a^b;
a=a^b;
```

```
  a=0101          a=1101                      a=1101
^ b=1000        ^ b=1000                    ^ b=0101
---------       ---------                   ---------
  a=1101          b=0101   （十进制 5）        a=1000   （十进制 8）
```

可见，变量 a 与 b 的值进行了交换。

a=a^b，实际上进行了下面两步运算：

① b=b^a=b^(a^b)=b^a^b=a^b^b=a^(b^b)=a^0=a。

② a=a^b=(a^b)^a=a^b^a=(a^a)^b=0^b=b。

【例 10.3】验证按位异或 26^108 运算。

分析：a=00011010（十进制数 26），b=01101100（十进制数 108）。则 a^b=01110110（十进制 118）。

```
   00011010
^  01101100
-----------
   01110110
```

根据上述分析编写的程序如下：

```
#include <stdio.h>
void main()
{  int a=26,b=108,c;
   c=a^b;                                    /* 对 a、b 按位异或运算 */
   printf("a=%d\nb=%d\na^b=%d\n",a,b,c);
}
```

程序运行结果：

```
a=26
b=108
a^b=118
```

4. 按位求反运算

求反运算符“～”为单目运算符。其功能是，对参与运算的数的各二进制位进行“取反”运算。即对应的二进制位为 0 时，结果为 1；为 1 时，结果为 0。参与运算的数均以补码出现。

例如，a=00000000 00011010（十进制数 26），则～a=11111111 11100101（十进制数-27）。

```
～ 0000000000011010
-------------------
   1111111111100101
```

“～”运算符的优先级比算术运算符、关系运算符、逻辑运算符和其他运算符都高。例如，～a&b，先进行～a 运算，然后进行&运算。

【例 10.4】验证按位求反运算～6。

```
#include <stdio.h>
void main()
{  int a=6,b;
   b=~a;                                   /* 对 a 按位求反运算 */
   printf("a=%d\n~b=%xH",a,b);
}
```

程序运行结果：

```
a=6
~b=fffffff9H
```

以上程序是按照数据补码进行按位取反的，输出十进制数据运算较大，所以本例以十六进制输出 6（0000000000000110），则按位取反后～6（1111111111111001）。

5. 左移运算

左移运算符“<<”是双目运算符。其功能把“<<”左边运算数的各二进位全部左移若干位，由“<<”右边的数指定移动的位数，高位左移后溢出，舍弃不起作用，低位补 0。

例如，a<<4，指把 a 的各二进位向左移动 4 位。

再如，a=00000011（十进制 3），左移 4 位后为 00110000（十进制 48）。

左移一位相当于该数乘以 2，左移两位相当于该数乘以 $2^2=4$，左移 n 位相当于该数乘以 2^n。上面举的例子 3<<4=48，即 3 乘了 $2^4=16$。

【例 10.5】对整型变量 b 进行按位左移 2 位运算，输出左移运算后的值。

```
#include <stdio.h>
void main()
{  unsigned a,b;
   b=12; a=b<<2;                          /* b 按位左移 2 位后赋给 a */
   printf("a=%d\n",a);
}
```

程序运行结果：

```
a=48
```

6. 右移运算

右移运算符“>>”是双目运算符。其功能是把“>>”左边的运算数的各二进位全部右移若干位，移到右端的低位被舍弃，对于无符号数，高位补 0。“>>”右边的数指定移动的位数。

例如，a=15，a>>2 表示把 000001111 右移为 00000011（十进制 3）。应该说明的是，对于有符号数，在右移时，符号位将随同移动。当为正数时，最高位补 0，而为负数时，符号位为 1，最高位是补 0 或是补 1 取决于编译系统的规定。Turbo C 和很多系统规定为补 1。右移一位相当于该数除以 2，右移 n 位相当于该数除以 2^n。

【例 10.6】先右移，后进行与运算。

```
#include <stdio.h>
void main()
{  unsigned a,b;
```

```
    printf("input a number:");
    scanf("%d",&a);
    b=a>>5;                  /* a按位右移5位后赋给b */
    b=b&15;                  /* 对b和15按位与运算 */
    printf("a=%d,b=%d\n",a,b);
}
```

程序运行结果：

```
input a number:21
a=21,b=0
```

7. 不同长度的数据进行位运算

位运算的运算数可以是整型和字符型数据。如果两个运算数类型不同时位数也会不同。遇到这种情况，系统将自动进行如下处理：

① 先将两个运算数右端对齐。

② 再将位数短的一个运算数往高位补充，即无符号数和正整数左侧用0补全；负数左侧用1补全；然后对位数相等的这两个运算数，按位进行位运算。

【例10.7】分析下面程序的运行结果。

```
#include <stdio.h>
void main( )
{  char a='a',b='b';
   int p,c,d;
   p=a;
   p=(p<<8)|b;          /* p按位左移8位后和b按位或运算，并把结果赋给p */
   d=p&0xff;            /* p和0xff 按位与运算，并把结果赋给d */
   c=(p&0xff00)>>8;     /* p和0xff00按位与运算后按位右移8位，并把结果赋给c */
   printf("a=%d,b=%d,c=%d,d=%d\n",a,b,c,d);
}
```

程序运行结果：

```
a=97,b=98,c=97,d=98
```

【例10.8】编写一个程序，实现一个无符号整数的循环左移n位。

先将无符号整数d高端的n位数通过右移操作移至低端的n位上（高端全为0），把结果存入中间变量a中。再通过左移运算将d左移n位（低端移入的全为0），把结果存入另一中间变量b中。最后利用按位或运算将这两个中间变量中的内容"拼装"在一起，完成循环左移功能。根据上述分析编写的程序如下：

```
#include <stdio.h>
unsigned int left(unsigned int d,int n)
{  unsigned int a,b,c;   /* 定义无符号整型变量a,b,c */
   a=d>>(16-n);          /* 将d右移16-n 位，并把结果赋给a */
   b=d<<n;               /* 将d左移n 位，并把结果赋给b */
   c=a|b;                /* 将a与b按位或运算，并把结果赋给c */
   return(c);            /* 返回c的值 */
}
void main()
```

```
{ unsigned int d;
  d=0x6271;
  printf("%x\n",left(d,3));
}
```

程序运行结果：

```
3138b
```

10.2　位 段 结 构

10.2.1　位段的概念

有些信息在存储时，并不需要占用一个完整的字节，而只需占几个或一个二进制位。例如，在存放一个开关量时，只有 0 和 1 两种状态，用一位二进制位即可。为了节省存储空间，并使处理简便，C 语言又提供了一种数据结构，称为“位域”或“位段”。所谓“位段”是把一个字节中的二进位划分为几个不同的区域，并说明每个区域的位数。每个域有一个域名，允许在程序中按域名进行操作。这样就可以把几个不同的对象用一个字节的二进制位域来表示。

10.2.2　位段结构的定义和使用

1．位段结构的定义和位段变量的说明

C 语言中没有专门的位段类型，位段的定义要借助于结构体，即以二进制位为单位定义结构体成员所占存储空间，从而就可以按“位”来访问结构体中的成员。位段结构的定义与结构体定义相仿，其一般形式为：

```
struct 位段结构名
{
  类型说明符 位段名:位段长度
};
```

而位段变量的说明与结构变量说明的方式相同。可采用先定义后说明、同时定义说明或者直接说明 3 种方式。例如，下面方式为同时定义说明：

```
struct bs
{ int a:1;
  int b:2;
  int c:6;
}data;
```

定义了一个位段结构类型 bs，包含 3 个位段成员，其中位段 a 占 8 位、位段 b 占 2 位、位段 c 占 6 位，同时说明 data 为 bs 变量，共占两个字节。由此可以看出，位段在本质上就是一种结构类型，不过其成员是按二进位分配的。

2．位段的引用和赋值

与结构体成员的引用相同，其一般形式为：

```
位段变量名.位域名
```

例如，对于上述位段变量 data，data.a、data.c 分别表示引用变量 data 中的位段 a、c。

位段可以在定义的同时赋初值，形式与结构体变量赋初值相同。位段也可以进行赋值操作，例如：

```
data.a=1;
data.b=4;
data.c=6;
```

但是，赋值时应注意位段的取值范围，例如：

```
data.a=2;
```

就会产生错误的结果。因为 data.a 只占 1 位，只能取值 0 或 1。对于赋值语句 data.a=2; 系统并不报错，而是自动截取所赋值的低位。2 的二进制码是 10，取低一位为 0。所以 data.a 的值为 0。

3．使用位段的注意事项

① 位段成员的类型必须是 unsigned 或 int 类型。

② 每个位段不能超过一个字长（int 的长度）。

③ 位段不能跨越两个字。

④ 在位段结构类型中，可以说明无名位段，这种无名位段具有位段之间的分隔作用。例如：

```
struct bs
{  int x:1;
   int :2;
   int y:3;
};
```

其中第 2 个位段是无名位段，占 2 位，在位段 x 和 y 之间起分隔作用。无名位段所占用的空间不起作用。如果无名位段的长度为 0，则表示下一个位段从一个新的字节开始存放。

⑤ 位段成员可以在数值表达式中被引用，系统自动将其转换为相应的整数。

⑥ 位段不能声明为数组，也不能用指针指向位段，不能对位段求地址。

【例 10.9】位段使用演示。

```
#include <stdio.h>
void main()
{  struct bs                                  /* 定义位段结构体类型 bs */
   {  unsigned a:2;
      unsigned b:6;
      unsigned c:4;
      int i;
   };
   struct bs data;                            /* 定义 bs 类型的变量 data */
   data.a=1;                                  /* 对位段 a 赋值 */
   data.b=7;                                  /* 对位段 b 赋值 */
   data.c=6;                                  /* 对位段 c 赋值 */
   data.i=1000;                               /* 对位段 i 赋值 */
   printf("data.a=%d,data.b=%d,data.c=%d,data.i=%d\n",data.a,data.b,
           data.c,data.i);
}
```

程序运行结果：

```
data.a=1,data.b=7,data.c=6,data.i=1000
```

10.3 程序举例

【例 10.10】编写一个程序，将一个无符号整型变量的前 8 位和后 8 位交换。

分析：首先将 d 右移 8 位得到高 8 位数，把结果存入中间变量 a 中。再将 d 与 0377（高 8 位全为 0，低 8 位全为 1）进行按位与，将低 8 位数左移 8 位放到高端，把结果存入中间变量 b 中。最后将 a 和 b 进行按位或得到最后结果。根据上述分析编写的程序如下：

```
#include <stdio.h>
unsigned int swap(unsigned int d)
{  unsigned int a,b,c;        /* 定义无符号整型变量 a、b、c */
   a=d>>8;                    /* 将 d 右移 8 位，并把结果赋给 a */
   b=(d&0377)<<8;             /* 将 d 和 0377 按位与运算后再左移 8 位，并把结果赋给 b */
   c=a|b;                     /* 将 a 和 b 按位或运算，并把结果赋给 c */
   return(c);                 /* 返回 c 的值 */
}
void main()
{  unsigned int d;
   d=0x6271;
   printf("%x\n",swap(d));
}
```

程序运行结果：

```
7162
```

【例 10.11】编写一个使用位运算复合赋值运算符的程序。

```
#include <stdio.h>
void main()
{  char a=9,b=9,c=9,d=9,e=9;
   a<<=1;                     /* 等价于 a=a<<1 */
   b>>=1;                     /* 等价于 b=b>>1 */
   c&=5;                      /* 等价于 c=c&5 */
   d|=5;                      /* 等价于 d=d|5 */
   e^=5;                      /* 等价于 e=e^5 */
   printf("%d  %d  %d  %d  %d\n",a,b,c,d,e);
}
```

程序运行结果：

```
18  4  1  13  12
```

本章小结

本章介绍了 C 语言中的各种位运算以及由这些运算符和相应操作构成的表达式的计算规则。位运算是进行二进制位的运算，在系统软件中，常处理二进制的问题，因此熟练掌握各种位运算的功能对编写可读性强的程序有很大的优越性。位运算是 C 语言的一种特殊运算功能，它是以二进制位为单位进行运算的。利用位运算可以完成汇编语言的某些功能，如置位、位清零、移位等，还可进行数据的压缩存储和并行运算。对于位段读者了解其含义即可，位段在本质上也是结构类型，不过它的成员按二进制位分配内存，其定义、说明及使用的方法都与结构类型相同。

习　题

一、单选题

1. 在位运算中，操作数每左移一位，其结果相当于（　　）。

   A. 操作数乘以 2　　B. 操作数除以 2　　C. 操作数除以 4　　D. 操作数乘以 4

2. 下面运算符中优先级最低的是（　　）。

   A. &　　B. !　　C. /　　D. *

3. 若 x=2、y=3，则 x&y 的结果是（　　）。

   A. 0　　B. 2　　C. 3　　D. 5

4. 交换两个变量的值，不允许用临时变量，应该使用（　　）位运算符。

   A. ~　　B. &　　C. ^　　D. |

5. 下面程序的输出结果是（　　）。

```
#include <stdio.h>
void main()
{  char x=040;
   printf("%d\n",x=x<<1);
}
```

   A. 100　　B. 160　　C. 120　　D. 64

二、填空题

1. 在二进制中，表示数值的方法有________、________、________。
2. 对一个数进行左移操作相当于对该数________。
3. 对一个数进行右移操作相当于对该数________。
4. 若 a 为任意整数，能将变量 a 清零的表达式是________。
5. 与表达式 x^=y-2 等价的另一书写形式是________。

三、编程题

1. 编写程序，将整型变量 a 进行右循环移 4 位，即将原来右端 4 位移到最左端 4 位，并输出移位后的结果。
2. 编写程序，将整型变量 a 的高 8 位与低 8 位进行交换，并输出移位后的结果。

附录 A 部分字符的 ASCII 码对照表

字符	ASCII 码	字符	ASCII 码	字符	ASCII 码	字符	ASCII 码
空格	032	8	056	P	080	h	104
!	033	9	057	Q	081	i	105
"	034	:	058	R	082	j	106
#	035	;	059	S	083	k	107
$	036	<	060	T	084	l	108
%	037	=	061	U	085	m	109
&	038	>	062	V	086	n	110
'	039	?	063	W	087	o	111
(	040	@	064	X	088	p	112
)	041	A	065	Y	089	q	113
*	042	B	066	Z	090	r	114
+	043	C	067	[	091	s	115
,	044	D	068	\	092	t	116
-	045	E	069	]	093	u	117
.	046	F	070	^	094	v	118
/	047	G	071	_	095	w	119
0	048	H	072	`	096	x	120
1	049	I	073	a	097	y	121
2	050	J	074	b	098	z	122
3	051	K	075	c	099	{	123
4	052	L	076	d	100	|	124
5	053	M	077	e	101	}	125
6	054	N	078	f	102	~	126
7	055	O	079	g	103	DEL	127

附录 B Visual C++ 6.0 库函数

不同的 C 语言编译系统所提供的标准库函数的数目和函数名及函数功能并不完全相同。本附录列出了 Visual C++ 6.0 提供的一些常用库函数。读者在编制 C 语言时可能要用到更多的函数，请查阅所用系统的手册。

表 B-1 数 学 函 数

函数名	用 法	功 能	使用的头文件
abs	求整数的绝对值	int abs(int i);	stdlib.h 或 math.h
acos	反余弦函数	double acos(double x);	math.h
asin	反正弦函数	double asin(doublex);	math.h
atan	反正切函数	double atan(doublex);	math.h
atan2	计算 *y/x* 的反正切值	double atan2(double y,double x);	math.h
atof	把字符串转换成浮点数	double atof(const char *nptr);	stdlib.h
atoi	把字符串转换成整型数	int atoi(const char *nptr);	stdlib.h
atol	把字符串转换成长整型数	long atol(const char *nptr);	stdlib.h
cabs	计算复数的绝对值	double cabs(structcomplexz);	stdlib.h
ceil	向上舍入	double ceil(double x);	math.h
cos	余弦函数	double cos(double x);	math.h
cosh	双曲余弦函数	double cosh(double x);	math.h
div	整数相除，返回商和余数	div_t div(int number,int denom);	stdlib.h
exp	指数函数	double exp(double x);	math.h
fabs	返回浮点数的绝对值	double fabs(double x);	math.h
fcvt	把一个浮点数转换为字符串	char *fcvt(double value,int ndigit,int *decpt,int *sign);	stdlib.h
floor	向下舍入	double floor(double x);	math.h
fmod	求模，即 *x/y* 的余数	double fmod(double x,double y);	math.h
frexp	把双精度数分解为尾数和指数	double frexp(double value,int *eptr);	math.h
gcvt	把浮点数转换成字符串	char *gcvt(double value,int ndigit,char *bur);	stdlib.h

续表

函数名	用　　法	功　　能	使用的头文件
hypot	计算直角三角形的斜边长	double hypot(double x,double y);	math.h
itoa	把整数转换为字符串	char *itoa(int value,char *string,int radix);	stdlib.h
labs	取长整型绝对值	long labs(long n);	math.h 或 stdlib.h
ldexp	计算 $x*2^n$	double ldexp(double x,int n);	math.h
ldiv	长整型相除，返回商和余数	ldiv_t ldiv(long lnumer,long ldenom);	stdlib.h
log	求对数 ln(*x*)	double log(double x);	math.h
log10	求对数 lg(*x*)	double log10(double x);	math.h
ltoa	把长整数转换成字符串	char *ltoa(long value,char *string,int radix);	stdlib.h
matherr	用户可改的数学错误处理程序	int matherr(struct exception *e);	math.h
modf	把双精度数分为整数和小数	double modf(double value,double *oiptr);	math.h
poly	根据参数产生一个多项式	double poly(double x,int n， double c[ ]);	math.h
pow	指数函数（*x* 的 *y* 次方）	double pow(double x,double y);	math.h
rand	随机数发生器	int rand(void);	stdlib.h 或 math.h
random	随机数发生器	int random(int num);	stdlib.h
randomize	初始化随机数发生器	void randomize (void);	stdlib.h
sin	正弦函数	double sin(double x);	math.h
sinh	双曲正弦函数	double sinh(double x);	math.h
sqrt	计算平方根	double sqrt(double x);	math.h
srand	初始化随机数发生器	void srand (unsigned int seed);	stdlib.h
strtod	将字符串转换为 double 型	double strtod (char *str,char **endptr);	stdlib.h
strtol	将字符串转换为长整型数	long strtol (char *str,char **endptr,int base);	stdlib.h
tan	正切函数	double tan (double x);	math.h
tanh	双曲正切函数	double tanh (double x);	math.h
ultoa	将无符号长整型数转换为字符串	char *ultoa (unsigned long value,char *string, int radix);	stdlib.h

表 B-2　字符处理函数

（调用字符处理函数时要用头文件 ctype.h）

函数名	功　　能	用　　法
isalnum	是否属于字母或数字	int isalnum (int c);
isalpha	是否属于字母	int isalpha (int c);
isascii	是否为 ASCII 字符	int isascii (int c);
iscntrl	是否为控制字符	int iscntrl (int c);

续表

函数名	功　　能	用　　法
isdigit	是否为数字字符	int isdigit (int c);
isgraph	是否为可打印的字符，不包括空格	int isgraph (int c);
islower	是否为小写字母	int islower (int c);
isprint	是否为可打印的字符，包括空格	int isprint (int c);
ispunct	是否为标点符号字符	int ispunct (int c);
isspace	是否为空格、制表符、回车、换行、换页走纸符	int isspace (int c);
isupper	是否为大写字母	int isupper(int c);
isxdigit	是否为十六进制数的字符	int isxdigit (int c);
tolower	把字符转换为小写字母	int tolower(int c);
toupper	把字符转换为大写字母	int toupper (int c);

表 B-3 字符串处理函数

（调用字符串处理函数时要用头文件 string.h）

函数名	功　　能	用　　法
memchr	在数组中搜索字符	void *memchr (void*s,char ch,unsigned int n);
memcmp	串比较	void *memcmp (void *s1,void *s2,unsigned int n);
memcpy	从源中复制 *n* 个字节到目标中	void *memcpy (void *destin,void *source,unsigncd int n);
memccpy	从源中复制 *n* 个字节到目标中，直到遇到指定字符为止	void *memccpy (void *destin,void *source,unsigned char ch, unsigned int n);
memicmp	串比较，忽略大小写	int memicmp(void *s1,void *s2,unsigned int n);
memmove	块移动	void *memmove (void *destin,void *source,unsigned int n);
movemem	移动一块字节	void movemem (void*source,void *destin,unsigned int len);
stpcpy	复制字符串	char *stpcpy (char*destin,char *source);
strcat	字符串拼接函数	char *strcat (char*destin,char *source);
strchr	在串中查找给定字符的匹配位置	char *strchr(char*str,char c);
strcmp	串比较	int strcmp (char*str1,char*str2);
strcmpi	不区分大小写比较两个串	int strcmpi(char *str1,char*str2);
strcpy	同 stpcpy，串 2 复制为串 1	char *strcpy(char *str1,char*str2);
strcspn	在串 1 中查找串 2 的段	int strcspn (char *str1,char *str2);
strdup	将串复制到新建的位置处	char *strdup (char*str);
stricmp	不区分大小写，比较两个串	int stricmp (char *str1,char*str2);
strlen	求字符串的长度	unsigned strlen(const char *s);

续表

函数名	功　　能	用　　法
strncmp	比较串中前 maxlen 个字符	strncmp (char *str1,char *str2,int maxle n);
strncpy	复制前 maxlen 个字符	char*strncpy (char *destin,char*source,int maxlen);
strnicmp	不区分大小写地比较两个串中前 maxlen 个字符	int strnicmp (char *str1,char *str2,unsigned int maxlen);
strnset	将串中 *n* 个字符设为指定字符	char *strnset (char *str,char ch,unsigned int n);
strpbrk	在两个串中查找最先出现的共有字符	char *strpbrk (char *str1,char *str2);
strrchr	在串中查找指定字符的最后一次出现的位置	char *strrchr (char *str,char c);
strrev	串倒转	char *strrev (char*str);
strset	将串中所有字符设为指定字符	char *strset (char *str,char c);
strspn	在串 1 中查找串 2 中第一个字符出现的位置	int strspn (char *str1,char*str2);
strstr	在串 1 中查找串 2 首次出现的位置	char *strstr (char *str1,char *str2);
strtok	查找由在第二个串中指定的分界符分隔开的单词	char*strtok(char*str1,char*str2);
strupr	将串中小写字母转为大写	char *strupr (char*str);
strlwr	将串中大写字母转为小写	char *strlwr (char*str);

表 B-4　动态内存分配函数

（调用动态内存分配函数时要用头文件 stdlib.h 或 malloc.h）

函数名	功　　能	用　　法
calloc	分配内存连续空间	void *calloc(unsigned n,unsigned size);
free	释放 p 所指的内存区	void free(void *p);
malloc	分配 size 字节的存储区	void *malloc(unsigned size);
realloc	将 p 所指向的已分配内存区的大小改为 size	void *realloc(void *p,unsigned size);

表 B-5　内存操作函数

（调用内存操作函数时要用头文件 string.h 或 memory.h）

函数名	功　　能	用　　法
memcmp	串比较	void *memcmp (void *s1，void*s2，unsigned int n);
memcpy	从源中复制 *n* 个字节到目标中	void *memcpy (void*destin，void *source，unsigned int n);
memccpy	从源中复制 *n* 个字节到目标中，直到遇到指定字符为止	void*memccpy(void *destin，void*source，unsigned char ch，unsigned int n);
memicmp	串比较，忽略大小写	int memicmp(void *s1，void *s2，unsigned int n);
memset	把内存区域初始化为已知值	void *memset(void *buf,int ch,unsigned int count);
memmove	块移动	void *memmove (void *destin，void*source，unsigned int n);

表 B-6　输入/输出函数

（调用输入/输出函数时要用头文件 stdio.h）

函数名	功　　能	用　　法
fclose	关闭 fp 所指的文件，释放文件缓冲区	int fclose(FILE*fp);
feof	检测流上的文件结束符	int feof (FILE *stream);
ferror	检测流上的错误	int ferror (FILE *stream);
flushall	清除所有缓冲区	int flushall (void);
fgetc	从 fp 所指定的文件中取得下一个字符	int fgetc(FILE*fp);
fgetchar	从标准输入设备中取得下一个字符	int fgetchar(void);
fgets	从 fp 指向的文件中读取一个长度为 $(n-1)$的字符串	char *fgets(char*buf,int n,FILE*fp);
fopen	以 mode 指向的方式打开名为 filename 的文件	FILE *fopen(const char*filename,const char*mode);
fprintf	把 args 的值以 fromat 指定的格式输出到 fp 所指定的文件中	int fprintf(FILE *fp,const char*format,args,...);
fputs fputchar	将字符 ch 输出到 fp 指向的文件中	int fputs(char *ch,FILE*fp);
fread	将字符 ch 输出到标准输出设备上	int fputchar(int ch);
fscan	从 fp 所指定的文件中读取大小为 size 的 n 个数据项，存到 pt 所指向的内存区	int fread(char *pt,unsigned int size,unsigned int n,FILE *fp);
fargs	从 fp 指定的文件中按 format 给定的格式所指定的内存单元	int fscanf(FILE *fp,char*format,args,...);
ftell	返回当前文件指针	long ftell (FILE *stream);
fstat	获取打开文件信息	int fstat (char *handle，struct stat *buff);
fwrite	把 ptr 所指向的字节写到 fp 所指向的文件	unsigned int fwrite(const char *ptr,unsigned int size,unsigned int n,FILE*fp);
getc	从 fp 所指向的文件读入一个字符	int getc(FILE *fp);
getchar	从标准输入设备读取一个字符	int getchar(void);
gets	从标准输入设备读取一个字符串存入 s 中	char *gets(char *s);
perror	系统错误信息	void perror (char *string);
printf	产生格式化输出	int printf (char *format. . .);
putc	把一个字符 ch 输入到 fp 所指定的文件中	int putc(int ch,FILE *fp);
putchar	在标准设备上输出字符	int putchar (int ch);
remove	删除一个文件	int remove (char *filename);
rename	重命名文件	int rename (char *oldname，char *newname);

续表

函数名	功　　能	用　　法
rewind	将 fp 指示的文件中的位置指针置于文件开头位置，并清除文件结束标志	void rewind(FILE *fp);
scanf	格式化输入	int scanf (char *format ,argument,...);
sprintf	送格式化输出到字符串中	int sprintf (char *string,char *farmat,argument, ...);
sscanf	从字符串中执行格式化输入	int sscanf (char *string,char *format,argument, ...);
strerror	返回指向错误信息的串指针	char *strerror (int errnum);
tmpfile	以二进制方式打开暂存文件	FILE *tmpfile (void);
tmpnam	创建唯一的文件名	char *tmpnam (char *sptr);
vprintf	送格式化输出到标准输出中	int vprintf (char *format,va_list param);
vscanf	从标准输入中执行格式化输入	int vscanf (char *format,va_list param);
vsprintf	送格式化输出到字符串中	int vsprintf (char *string,char *format,va_list param);
vsscanf	从串中执行格式化输入	int vsscanf (char *s,char *format， va_list param);
stat	读取打开文件信息	int stat (char *pathname,struct stat *buff);

表 B-7　转换函数

（调用转换函数时要用 stdlib.h 头文件）

函数名	功　　能	用　　法
atof	把字符串转换成浮点数	double atof (const char *nptr);
atoi	把字符串转换成整型数	int atoi (const char *nptr);
atol	把字符串转换成长整型数	long atoll (const char *nptr);
gcvt	把浮点数转换成字符串	char *gcvt (double value,int ndigit,char *bur);
itoa	把整型数转换为字符串	char *itoa (int value,char *string,int radix);
strtod	将字符串转换为 double 型	double strtod (char *str,char **endptr);
strtol	将字符串转换为长整型数	long strtol (char *str,char **endptr,int base);
strupr	将字符串中小写字母转换为大写字母	char *strupr (char *str);或用 string.h 头文件
tolower	把字符转换成小写字母	int tolower (int c);或用 ctype.h 头文件
toupper	把字符转换成大写字母	int toupper (int c);或用 ctype.h 头文件
ultoa	将无符号长整型数转换为字符串	char *ultoa (unsigned long value,char *string,int radix);

附录 C Visual C++ 6.0 编译错误信息

Visual C++ 6.0 编译程序查出的源程序错误分为致命错误、一般错误和警告 3 种类型，下面列出这 3 种错误的信息。

1. 致命错误

① Bad call of in-line function：非法调用内部函数。

② Register allocation failure：寄存器分配失败。

2. 一般错误

① #operator not followed macro argument name：#运算符后无宏变量名。

② 'xxxx'not an argument：xxxx 不是函数参数。

③ Argument list syntax error：参数表语法错。

④ Array bounds missing：数组界限符“[]”漏掉。

⑤ Array size too large：数组尺寸太大。

⑥ Call of non-function：调用了未定义的函数。

⑦ Case outside of switch：case 出现在 switch 语句之外。

⑧ Case statement missing：case 语句漏掉。

⑨ Case syntax error：case 语法错误。

⑩ Compound statement missing }：复合语句漏掉“}”。

⑪ Constant expression required：要求一个常量表达式。

⑫ Declaring missing;：声明漏掉分号“;”。

⑬ Declaration needs type or storage class：声明需要数据类型或存储类型符。

⑭ Declaration Syntax error：声明语法错误。

⑮ Division by zero：除数为 0。

⑯ Do statement must have while：do 语句中必须有 while。

⑰ Do-while statement missing (：do...while 语句漏掉了“(”号。

⑱ Do -while statement missing)：do...while 语句漏掉了“)”号。

⑲ Do -while statement missing ;：do...while 语句漏掉了“;”号。

⑳ Duplicate case：switch 语句中的 case 后面的常量表达式重复。

㉑ Expression syntax error：表达式语法错误。

㉒ Extra parameter in call：调用时参数多余。
㉓ Extra parameter in call to 'xxxx'：调用函数 xxxx 时参数多余。
㉔ For statement missing (：for 语句漏掉了“(”号。
㉕ For statement missing)：for 语句漏掉了“)”号。
㉖ For statement missing ;：for 语句漏掉了“;”号。
㉗ Function call missing)：函数调用时漏掉“)”号。
㉘ Function definition out of place：函数定义位置错误。
㉙ Function doesn't take a variable number of argument：函数不接受可变的参数数目。
㉚ If statement missing (：if 语句漏掉了“(”号。
㉛ If statement missing)：if 语句漏掉了“)”号。
㉜ Illegal initialization：非法初始化。
㉝ Illegal pointer subtraction：非法指针相减。
㉞ Illegal use of floating point：非法使用浮点运算。
㉟ Illegal use of pointer：非法使用指针。
㊱ Incompatible type conversion：不兼容数据类型转换。
㊲ Incorrect command line argument: xxxx：不正确的命令行参数 xxxx。
㊳ Incorrect number format：不正确的数据格式。
㊴ Initialize syntax error：初始化语法错误。
㊵ Invalid macro argument separator：无效宏参数分隔符。
㊶ Invalid pointer addition：无效指针相加。
㊷ Invalid use of dot：错误使用了成员运算符“.”。
㊸ L-value required：要求左边是一个变量（如：赋值运算符左边不是变量等）。
㊹ Macro argument syntax error：宏参数语法错误。
㊺ Macro expansion too long：宏扩展太长。
㊻ Mismatch number of parameters in definition：在函数定义中参数数目不匹配。
㊼ Misplaced break：break 语句的位置错误。
㊽ Misplaced continue：continue 语句的位置错误。
㊾ Misplaced decimal point：十进制的小数点位置错误。
㊿ Misplaced else：else 位置错误。
(51) Misplaced else directive：else 指令位置错误。
(52) Non-portable pointer assignment：对不可移植指针赋值（如：将地址赋给非指针变量）。
(53) Non-portable pointer comparison：对不可移植指针比较。
(54) Not an allowed type：非允许的数据类型。
(55) Out of memory：内存不够。
(56) Pointer required on left side：操作符左边要求是指针。
(57) Redeclaration of 'xxxx'：xxxx 重复定义。
(58) Size of structure or array not known：结构或数组尺寸未知。
(59) Statement missing ;：语句漏掉分号“;”。

⑥⓪ Structure size too large：结构体尺寸太大。
⑥① Subscripting missing]：下标漏掉“]”号。
⑥② Switch statement missing {：switch 语句漏掉“{”号。
⑥③ Switch statement missing }：switch 语句漏掉“}”号。
⑥④ Too few parameters in call：调用时参数数目太少。
⑥⑤ Too few parameters in call to 'xxxx'：调用函数 xxxx 时参数太少。
⑥⑥ Too many cases：case 语句太多。
⑥⑦ Too many decimal points：小数点太多。
⑥⑧ Too many initializers：初始化太多。
⑥⑨ Too many storage classes in declaration：定义或说明中存储类型太多。
⑦⓪ Too many types in declaration：定义或说明中数据类型太多。
⑦① Type mismatch in parameter #：参数#类型不匹配。
⑦② Type mismatch in parameter # in call to 'xxxx'：调用函数 xxxx 时参数#类型不匹配。
⑦③ Type mismatch in parameter 'xxxx'：参数 xxxx 类型不匹配。
⑦④ Type mismatch in parameter 'xxxx' in call to 'yyyy'：调用函数 yyyy 时参数 xxxx 类型不匹配。
⑦⑤ Type mismatch in redeclaration of ‘xxxx’：‘xxxx’重定义时类型不匹配。
⑦⑥ Unable to execute command 'xxxx'：无法执行命令 xxxx。
⑦⑦ Undefined symbol 'xxxx'：符号 xxxx 未定义。
⑦⑧ Unknown preprocessor directive 'xxxx'：预处理指令 xxxx 未知。
⑦⑨ User break：用户中断。
⑧⓪ While statement missing {：while 语句漏掉“{”号。
⑧① While statement missing }：while 语句漏掉“}”号。
⑧② Wrong number of argument in call to 'xxxx'：调用 xxxx 时参数数目错误。

3．警告

① 'xxxx' declared but never used：xxxx 说明了但未使用。
② 'xxxx' is assigned a value which is never used：xxxx 赋了值但从未使用。
③ 'xxxx' not part of structure：xxxx 不是结构体的一部分。
④ Ambiguous operators need parentheses：易造成错误理解的二义性运算符需要括号。
⑤ Call to function without prototype：调用无定义的函数。
⑥ Call to function 'xxxx' without prototype：调用无定义的函数 xxxx。
⑦ Code has no effect：代码无效。
⑧ Constant is long：整型常量是长整型。
⑨ Constant out of range in comparison：比较时常量出界。
⑩ Conversion may lose significant digitals：转换可能丢失高位数字。
⑪ Function should return a value：函数应返回一个数值。
⑫ No declaration for function 'xxxx'：函数 xxxx 未定义。
⑬ Parameter 'xxxx' is never used：参数 xxxx 从未使用。

⑭ Possible use of 'xxxx' before definition：可能使用了未赋值的 xxxx。

⑮ Possible incorrect assignment：可能不正确的赋值。

⑯ Redefinition of 'xxxx' is not identical：xxxx 重定义不统一。

⑰ Superfluous & with function or array：函数或数组中有多余的&。

⑱ Undefined structure 'xxxx'：结构体 xxxx 未定义。

⑲ Void function may not return a value：void 函数不能返回数值。

⑳ Zero length structure：结构体长度为 0。

参考文献

[1] 恰汗・合孜尔，单洪森．C 语言程序设计[M]．北京：中国铁道出版社，2005.

[2] 恰汗・合孜尔．实用计算机数值计算方法及程序设计（C 语言版）[M]．北京：清华大学出版社，2008.

[3] 恰汗・合孜尔．C 语言程序设计[M]．2 版．北京：中国铁道出版社，2008.

[4] 恰汗・合孜尔．C 语言程序设计习题集与上机指导[M]．2 版．北京：中国铁道出版社，2008.

[5] 荣政，胡建伟，邵晓鹏．C 程序设计[M]．2 版．西安：西安电子科技大学出版社，2006.

[6] 谭浩强．C 程序设计[M]．3 版．北京：清华大学出版社，2007.

[7] 崔武子，赵重敏，李青．C 语言程序设计教程[M]．北京：清华大学出版社，2007.

[8] 李春葆，金晶，黄楠，等．C 语言程序设计辅导[M]．北京：清华大学出版社，2007.

[9] 陈宝贤．C 语言程序设计教程[M]．北京：人民邮电出版社，2005.

[10] 李玲，桂玮珍，刘莲英．C 语言程序设计教程[M]．北京：人民邮电出版社，2005.

[11] 马靖善，秦玉平，等．C 语言程序设计[M]．北京：清华大学出版社，2005.

[12] 刘玉英，鲁俊生．C 语言程序设计[M]．北京：中国水利水电出版社，2005.

[13] 林小茶．C 语言程序设计教程[M]．北京：清华大学出版社．中国劳动社会保障出版社，2005.

[14] 吕风翥．C 语言程序设计[M]．北京：清华大学出版社，2005.

[15] 徐士良．C 语言程序设计[M]．北京：机械工业出版社，2004.

[16] 武雅丽，王永玲，解亚利．C 语言程序设计[M]．北京：清华大学出版社，2007.

[17] 李瑞，等．C 程序设计基础[M]．北京：清华大学出版社，2008.

[18] 赵森，李卓民，韩韬，等．C 程序设计[M]．北京：冶金工业出版社，2005.

[19] 林建秋，韩静萍．C 语言程序设计[M]．北京：机械工业出版社，2005.

[20] 张志航，皮德常，王珊珊，等．程序设计语言：C[M]．北京：清华大学出版社，2007.

[21] 许勇．C 语言程序设计教程[M]．2 版．北京：清华大学出版社，2006.

[22] 黄维通，鲁明羽．C 程序设计教程[M]．北京：清华大学出版社，2005.

[23] 刘克成．C 语言程序设计[M]．北京：中国铁道出版社，2006.

[24] 陈宝明，骆红波，许巨定．C 语言程序设计[M]．北京：人民邮电出版社，2009.

[25] 姚合生．C 语言程序设计[M]．北京：清华大学出版社，2008.

[26] 覃俊．C 语言程序设计教程[M]．北京：清华大学出版社，2008.

[27] 张建勋，纪纲．C 语言程序设计教程[M]．北京：清华大学出版社，2008.

[28] 安俊秀．C 程序设计[M]．北京：人民邮电出版社，2007.